中国创造力研究进展报告

2017—2018

胡卫平　主编

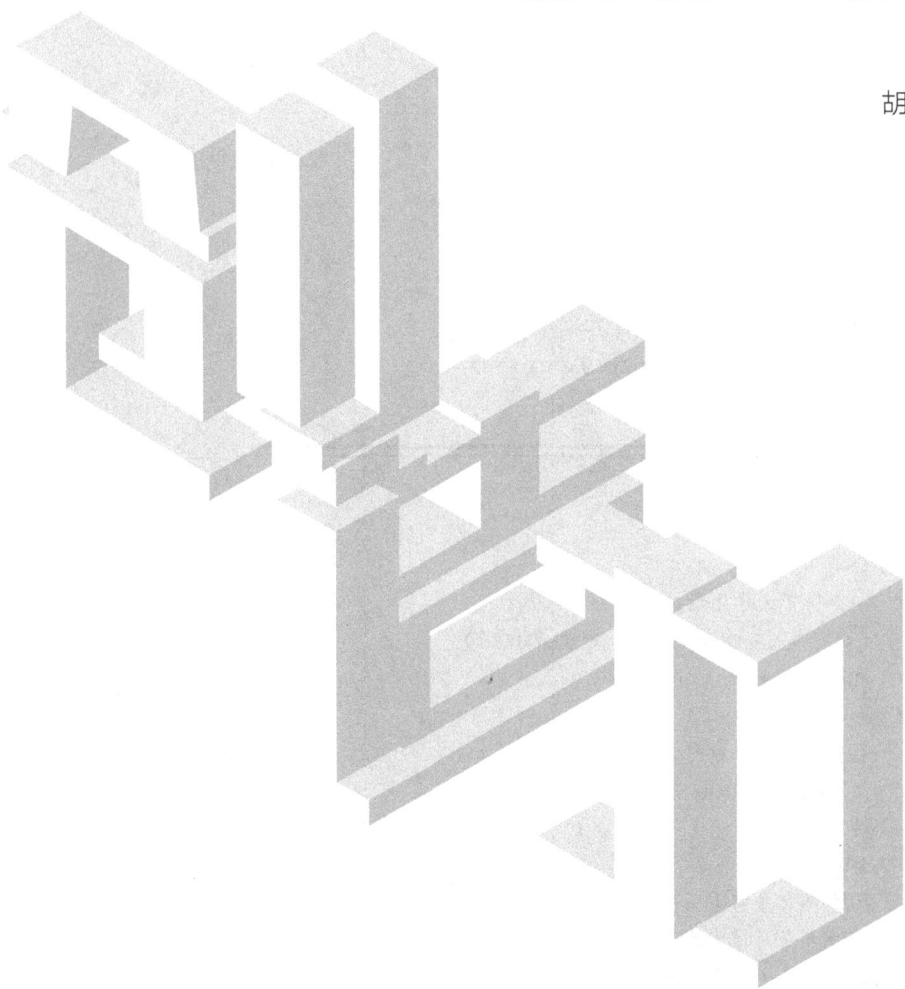

陕西师范大学出版总社

图书代号　ZH19N0059

图书在版编目（CIP）数据

中国创造力研究进展报告. 2017—2018 / 胡卫平主编. —西安：陕西师范大学出版总社有限公司，2019.2
ISBN 978-7-5695-0560-3

Ⅰ. ①中… Ⅱ. ①胡… Ⅲ. ①创造能力—研究报告—中国—2017—2018 Ⅳ. ①G322

中国版本图书馆 CIP 数据核字（2019）第 018803 号

中国创造力研究进展报告 2017—2018
ZHONGGUO CHUANGZAOLI YANJIU JINZHAN BAOGAO 2017—2018

胡卫平　主编

责任编辑 /	于盼盼　惠　雪
责任校对 /	李　翠
封面设计 /	金定华
出版发行 /	陕西师范大学出版总社
	（西安市长安南路 199 号　邮编 710062）
网　　址 /	http：//www. snupg. com
经　　销 /	新华书店
印　　刷 /	西安日报社印务中心
开　　本 /	787mm×1092mm　1/16
印　　张 /	15.125
字　　数 /	350 千
版　　次 /	2019 年 2 月第 1 版
印　　次 /	2019 年 2 月第 1 次印刷
书　　号 /	ISBN 978-7-5695-0560-3
定　　价 /	50.00 元

读者购书、书店添货或发现印装质量问题，请与本社高等教育出版中心联系。
电话：(029)85303622(传真)　85307864

《中国创造力研究进展报告》编委会

前　言

　　人类社会在经历了农业经济时代、工业经济时代后，现在正处在信息经济时代，而未来的经济将是创新经济。在信息经济和创新经济时代，国家和地区的知识创新体系和创造能力成为国家、地区经济和社会发展的重要基础设施和竞争力的关键因素。大力加强创造力研究，培养创造性人才，促进科技、经济、管理、社会等的创新，已成为学术界和国际社会共同关注的问题。20 世纪 50 年代，苏联发射了人造卫星，给美国带来巨大的威胁，从而促使美国注重创造力的研究、应用和创新人才的培养。英国是创造力研究的发源地，自 20 世纪 80 年代以来，重视思维与创造力研究，建立了超常儿童研究机构，推进教育改革，探索创新人才培养的模式。日本和德国也重视技术创新和创新人才的培养。

　　我国在 20 世纪 90 年代末就提出：加快国家创新体系建设，解决科技与经济相脱节的问题，促进科技成果的转化和推广。《国家中长期科学和技术发展规划纲要（2006—2020年）》明确提出：要提高自主创新能力，建设创新国家。《国家中长期教育改革和发展规划（2010—2020）》明确提出：要加快教育改革创新，促进创新型拔尖人才的成长。党的"十八大"明确提出：科技创新是提高社会生产力和综合国力的战略支撑，必须摆在国家发展全局的核心位置。要坚持走中国特色自主创新道路，以全球视野谋划和推动创新，提高原始创新、集成创新和引进消化吸收再创新能力，更加注重协同创新。要把培养学生的"创新精神"作为深化教育领域综合改革、"办好人民满意的教育"的重要目标。十八届三中全会再次提出：要把创新摆在国家发展全局的核心位置。十八届五中全会进一步提出"创新、协调、绿色、开放、共享"五大发展理念，把创新放在首位，用创新统领各项工作。在十九大报告中，"创新"一词出现 50 余次，并再次强调"创新是引领发展的第一动力"。

　　人类的发展历史就是创造力的发展历史。正因为如此，人们很早就对创造力产生了浓厚的兴趣，但由于人类认知水平的局限和研究手段的限制，以及创造力本身的复杂性，长期以来人们对创造力的研究是有限的。自从 20 世纪 50 年代以来，在美国心理学家吉尔福特的倡导下，人们从不同的角度对创造力进行了较为深入的研究。起初，人们主要从心理测量、认知和人格三个视角进行研究，关注创造性的产品、创造性的过程和创造性的个人;后来，重视了环境和文化等因素，关注创造性的环境，突出创造力的培养，强调个体和环境的交互作用。20世纪80年代之后，创造力研究的多样化和综合化并存，一方面，聚焦不同领域、不同阶段、不同程度的创造力研究，提出众多的理论，概括起来有创造过程的认知理论、创造活动的影响理论、创造力发展的阶段理论、创造力的元理论、创造力的内隐理论和创造力的培养理论等6种类型;另一方面，整合创造性的个人、创造性的产品、创造性的过程和创造性的环境，强调创造力不仅具有领域一般性，而且具有领域特殊性，逐步形成了创造力的系统观，比较有代表性的理论包括:Amabile提出的工作动机、领域相关技能、创造力相关技能等因素相互作用的创造力三成分模型,Gruber等提出的集动机、知识和情感于一体的创造力发展性进化系统模型,Sternberg提出的智力、智力风格、人格三位一体的创造力三侧面模型,Sternberg与Lubart提出的创造力投资理论,Csik-szentmihalyi提出的强调个体、领域、范围三者交互作用的创造力系统模型,Gardner提出的强调个人、工作和其他人三者的互动关系的创造力互动模型,Simonton提出的环境影响模型,Kaufman和Beghetto提出的创造力的4C模型,Baer和Kaufman提出的创造力的游乐场理论等。进入21世纪，随着技术的进步和脑科学的发展，人们开始研究创造力的脑机制，在发散思维、顿悟和艺术创造力等脑机制研究方面，取得了许多有价值的研究成果。随着分子遗传学的发展和跨领域研究的兴起，发现和确定了影响人类高级心理活动的遗传基因，揭示基因与环境之间的交互作用逐渐成为心理学研究的热点，越来越多的创造力研究者开始探寻遗传基因与创造力的关系，并获得一些有意义的发现。

随着技术的进步和研究的深入，未来的研究将会在以下几个方面取得突破:第一，创造力的生理机制及其可塑性研究将会进一步加强。一是利用认知神经科学、分子遗传学手段，研究创造力个体差异及其大脑结构和功能、遗传基因和创造力关系等;二是利用认知神经科学的手段，检验教学活动或者项目促进大脑发展的可塑性机制。第二，基于情境和内容的创造力研究将会得到重视。创造力的研究经历了从领域一般性，到领域特殊性，再到一般性与特殊性的对立，又到一般性与特殊性的融合过程，在这种趋势下，整合心理学、文化学、社会学、教育学、管理学等，研究社会文化、家庭教育、学校教学、组织管理等对创造力的影响;利用历史测量、深度访谈、民族志等多学科方法，研究团体创造力，强调内源因素和情境因素的整合，在探索个人特质的同时，突出个体差异性、多样性和冲突、合作、竞争所带来的动力；加强对创造力的不同领域、不同类型、不同程度、不同阶段等的深度研究，建立与特定领域和发展阶段相适应的创造力分支；利用虚拟现实、可穿戴设备和大数据等技术，研究基于真实情境的创造力研究。第三，基于聚合科技的创造力培养。文理交叉、理工融合，是当今科学技术发展的趋势，也是儿童、青少年创新素质培养的有效途径。将自然学科、人文学科、工程学科、艺术学科等相结合，利用聚合科技设计创新活动，将极大推进创造力的培养。包括创造力在内的学生发展核心素养的测评、发展与培养等得到各国的高度重视，成为课程、教学和评价改革的重要依据。核心素养的各个要素相互联系，不可分割，因此，在创造力培养中，需要整体规划，系统实施。

中国的创造力研究起步比较晚，大致始于20世纪末。经过20多年的发展，取得了一批有价值的研究成果，如林崇德教授、申继亮教授等提出的拔尖创新人才成长规律的研究，施建农教授与戴耘教授等对超常儿童创造力的研究，罗劲教授等对顿悟脑机制的研究，张庆林教授和邱江教授等提出的创造性思维的原型激活理论；牛卫华教授等对创造性的跨文化研究；汤超颖教授的组织环境下的员工和团队创造力的研究；庞维国教授、郝宁教授的创造力教育、创造力的认知神经机制的研究；周治金教授对传统文化与创造力、互联网情境下的创造力的研究；张景焕教授团队对基因与创造力关系的研究；以及我们团队对科学创造力和创造力培养的研究等等。这些研究成果有些在国际上具有一定的影响，有些则满足了国家对创造力的需求。

为了整合我国创造力研究力量，提升我国创造力研究水平，支撑创造性人才的培养和创新型国家建设，2014年6月在中国科学院心理研究所成立了中国创造力研究协作组，目前参与协作组的研究人员已达到80多位，包括戴耘、牛卫华、龙海鹰、唐敏等在国外工作的华人创造力专家。这一群体的研究水平基本反映了我国创造力现有的研究水平。在2015年6月召开的中国创造力协作组第二次学术研讨会期间，大家一致认为，有必要系统总结我国创造力的研究成果，谋划未来的创造力研究。为此，现代教学技术教育部重点实验室、中国创造力研究协作组、中国基础教育质量监测协同创新中心策划每两年出版一部《中国创造力研究进展报告》。2015年7月，确定了报告涉及的领域，包括创造力的生理机制、创造力与人的发展、创造力与教育教学、创造力与组织管理、创造力与社会文化等部分。第一卷共有37位研究人员参与报告的撰写，总结了他们在某一领域的系统研究，包括系列实证研究、理论建构，以及对未来研究的思考。而本部《中国创造力研究进展报告2017—2018》收录了30位研究人员撰写的有关创造力的生理机制、创造力与教育教学、创造力与组织管理、创造力与社会文化四个方面的 12 篇研究报告。

我国著名的心理学家、教育家林崇德教授不仅为我国发展与教育心理学的发展做出了巨大贡献，而且开拓了我国创造力研究的多个领域。2003 年，"创新人才与创新教育研究"被批准为教育部哲学社会科学研究重大课题攻关项目，该课题从心理与教育领域、理论与实践层面，采用多种研究方法开创性地、系统地探索了创新人才的核心能力、创新人才培养等一系列重大问题，包括理论建构、创新人才的心理特征研究、测量工具编制、跨文化比较、创造力培养等多个方面。2011 年，"拔尖创新人才成长规律与培养模式研究"又被批准为教育部哲学社会科学研究重大课题攻关项目，该课题比较了国内外创新人才与培养模式，研究了航天领域创新人才成长规律，探索了基础教育阶段和高等高等教育阶段创新人才培养的模式。在《中国创造力研究进展报告》(第 1 卷)策划和出版过程中，林先生给予我们很多具体的指导，在此，代表全体编委和作者，对林先生的关心和支持表示衷心的感谢！

《中国创造力研究进展报告 2017—2018》的成功出版，是全体编委和作者共同努力的结果，得到中国创造力研究协作组全体同仁的积极参与，也得到现代教学技术教育部重点实验室、中国基础教育质量监测协同创新中心的大力支持。我的博士生张晓以及陕西师范大学出版总社于盼盼编辑付出了辛勤的劳动，在此一并表示感谢！

胡卫平

2018 年 8 月 1 日于西安

目　录

第一部分
创造力的生理机制

情绪对创造力影响的神经机制研究

胡卫平[1]　　王博韬[1,2]

（1.陕西师范大学 现代教学技术教育部重点实验室，西安，710062；2.西安电子科技大学 马克思主义学院，西安，710126）

摘　要　先前针对情绪与创造力的研究多是以行为实验为主，且存在研究结果不一致、缺乏可比性等问题。因此，本研究借助于认知神经科学技术，以认知加工的初级过程和次级过程为线索，采用新颖性判断、远距离联想、顿悟字谜任务等改进的实验范式，通过时空二维脑机制参数，重点测查创造力相关脑区激活的时间进程与空间模式，揭示情绪影响创造性的大脑动态加工过程。研究结果表明，情绪显著地影响个体的创造性认知加工活动且根据阶段的不同而表现出不同的作用机制。

关键词　情绪；创造力；顿悟；神经机制；事件相关电位

1　背景及意义

情绪问题是制约青少年创造性发展的一个重要因素。当前，青少年普遍存在与学业相关的情绪问题。根据 2012 年全国教育质量监测的数据显示，58% 的学生存在严重的考试焦虑情绪。焦虑情绪对创造性科学问题提出能力具有明显的抑制作用（Chen，Hu，& Plucker，2016）。情绪问题是否是导致我国青少年创造性低下的重要原因？因此，本文采用认知神经技术，揭示情绪对创造性的影响及其神经机制，有利于进一步深化对认知、情绪与创造性关系的认识，对创新人才的培养具有重要的理论与实践意义。

2　国内外研究现状及发展动态分析

2.1　情绪对创造性的影响

情绪与创造性的关系研究逐渐成为近年来创造力研究的一个热点，已有研究通过比较积极和消极两种情绪状态下创造性的表现来揭示两者的关系，但得出的结论存在不一致，甚至相互矛盾。

以往大量研究结果表明，积极情绪有利于促进创造性的产生，消极情绪阻碍创造性的产生。Ashby，Isen 和 Turken（1999）发现，积极情绪有利于提高认知灵活性，借助于广泛联系的情境信息，个体能够更好地解决创造性问题。Lyubomirksy，King 和 Diener（2005）的研究表明，积极情绪状态下的个体联想内容更为丰富，创造性产品更具灵活性与独创性。卢家楣等（2002）有关发散性思维任务的研究表明，积极情绪效价下被试的思维流畅性得到显著的提升。胡卫平和周蓓(2010)对创造性科学问题提出能力的研究表明，积极情绪状态下被试能够提出更多、更富有创造性的科学问题。Gruzelier 等(2014)发现，脑电 α 波与 θ 波的生物反馈训练能够降低个体的焦虑水平，从而提高个体在创造性多用途测验中的成绩。针对团队创造性的研究表明，对于团体组织而言，积极情绪有利于调节人际关系，促进内部信息交流，提高工作团队创造性水平(刘小禹和刘军，2012)。总的来说，处于积极情绪状态下的个体通常采用自上而下的认知策略整合加工信息，善于利用已有的知识背景，倾向于采用启发式的信息加工模式进行发散性思维。

拓展 - 构建理论(Fredrickson & Branigan，2005)和认知灵活性提高理论(Rowe，Hirsh，& Anderson，2007)对积极情绪促进创造性的产生作用机制进行解释:拓展 - 构建理论(broaden and build theory)认为，某些积极情绪(如兴奋、快乐、满意、兴趣和爱)能短暂地拓展人们的思维行动倾向，提高记忆信息的提取速度和思维的灵活性，从而促进创造性的产生;认知灵活性提高理论认为，积极情绪通过增加个体的注意资源来提高他们在创造性任务中的认知灵活性。首先，积极情绪会削弱个体对注意资源的内隐性控制，拓宽其注意广度。其次，注意广度的扩展会降低个体对无关信息的过滤抑制能力，有利于产生更多的新颖性想法，从而提高创造的灵活性。

虽然许多研究支持积极情绪促进创造性认知过程的结论，但是也有研究对此提出了质疑，认为，消极情绪促进创造性的产生，积极情绪阻碍创造性的产生。George 和 Zhou (2002)对一个大型直升机制造企业的调查表明，消极情绪对员工的创造性绩效有正性影响。Damian 和 Robins (2012)发现消极的情绪状态能够通过提高自尊水平的方式促进个体在创造性任务中的表现。同时，也有大量的研究表明，消极情绪会激发个体对现实环境的探索，从而促进创造性产生(Eastwood et al. ,2012;van Tilburg & Igou，2012)，采用创造性剪贴画任务(Akinola & Mendes，2008)以及创造性问题解决与分析任务(Hutton & Sundar，2010)的研究均表明，消极情绪能够提高个体的创造性表现。Kaufmann 和 Vosburg (1997)针对创造性问题解决能力的实验研究表明，积极情绪与被试的创造性表现之间呈现负相关，人在积极情绪状态下的创造性低于中性情绪状态。

针对上述研究结果，也有研究者提出相应的理论模型对此加以解释。情绪输入理论(Martin & Stoner，1996)与情绪信息理论(Schwarz，2011)注重情绪在创造性认知过程中后期反应选择阶段发挥的作用，认为情绪可以看作是一种重要的环境信息。积极情绪包含令个体感到安全与满足的信息，而消极情绪则蕴含着环境中有关危险与不安的信息。情绪中的信息会直接作用于个体创造性加工过程的反应选择阶段，从而影响创造力的表现水平。双通道模型(Pessoa & Engelmann，2010)认为，情绪主要通过两种作用方式影响个体创造性的认知过程:积极情绪主要通过增强认知灵活性，而消极情绪主要通过增强持续性来提高创造性力的流畅性和独创性。

可见，情绪对创造性的影响作用的研究结果存在较大的矛盾，虽然已有不同理论对各种观点加以解释，但尚不能全面解释情绪对创造性表现的作用机制，其原因可以归纳为以下两个方面:第一，在情绪方面，大多数研究都只对情绪状态进行单维度划分，旨在考察被试在积极和消极情绪状态下完成创造性任务的差异，而忽视情绪划分的其他维度。目前常用的情绪诱发技术主要有要求个体进行自传式回忆或对某一场景进行想象，向个体呈现图片、音乐、电影剪辑等情绪诱发材料以及综合运用上述方法。由于不同研究采用的情绪激发手段存在较大差异，导致情绪状态的测量和评估缺乏可比性。第二，在创造性方面，由于创造性任务本身的复杂性，各类研究考察的创造性任务处于创造性认知过程的不同层级，造成实验结果之间难以整合的尴尬局面。因此，要系统考察情绪影响创造性认知过程的作用机理，一方面需要确保情绪激发的有效性，从情绪的愉悦度（pleasure）、唤醒度（arousal）、调节聚焦性（regulatory focus）等方面进行客观测量；另一方面，需要基于创造性认知过程存在不同阶段的框架，从不同层级、不同阶段系统探讨情绪影响创造性认知过程的阶段性效应。

2.2 情绪对认知加工过程的影响作用

现有理论模型在阐明情绪影响创造性认知过程的机制时，都将情绪对创造性的影响作用解释在其认知过程的阶段之中，然而，情绪对不同的认知加工过程有着不同的影响作用。

大量研究表明，情绪对认知过程的影响是通过拓宽和缩小注意范围（Fredrickson & Branigan, 2005）增强与抑制认知灵活性来实现的（Baumann & Kuhl, 2005）。积极情绪有助于拓宽注意范围，增强认知灵活性。Fredrickson 和 Branigan（2005）采用电影短片诱发技术和整体 - 局部性视觉匹配任务，发现积极情绪状态下的被试更容易选择与靶图形在整体特征上一致的图形，说明积极情绪可以使注意范围变得更广，关注整体而不是局部特征。Compton 等（2004）发现积极情绪高的被试要比积极情绪低的被试具有更快的注意转换速度，积极情绪水平越高，个体的认知灵活性越强。Kuhl 和 Kazén（1999）采用情绪词启动任务发现，积极情绪可以克服固着化反应。消极情绪容易缩小注意范围，降低认知灵活性。Huntsinger（2013）研究表明，当出现具有危险性情绪诱发刺激时，个体的注意资源会被高度占用，使得注意范围变窄，当进一步要求个体完成其他需要认知资源的任务时，情绪信息与认知加工信息之间会产生注意竞争，最终导致个体的思维陷入被动状态。同时消极情绪对记忆功能以及执行控制功能（Oaksford et al., 1996）都存在较大损害。也有研究指出，情绪对认知过程的影响作用或许更为复杂，Huntsinger（2012）发现，只有在某种注意模式（散焦注意或者聚焦注意）占主导时，才会出现情绪对认知灵活性的影响作用。

随着具身认知和具身情绪研究热潮的兴起，通过表情或姿势诱发被试情绪再次引起心理学研究者的兴趣。具身情绪（embodied emotion）的观点认为肌肉、内脏等外围系统的输入会引起其他和该情绪相关系统（躯体感觉和运动皮层、假设的"镜像神经元"系统、边缘系统、眶额皮层）的模式化反应，最终使个体感受到这种情绪，产生与这种情绪一致的行为，表现出与这种情绪相关的神经系统的激活（Niedenthal, 2007）。研究发现，在个体存在原有情绪时，表情反馈能够对其产生增强或削弱的作用；当个体原本没有情绪唤醒时，表情反馈能够直接诱发出相应的情绪。而通过表情或身体反馈进行情绪诱发，进而研究其对认知与行为的影响成为情绪研究的又一个热点。面部肌肉控制技术激发是诱发具身情绪的一种有效手段(Wiswede et al. ,2009；李荣荣，麻彦坤，叶浩生，2012)。当实验中要求被试在用牙齿咬一根小棍子(笑脸的表情)或用嘴唇抿一根小棍子(皱眉的表情)的条件下，完成句子效价的判断时，和具身情绪一致的句子的反应时更快。

具身情绪对认知过程的影响是通过提高情绪信息的加工速率来实现的。当实验材料中所含情绪信息与具身情绪效价一致时，具身情绪能够显著地缩短个体对实验材料的感知时间(Effron et al. , 2006)、促进任务信息的跨通道转换(Vermeulen, Niedenthal, & Luminet, 2007)。同时，具身情绪还能通过调节情绪的动机维度，改变个体的注意范围(Price & Harmon - Jones, 2010)，促进个体在创造性认知活动中的表现。同时结合使用外部诱发情绪技术和内部肌肉控制技术，可以更全面地阐明情绪影响认知活动的作用机制。

2.3 创造性认知过程及其加工机制

许多研究结果表明，创造性活动也包含着规则的信息加工过程，并且与非创造性活动有着相似的地方(周丹，施建农，2005；胡卫平，刘少静，贾小娟，2010)。研究者将认知神经科学、计算机技术、传统的心理测量和行为实验相结合，探索创造力的认知过程。

2.3.1 创造性认知过程理论

有关创造性认知过程的理论模型可以概括为两类：

第一，创造性认知过程阶段理论。这类理论通常将创造性认知过程划分为连续的几个阶段，探索每个阶段的认知特征和机制。早在1926年，Wallas (1926)就提出创造性过程可以分为准备阶段、酝酿阶段、明朗阶段和验证阶段4个阶段。Campbell (1960)的BVSR(blind variation and selective retention)理论认为，创造过程包含盲目变异(blind - variation，不断尝试产生新想法或新知识的过程)和选择性保留(selective - retention，挑选并保留适宜的观点或知识的过程)。这两个理论对有关创造力认知过程阶段模型的构建产生重要的影响。Finke 和 Slayton (1998)的生成探索模型(genexplore model)认为，创造性活动就是对心理表征的提炼和重建过程，主要包括两个过程：产生过程和探索过程。产生过程是以不完全的形式构建最初的心理表征；而探索过程是针对任务的创造性要求，在产生过程中形成的表征进行提炼加工和反复修改。Bink 和 Marsh(2000)的创造性认知过程理论认为，创造性的认知过程是"产生合成"(信息的搜索、提取、组合、加工，以及形成某些新颖的组合)和"选择"(决定什么信息将被采用，前一阶段形成的组合被保留或放弃)两个过程综合作用的结果。我国学者(罗俊龙等，2012)提出的原型启发理论也认为，"顿悟"的产生包含两个阶段："原型激活"(即想到对眼前问题有启发作用的某个已知事物)及原型中的"关键启发信息利用"(即想到原型中所隐含的某个关键信息对眼前问题的解决有启发作用)。

第二，创造性认知过程的层次模型。这类理论主要根据不同思维过程在创造性认知过程中所起的直接和间接作用，将创造性认知过程区分为不同层级。Runco 和 Chand (1995)的创造性思维二级模型 (two - tier model of creative thinking)认为，创造性思维的基本成分包括初级成分(包括问题提出、构思、评价三个方面的能力)和次级成分(包括个体拥有的知识和动机)两个层级。Klaus(1996)的信息处理创造模型(IPC - model)将创造性过程当作一个问题解决过程,主要依靠控制系统(control)及信息处理器(operators)的协同工作来完成。信息处理器负责对相关任务信息和已有记忆、知识进行加工,控制系统负责将目标任务分解为多个子任务,并根据任务需求选择使用合适的信息处理器,并对信息处理器加工结果进行评价,最后根据评价结果将信息处理器及知识的运用调整到合适的水平,最终问题实现解决。

综合来看,无论是创造性认知过程阶段理论,还是创造性认知过程的层次模型,都认同创造性认知过程包含两个基本的过程:初级过程,即对信息的提取、组合及简单的比较、分类过程;次级过程,即对信息的较高层次的筛选,对初级过程的监控,以及认知策略和评价手段的选择和运用。

2.3.2 创造性认知过程的机制研究

第一,创造性初级过程与个体信息加工速度、注意抑制能力、概念表征等特征紧密相关。从创造性思维的不同层次来看,在初级过程中,无关信息抑制能力(周泓,张庆林,2002)、信息加工速度(胡卫平等,2010)、注意模式(刘正奎,程黎,施建农,2007)、工作记忆(De Dreu et al.,2012)以及概念表征距离(Rutter et al.,2012)等都能影响个体信息处理的有效性,从而显著影响个体创造性活动的产生。Razumnikova(2007)使用远距离联想任务的研究为创造性初级过程提供了相关脑生理研究的证据。其研究结果显示:前额叶的 θ_1(4~6Hz)功率值显著增强,α_1(8~10Hz)和 α_2(10~13Hz)在大脑后部的去同步化显著增加,大脑双侧多个脑区的 β_2(20~30Hz)波段的功率值和相干值都有明显增加,其原因在于远距离联想包含对相关信息提取和大量言语连接的持续注意。

第二,创造性次级过程与个体认知加工策略选择有关。首先,根据顿悟时间进程的研究,元认知在顿悟问题解决的监控方面发挥着重要作用并具体表现在某些特定的 ERP 成分上。例如,与个体对思维僵局前意识性的元认知觉察相关的额区 P2 成分;与思维僵局引发聚焦注意相关的 P3a 成分(沈汪兵等,2013);与原有定势打破相关的 P400 成分以及与心理重构所引起的晚期成分等(Zhang et al.,2011)。其次,大量研究表明,在创造性次级过程中,高创造力者能够"独具慧眼",是因为他们在头脑中表征原型的时候,善于排除表面特征,采取恰当的策略深刻地把握与问题解决思路有关的"特征性功能",从而有效建立"功能目标"与原型的"特征性功能"之间的联系(张庆林,邱江,曹贵康,2004;张庆林,田燕,邱江,2012)。同时,高创造力的个体对目标类别概念加工更加深入,更能使用概括的加工策略,使得分类加工有效性更高(沃建中等,2010),从而保证了在创造性任务上具有更好的表现。Benedek 和 Neubauer(2013)发现,有效的记忆提取策略是影响个体创造性表现的重要影响因素。另外,Yasuyuki 等(2009)通过对比新手与专家在设计创造性的新钢笔方案任务中的表现,发现专家组的方案原创性显著高于新手。脑成像结果也证实专家组的三项创造性指标均与右脑前额叶皮层的激活和左脑前额叶皮层的激活相关显著,而新手则无此关联;Gibson,Folley 和 Park(2009)对音乐家和非音乐家创造力与脑功能区的研究发现,音乐家更多激活了两侧前额皮层,而非音乐家更多激活了左侧前额皮层。这些证据均表明高创造力个体通常会选择更为有效的认知策略来完成创造性任务。

第三，创造性认知的初级过程和次级过程具有不同的功能机制。Kaufmann 和 Vosburg（2002）的研究表明，观点产生的初级过程和次级过程呈现出不同特点，积极情绪与消极情绪分别对这两个过程有着显著不同的影响；Yuan 和 Zhou（2008）的研究发现，外部评价降低了创造性答案生成阶段（初级过程）的效率，但却促进评价和选择阶段（次级过程）创造性答案适宜性的提高。罗劲（2004）的研究成果指出，顿悟过程需要扣带前回、海马、左腹侧额叶以及视觉空间信息加工网络等脑区协同完成。信息加工方面（初级过程），扣带前回负责早期预警系统的发动、海马负责新异有效联系的形成；控制与监控方面（次级过程），左腹侧额叶负责思维定式转换和语言加工，视觉空间信息加工网络负责思考的背景或参照框架的切换。Jung 等（2013）基于 BVSR 理论的创造性神经机制研究也表明：盲目变异阶段（初级过程）主要伴随着信息加工固定模块的激活（default mode network，DMN）的激活，而选择保留阶段（次级过程）则主要伴随着认知控制网络（cognitive control network，CNN）的激活。

总之，创造性活动的两个认知过程呈现出不同的特征，具有不同的加工功能。初级过程负责模块化的信息加工，而次级过程主要负责认知策略的选择与监控。因此，从创造性认知的初级过程和次级过程入手，全面揭示创造性认知过程的内在机制具有重要的理论价值和现实意义。

3 问题提出

在分析已有研究的基础之上可以看出，情绪在创造性的产生过程中发挥着重要的作用，并具体表现在创造性产生的不同认知过程中，虽然研究者在该领域做了一些研究工作，但仍存在很多亟待解决的问题。

首先，从研究内容上看，先前的研究大多集中于行为层面的探讨，而对神经机制的研究有待加强。为数不多的脑机制研究偏重情绪对于某一创造性任务影响的脑区定位分析，而缺乏对创造性认知过程中有关情绪时程效应的动态脑机制研究。全面揭示情绪与创造性认知过程的作用机理，需要从行为－脑区等多个层面进行考察。因此，综合应用 EEG/ERP 及其源定位技术，侧重于情绪影响创造性认知过程的神经机制探讨。

其次，从情绪影响创造性认知过程的机制来看，先前的研究者倾向于将情绪对创造性的影响作用解释在创造力产生的不同认知阶段，但尚未形成统一的模型。因此，从创造性活动发生的两个过程入手，系统考察情绪影响创造性认知过程的机制，实验任务既包含初级过程的早期认知加工，也包含次级过程的认知监控活动，以期能系统地揭示情绪影响创造性认知过程的全貌。

再次，从情绪的激发方式上看，以往研究在外部情绪激发手段的选择上存在很大的差异，各实验之间不能进行直接的比较。同时，对内部情绪（具身情绪）的关注不够。因此，在各实验中，采用统一的情绪激发方式对被试的外部情绪与内部情绪进行激发，旨在降低各研究结果间由情绪激发手段不同而造成的误差，增加实验结果间的内在联系，以期最终构建出情绪影响创造性产生的统一模型。

因此，将创造性认知过程看作是由低（初级过程）到高（次级过程）的不同阶段，同时利用统一的外部情绪激发技术与面部肌肉控制技术，激发被试的情绪与具身情绪，采用 EEG/ERP 技术，有针对性地探讨情绪影响创造性认知过程的时程效应和神经机制。提出并解答以下问题：(1)积极情绪与消极情绪对创造性产生过程的影响作用是否相同，其作用的机制是什么？(2)外部激发情绪与具身情绪对创造性产生过程的影响作用是否相同，其内在机制又是怎样的？(3)如何构建一个统一的模型，将情绪对创造力的影响作用机制解释在创造性认知过程的不同认知阶段。

4 研究结果

综上所述，根据研究设想、理论框架及模型假设，在整合心理学与认知神经科学的研究方法之上，研究者对情绪影响创造性认知过程神经机制进行了系列研究，并取得了一定的研究成果（胡卫平等，2015；王博韬等，2016；Chen et al.，2016；Cheng et al.，2016；Wang et al.，2017；王博韬，2017；石婷婷，2017；刘冰洁，2017）

4.1 创造力中新颖性信息加工的时间进程。

新颖性信息加工过程与创造性活动之间存在着密切的关系，许多创造力理论都认为新颖性信息加工是影响个体创造性产生的重要因素之一。因此，首先采用 ERPs 技术，考察个体新颖性图像加工的时间进程。行为结果表明：新颖性图像的判断时间更长。ERPs 结果显示：新颖与非新颖图像在刺激呈现后 190～340ms 诱发出明显的前额区 N190 - 340，但在波幅上无显著差异；在 400～600ms 以及 600～1000ms，新颖性图像在顶区与额 - 中央区，特别在右侧半球诱发出更大的正性偏移（P400 - 600 和 LPC）。研究表明：图像新颖性属性的识别主要发生在涉及图像特征融合、图像记忆编码等多项认知活动参与的晚期加工阶段，并存在半球右侧化效应。其次，为进一步明确概念范畴对个体新颖性信息加工的影响作用，在上述研究的基础上，进一步对新颖性刺激所属的概念范畴进行区分。研究表明，与非新颖性图像相比，由不同概念范畴特征所合成的新颖性图像会在刺激呈现后 190～340ms 在被试的大脑中诱发出更为明显的前额区 N190 - 340；在 400～700ms 以及 700～1000ms，新颖性图像在顶区与额 - 中央区，特别在 右侧半球诱发出更大的正性偏移（P400 - 700 和 LPC）。研究表明：概念范畴影响个体对 新颖性图像的早期知觉化加工活动。图像刺激越新颖，越容易被个体的早期注意活动所觉察。

此外，为更好地从时间进程的角度解释情绪对个体新颖性文字加工活动的影响作用，专门增加了与个体文字加工活动相关的研究内容。采用尾词范式，使用 ERPs 技术，对比分析科学语言（隐喻和直义）与日常语言诱发的 N400 和 LPC 平均波幅和激活脑区的异同，从而探讨了科学语言认知加工机制的神经特异性。实验结果表明，与日常语言相比，在科学语言认知加工过程中，语义检索和提取难度更大，顶叶区尤其 是右顶叶区的激活程度最为显著，左右脑都发挥重要作用。此外，科学隐喻的相关研究发现支持隐喻加工的意义显性度假说，科学语言特有的复杂性和抽象性降低了语言表达的显性度，并且对后期的语义整合阶段产生影响。

4.2 视觉诱发情绪对个体新颖性信息加工的影响

4.2.1 视觉诱发情绪影响个体新颖性图像加工的时间进程

实验以49名正常大学生为被试,采用3(情绪效价:积极、中性、消极)×2(刺激条件:新颖、非新颖)的混合实验设计,其中情绪效价为被试间变量。行为结果显示:3组被试均对新颖性图像的反应时间更长;与中性和积极情绪组被试相比,消极情绪组被试对新颖性图片的反应时间最长。ERPs结果显示:(1)与积极和中性情绪组相比,消极情绪组被试在完成图像新颖性判断任务时,图像刺激所引发出的前额区N2更大;(2)消极情绪组被试在完成图像新颖性判断任务时,新颖与非新颖图片引发出的LPC的波幅差异更大。这表明:(1)情绪通过调节个体注意水平的方式对图像新颖性加工的早期阶段产生影响,消极情绪则缩小了个体的注意范围,阻碍其对图像新颖性的识别与加工。(2)情绪还会影响个体对新颖性图像的表征与记忆编码过程。消极情绪显著地阻碍个体对新颖性图像的晚期加工活动。

根据具身情绪的研究表明:通过对不同具身情绪下个体在图像新颖性判断任务中的反应时间和正确率的分析发现,从反应时间上看,新颖性主效应显著,具体表现为3种具身情绪下,个体对新颖性图像的判断时间显著长于非新颖性材料。这表明个体对新颖性图像信息的加工过程更为复杂;个体需要调动更多的认知资源参与图像中新颖性信息的识别、理解与判断工作。其次,情绪与图像新颖性信息加工之间的交互作用接近显著水平,即在消极具身情绪状态下,个体对新颖性图像信息的加工时间更长。这表明消极的具身情绪阻碍了个体对图像中新颖性信息的加工与识别工作。从反应的正确率上看,虽然三种具身情绪下,个体对两种刺激的判断正确率并未出现显著差异,但通过数据依然看出,在消极具身情绪效价下,个体对新颖与非新颖图像的判断正确率均低于中性以及积极具身情绪效价。这一结果也许能够在一定程度上证实消极具身情绪对新颖性图像加工的阻碍作用。

4.2.2 视觉诱发情绪影响新颖性文字加工的时间进程

实验以51名正常大学生为被试,采用3(情绪效价:积极、中性、消极)×3(新颖性:高、中、低)的混合实验设计,其中情绪效价为被试间变量。研究结果发现:与积极和中性情绪组被试相比,消极情绪组被试在完成新颖性文字判断任务时所花费的反应时间更长;与积极和中性情绪组相比,消极情绪组被试在加工中、高等新颖性程度的文字材料时,其顶区诱发的N400更为负向;此外,消极情绪组被试在加工中等新颖性程度的文字材料时,其顶区出现的P600振幅也更高。这表明:(1)情绪显著影响个体的新颖性文字加工过程。消极情绪阻碍个体对文字材料中新颖性信息的加工。(2)消极情绪状态阻碍个体对材料中语义冲突的早期识别与加工;此外,消极情绪状态还阻碍个体对材料中含义的二次语义整合过程;(3)不同情绪状态或对个体自身的新颖性评判标准发挥显著的影响作用。积极情绪下,个体更容易接纳新颖性信息,而在消极情绪下,个体对新颖性信息的识别更加严格。

根据具身情绪的研究表明:从反应时间上看,新颖性主效应显著。具体表现为:个体对低新颖性材料的加工时间最短,其次是高新颖性材料,对中等新颖性材料的加工时间最长。从被试的反应正确率上看,新颖性主效应显著,个体对中等新颖程度材料反应的正确率显著低于其他两种新颖性材料。这表明,具身情绪状态或与外部诱发情绪的影响作用相似,消极具身情绪阻碍个体对新颖性文字信息的加工。

4.3 情绪对远距离联想的影响

行为研究结果表明,实验被试在回避情绪状态下完成远距离联想任务的正确率显著高于趋近情绪状态。被试在低动机情绪状态下的正确率显著高于高动机情绪状态。低动机情绪状态下被试更容易解答出远距离联想题目。此外,来自脑电的研究结果表明,被试在回避情绪状态下的 N400 波幅显著低于趋近情绪状态。被试在低动机情绪状态下的 N400 波幅显著低于高动机情绪状态。由于 N400 反映了语义的冲突和整合,因此研究结果表明:低动机强度的(趋近、回避)情绪促进个体远距离联想问题的解决,而高动机强度(趋近、回避)情绪阻碍个体远距离联想问题的解决。

4.4 情绪对顿悟(问题解决)的影响作用

研究通过两个实验对情绪与顿悟(问题解决)的关系进行研究,实验1:不同动机强度的积极情绪对顿悟问题解决的影响;实验2:不同动机强度的消极情绪对顿悟问题解决的影响。采用2(动机条件:高、低)×2顿悟任务(低难度、高难度)的混合实验设计,研究结果表明:积极情绪条件下,任务难度主效应显著,情绪动机与任务难度交互作用显著;消极情绪条件下,任务难度主效应显著,情绪动机与任务难度交互作用显著。上述研究结果表明,情绪对顿悟问题解决的影响受其动机强度的调节。具体表现为:在汉字组块破解任务中,高动机强度的情绪状态阻碍高难度任务的破解;低动机强度的情绪状态促进高难度任务的破解;高动机强度的情绪状态未表现出对低难度任务破解的抑制效应。

4.5 情绪调节对创造性活动的影响作用

为更好地说明情绪对创造性活动的影响作用,项目对个体的情绪调节过程进行专项考察。采用 ERPs 技术考察高特质焦虑人群运用引导性认知重评调节负性情绪的有效性。研究结果表明,在图片呈现后 400~3000ms 的时间窗内,与偏负性描述条件相比,低特质焦虑组在面对偏中性描述下的负性图片时,诱发出的中央顶区 LPP 波幅更小。这表明低特质焦虑人群能够有效运用引导性重评调节负性刺激的神经反应。对数据进一步分析发现,在 1000~2000ms 时间窗内,与偏负性描述条件相比,高特质焦虑组在处理偏中性描述下的负性图片时,诱发出的中央顶区 LPP 波幅更大。这些异常的中央顶区 LPP 模式不仅表明高特质焦虑人群无法有效运用引导性认知重评降低负性图片诱发的神经反应,还揭示高特质焦虑人群引导性重评异常的时程动态机制。异常的认知重评活动可能是导致高特质焦虑人群体验到较高负性水平情绪的关键。

5 小结

通过对上述研究结果的整理,可以看出情绪对不同的创造性认知加工阶段表现出不同的影响作用。具体表现为,从创造性认知活动的初级加工阶段来看,情绪主要通过影响个体早期的认知加工活动(注意、知觉加工、语义感知等)对创造性活动产生影响,例如:消极情绪会缩窄个体在创造性认知活动中的注意范围;消极情绪会阻碍个体对创造性信息在知觉层面上的编码过程;消极情绪阻碍个体对创造性信息的语义加工活动;其次,从创造性认知加工的次级阶段来看,情绪会影响到个体的认知加工策略。例如,高强度动机的情绪会阻碍个体概念间的表征与联结;高强度动机的情绪会阻碍个体对顿悟任务的组块破解过程。未来研究还将在本研究体系与先前研究结果的基础上进一步深入与细化,争取构建出情绪影响创造性认知加工影响作用的机制路径与作用模型。

参考文献

胡卫平, 刘少静, 贾小娟. (2010). 中学生信息加工速度与科学创造力、智力的关系. 心理科学, 33(6):1417 – 1421.

胡卫平, 周蓓. (2010). 动机对高一学生创造性的科学问题提出能力的影响. 心理发展与教育, 26(1):31 – 36.

胡卫平, 王博韬, 段海军, 等. 情绪影响创造性认知过程的神经机制. 心理科学进展, 2015, 23(11):1869 – 1878.

李荣荣, 麻彦坤, 叶浩生. (2012). 具身的情绪:情绪研究的新范式. 心理科学, 35(3):754 – 759.

刘小禹, 刘军. (2012). 团队情绪氛围对团队创新绩效的影响机制. 心理学报, 44(4):546 – 557.

刘正奎, 程黎, 施建农. (2007). 创造力与注意模式之间的关系. 心理科学, 30(2):387 – 390.

刘冰洁 (2017). 状态焦虑影响创造性认知过程的 fNIRS 研究. 西安:陕西师范大学.

卢家楣, 刘伟, 贺雯, 等. (2002). 情绪状态对学生创造性的影响. 心理学报, 34(4):381 – 386.

罗劲. (2004). 顿悟的大脑机制. 心理学报, 36(2):219 – 234.

罗俊龙, 覃义贵, 李文福, 等. (2012). 创造发明中顿悟的原型启发脑机制. 心理科学进展, 20(4):504 – 513.

沈汪兵, 刘昌, 袁媛, 等. (2013). 顿悟类问题解决中思维僵局的动态时间特性. 中国科学:生命科学, 43(3):254 – 262.

石婷婷. (2017). 愤怒情绪影响创造性认知过程的 fNIRS 研究. 西安:陕西师范大学.

王博韬, 段海军, 唐雪梅, 等. (2016). 新颖性图像加工的时间进程. 心理科学, 39(6):1333 – 1338.

王博韬. (2017). 情绪影响创造性新颖信息加工的时间进程. 西安:陕西师范大学.

张庆林, 邱江, 曹贵康. (2004). 顿悟认知机制的研究述评与理论构想. 心理科学, 27(6):1435 – 1437.

张庆林, 田燕, 邱江. (2012). 顿悟中原型激活的大脑自动响应机制:灵感机制初探. 西南大学学报(自然科学版), 34(9):1 – 10.

周丹, 施建农. (2005). 从信息加工的角度看创造力过程. 心理科学进展, 13(6):721 – 727.

周泓, 张庆林. (2002). 创造性的生理研究新进展. 心理学探新, 22(3):9 – 13.

Akinola, M., Mendes, W. B. (2008). The dark side of creativity: Biological vulnerability and negative emotions lead to greater artistic creativity. Personality and Social Psychology Bulletin, 34(12):1677 – 1686.

Ashby, F. G., Isen, A. M., Turken, A. U. (1999). A neuropsychological theory of positive affect and its influence on cognition. Psychological Review, 106(3):529 – 550.

Baumann, N., Kuhl, J. (2005). Positive affect and flexibility: Overcoming the precedence of global over local processing of visual information. Motivation and Emotion, 29(2):123 – 134.

Benedek, M., Neubauer, A. C. (2013). Revisiting Mednick's model on creativity – related differences in associative hierarchies. Evidence for a common path to uncommon thought. The Journal of Creative Behavior, 47(4):273 – 289.

Bink, M. L., Marsh, R. L. (2000). Cognitive regularities in creative activity. Review of General Psychology, 4:59 – 78.

Campbell, D. T. (1960). Blind variation and selective retentions in creative thought as in other knowledge processes. Psychological Review, 67:380 – 400.

Chen, B., Hu, W., Plucker, J. A. (2016). The Effect of Mood on Problem Finding in Scientific Creativity. The Journal of Creative Behavior, 50(4):308 – 320

Cheng L., Hu W., Jia X. Runco M. (2016). The Different Role of Cognitive Inhibition in Early versus Late Creative Problem Finding. Psychology of Aesthetics, Creativity, and the Arts, 10(1): 32 – 41.

Compton, R. J., Wirtz, D., Pajoumand, G., et al. (2004). Association between positive affect and attentional shifting. Cognitive Therapy and Research, 28(6):733 – 744.

Damian, R. I., Robins, R. W. (2012). The link between dispositional pride and creative thinking depends on current mood. Journal of Research in Personality, 46(6):765 – 769.

De Dreu, C. K. W., Nijstad, B. A., et al. (2012). Working memory benefits creative insight, musical improvisation, and original ideation through maintained task – focused attention. Personality and Social Psychology Bulletin, 38(5):656 – 669.

Eastwood, J. D., Frischen, A., Fenske, M. J., et al. (2012). The unengaged mind: Defining boredom in terms of attention. Perspectives on Psychological Science, 7(5):482 – 495.

Effron, D. A., Niedenthal, P. M., Gil, S., et al. (2006). Embodied temporal perception of emotion. Emotion, 6(1):1 – 9.

Fernández – Abascal, E. G., & Díaz, M. D. M. (2013). Affective induction and creative thinking. Creativity Research Journal, 25(2):213 – 221.

Finke, R. A., & Slayton, K. (1988). Explorations of creative visual synthesis in mental imagery. Memory Cognition, 16:252 – 257.

Fredrickson, B. L., Branigan, C. (2005). Positive emotions broaden the scope of attention and thought – action repertoires. Cognition and Emotion, 19(3):313 – 332.

George, J. M., Zhou, J. (2002). Understanding when bad moods foster creativity and good ones don't: The role of context and clarity of feelings. Journal of Applied Psychology, 87:687 – 697.

Gibson, C. G., Folley, B. S., Park, S. (2009). Enhanced divergent thinking and creativity in musicians: A behavioral and near – infrared spectroscopy study. Brain and Cognition, 69:162 – 169.

Gruzelier, J. H., Thompson, T., Redding, E., et al. (2014). Application of alpha/theta neurofeedback and heart rate variability training to young contemporary dancers: State anxiety and creativity. International Journal of Psychophysiology, 93(1):105 – 111.

Huntsinger, J. R. (2012). Does positive affect broaden and negative affect narrow attentional scope? A new answer to an old question. Journal of Experimental Psychology: General, 14(4):595 – 600.

Huntsinger, J. R. (2013). Does emotion directly tune the scope of attention? Current Directions in Psychological Science, 22(4):265 – 270.

Hutton, E., Sundar, S. S. (2010). Can video games enhance creativity? Effects of emotion generated by dance revolution. Creativity Research Journal, 22(3):294 – 303.

Jung, R. E., Mead, B. S., Carrasco, J., et al. (2013). The structure of creative cognition in the human brain. Frontiers in Human Neuroscience, 7, 330.

Kaufmann, G., Vosburg, S. K. (1997). Mood effects on creative problem – solving. Cognition and Emotion, 11:151 – 170.

Kaufmann, G., Vosburg, S. K. (2002). The effects of mood on early and late idea production. Creativity Research Journal, 14(3 – 4):317 – 330.

Kowatari, Y., Lee, S. H., Yamamura, H., et al. (2009). Neural networks involved in artistic creativity. Human Brain Mapping, 30(5):1678 – 1690.

Kuhl, J., Kazén, M. (1999). Volitional facilitation of difficult intentions: Joint activation of intention memory and positive affect removes Stroop interference. Journal of Experimental Psychology: General, 128(3):382 – 399.

Lyubomirsky, S., King, L. A., Diener, E. (2005). The benefits of frequent positive affect: Does happiness lead to success? Psychological Bulletin, 131:803 – 855.

Martin, L. L., Stoner, P. (1996). Mood as input: What we think about how we feel determines how we think. Striving and Feeling: Interactions among Goals, Affect, and Self – regulation, 279 – 301.

Mednick, S. A. (1962). The associative basis of the creative process. Psychological Review, 69:220 – 232.

Niedenthal, P. M. (2007). Embodying emotion. Science, 316:1002 –1005.

Oaksford, M., Morris, F., Grainger, B., et al. (1996). Mood, reasoning, and central executive processes. Journal of Experimental Psychology: Learning, Memory, and Cognition, 22:476 –492.

Pessoa, L., Engelmann, J. B. (2010). Embedding reward signals into perception and cognition. Frontiers in Neuroscience, 4:17.

Price, T. F., Harmon – Jones, E. (2010). The effect of embodied emotive states on cognitive categorization. Emotion, 10(6):934 –938.

Razumnikova, O. M. (2007). Creativity related cortex activity in the remote associate task. Brain Research Bulletin, 73:96 –102.

Rowe, G., Hirsh, J. B., Anderson, A. K. (2007). Positive affect increases the breadth of attentional selection. Proceedings of the National Academy of Sciences of the United States of America, 104(1):383 –388.

Runco, M. A., & Chand, I. (1995). Cognition and creativity. Educational Psychology Review, 7(3):243 –267.

Rutter, B., Kröger, S., Hill, H., et al. (2012). Can clouds dance? Part 2: An ERP investigation of passive conceptual expansion. Brain and Cognition, 80(3):301 –310.

Schmid, K. (1996). Making AI systems more creative: The IPC – model. Knowledge – Based Systems, 9(6):385 –397.

Schwarz, N. (2011). Feelings – as – information theory. In P. A. M. van Lange, A. W. Kruglanski, & E. T. Higgins (Eds.), Handbook of theories of social psychology. New York: Sage UK.

van Tilburg, W. A., Igou, E. R. (2012). On boredom: Lack of challenge and meaning as distinct boredom experiences. Motivation and Emotion, 36(2):181 –194.

Vermeulen, N., Niedenthal, P. M., Luminet, O. (2007). Switching between sensory and affective systems incurs processing costs. Cognitive Science, 31:183 –192.

Wang, B., Duan, H., Qi, S., et al. (2017). When a dog has a pen for a tail: the time course of creative object processing. Creativity Research Journal, 29(1):37 –42.

Wallas, G. (1926). Art of thought. New York: Harcourt, Brace and Company.

Wiswede, D., Münte, T. F., Krämer, U. M., et al. (2009). Embodied emotion modulates neural signature of performance monitoring. PLoS One, 4(6):e5754.

Yuan, F. R., Zhou, J. (2008). Differential effects of expected external evaluation on different parts of the creative idea production process and on final product creativity. Creativity Research Journal, 20(4):391 –403.

Zhang, M., Tian, F., Wu, X., et al. (2011). The neural correlates of insight in Chinese verbal problems: An event related – potential study. Brain Research Bulletin, 84(3): 210 –214.

Neural Mechanism of Creative Cognitive Process Influenced by Emotion

Weiping Hu   Botao Wang

(1. *MOE Key Laboratory of Modern Teaching Technology, Shaanxi Normal University, Xi'an,710062; 2. School of Maxrism, Xidian University, Xi'an,710071*)

Abstract: It is known that emotion greatly affects creative generation. Most related studies on the relationship between emotion and creativity are based on individuals' behavior performance. However, they have not reached a consistent conclusion. This program systematically examines the cognitive process of creativity under the influence of emotion. According to the notion that creative generation is a progressive low-high cognitive process, the generating process of creativity is divided into primary process and secondary process. Cognitive neuroscience technology and several improved experimental paradigms including novelty judgment task, remote association test and Chinese logogriph task are employed to investigate the time course and spatial pattern of the active cerebral region of creativity in this program.

Keywords: emotion; creativity; insight; neural mechanism; ERP

创造力和精神疾病的关系及
大数据背景下的研究展望①

李亚丹[1]　张庆林[2,3]　杨文静[2,3]　陈群林[2,3]　胡卫平[1]　邱江[2,3]

（1. 陕西师范大学 现代教学技术教育部重点实验室,西安,710062;2. 西南大学 人格与认知教育部重点实验室,重庆,400715;3. 西南大学 心理学部,重庆,400715）

摘　要　创造力是人类心理机能的高级表现。迄今为止,已有相当多的证据表明,高创造力人群罹患精神疾病(尤其情感障碍和精神分裂症谱系疾病)的风险高于一般人群。探索创造力和精神疾病的关系并进而探讨创造力的本质和个体心理机制成为创造力研究的热点之一。但关于两者关系的认知神经机制和基因机制尚未完全明晰。本文结合行为、神经影像学和遗传学的研究证据,梳理和评述有关创造力和精神疾病关联的实证研究和若干理论观点,系统探讨了创造力和精神疾病的深层关系。未来研究应加强创造力与精神疾病关系的理论整合与构建,并利用影像遗传学方法及大数据方法,在"基因—脑—环境—行为"的框架下,从微观、中间和宏观层次开展多层面、多学科的交叉整合研究,同时加强对亚临床人群的多中心联合、大样本研究并尝试纵向研究设计,以更深入地对创造力与精神疾病的关系、影响因素及深层生物学机制进行探索。

关键词　创造力;精神疾病;脑;基因;基因－环境交互;大数据

创造力和精神疾病的关系一直受到哲学家和科学家的关注（Abraham, 2014a）。创造力即个体产生新颖独特且有价值的观点或产品的能力（Runco & Jaeger, 2012; Sternberg & Lubart, 1999）;精神疾病则主要是指人的大脑在内外环境不利因素的影响下,认知、情感、意志等精神活动,以及行为出现不同程度的障碍（Szasz, 2013）。前者是人类渴望拥有和需要挖掘的,而后者是需要克服和治疗的,它们看似是人类心理机能的两个极端,却存在着某种关联,有时竟相继或同时出现在某个人身上。早在古希腊时期这一现象就引起了人们的注意。然而,囿于当时研究渠道和思维方式的局限,创造力和精神疾病的关系一直被认为是扑朔迷离的,难以知晓本质。创造力与精神疾病关系的研究虽然有漫长的历史,但由于创造力和精神疾病本身各自的复杂性,针对这一问题的探讨历

① 本文由国家自然科学基金青年项目(编号:31700976)、教育部人文社会科学研究青年基金项目(编号:17XJC190002)、陕西省社会科学基金项目(编号:2017P005)、中国博士后科学基金资助项目(编号:2017M623099;编号:2018T111009)和陕西省博士后科研资助项目(编号:2017BSHEDZZ128)资助。

时已久而研究结论纷繁复杂。尽管如此,已有研究仍在对两者关系的理解上取得一定的进展。纵观已有的创造力和精神疾病相关联的文献,主要集中于对情感障碍(尤其是双相情感障碍,bipolar disorder)和精神分裂症谱系疾病(schizophrenia spectrum disorders)的研究。将结合当前的研究成果,从行为特征、认知神经机制和遗传效应等方面入手(表1),阐述创造力与精神疾病关系的研究现状和新近观点,讨论当前该领域的发展趋势、面临的挑战并对未来可能的研究方向进行展望,以期能为将来的研究提供一些借鉴和思路。一方面争取有助于理解创造力的本质和内在机制,为创造力理论的发展与整合提供科学依据,进而有助于创造力的有效提升和创新型人才的培养;另一方面也为心理与精神疾病的病理生理机制研究提供新的研究视角,进而有助于及时、准确地预防、诊断、干预和疗效评价。

表1　创造力与精神疾病关系的研究

行为研究	神经机制研究	分子遗传学研究
领域特异性 (如语言–艺术领域和科学–技术领域患病类型不同)	脑结构 (如额叶、颞叶、边缘系统和胼胝体可能是两者存在关联的关键区域)	多巴胺递质系统相关基因 (如 DRD2、DRD4、DAT、COMT基因)
共有的人格特质 (如精神质、分裂质、妄想、浮夸戏剧化、新异性寻求)	脑功能 (如默认网络对二者都有重要作用)	5–羟色胺递质系统相关基因 (如 5–HTT 基因多态性和TPH1 基因)
共有的认知加工特征 (如行为和概念的过度包含、自动思维、高模糊容忍度)	大脑两半球的偏侧化模式 (如两者都体现右半球优势)	基因 neuregulin 1 的多态性 (T/T 基因型)
		基因之间的交互作用 (如三元基因的交互作用(如 DRD2 × COMT × DRD4))

1　创造力和精神疾病相关联的行为研究

较早期的研究主要是一些结构化的诊断性会谈和对杰出创造个体的回溯性的传记研究。精神病学家 Cesare Lombroso 于 1864 年考察了历史上一些著名的艺术家和科学家的经历和精神状态,认为许多具有创造性才能和成就的人都患有精神病,如贝多芬、牛顿、安培和卢梭等(Middleton, 1935)。最早的关于天才的历史测量学研究发现,在 1030位杰出人士中有 4.2% 的人在一生中的某些时期表现出躁狂症状,8.3% 的人表现出抑郁倾向(Ellis, 1904)。但这类研究主要是从传记及其他文献资料的描述中来推测精神疾病的,所得结果仍不明确,其所谓的“精神病”有很多时候可能只是一些较古怪或不合世俗的行为。

20 世纪 60 年代后逐渐出现一些流行病学调查和心理测量学研究。如研究发现,那些母亲患有精神分裂症的孩子其创造力高于控制组儿童（Heston，1966）。Karlsson（1970）随后发现在双相情感障碍患者的亲戚中，高创造力人数比例是普通人群的 6 倍；在精神分裂症患者的亲戚中，高创造力人数比例是普通人群的 2 倍。Andreasen（1987）首次对该问题进行较系统的研究，他采用临床访谈方式对创造力突出的 30 名作家进行 15 年的追踪调查，发现其中有 24 名作家曾一次或多次患过情感障碍（占 80%），显著高于对照组的患病率（30%），且这种显著差异主要表现在双相情感障碍上；进一步分析还发现，作家组的一级亲属的情感障碍患病率（18%）以及亲属中高创造者的比例（53%）都显著高于对照组（分别为 2% 和 27%）。20 世纪 80 年代以后逐渐出现了实验研究。例如，Simeonova 等（2005）以双相情感障碍患者的后代（其中一半也是双相障碍患者，另一半是多动症患者）为实验组与对照组（健康个体的后代）进行比较后发现，实验组的创造性思维得分高于对照组。该研究首次证实了双相障碍患者或高危人群其创造力显著高于普通人群。

总体上看，目前已开展的关于创造力和精神疾病二者关系的行为研究主要从下述三个方面展开：

1.1 创造力和精神疾病关系的领域特异性

大量的行为研究都表明创造力和精神疾病之间的关系具有领域特异性。Jamison（1989）进行访谈和问卷调查后发现，一流艺术家和作家可能患情感障碍的概率是一般人群的 6 倍。此后的相关研究进一步细化。Ludwig（1992）用了 10 年时间，研究了 1005 位 20 世纪杰出人物，并对他们的职业进行分析比较，结果发现，不同职业的人患精神疾病的概率不同：70% ~77% 的诗人音乐家和小说家，59% ~68% 的画家、作曲家和散文作家，18% ~29% 的自然科学家、政治家、建筑师和商人患有不同类型的精神疾病。他还发现，在这些杰出人物中，从事不同职业的人所患的精神疾病的种类也不同：抑郁症常见于作家、画家和作曲家；躁狂症常见于演员、诗人和建筑师。综合分析对各国的研究发现，作家（尤其是诗人）的双相情感障碍患病率较高（Kaufman & Sexton，2006）。在低系统化的语言－艺术领域中有较多发现精神分裂症阳性症状倾向（反复出现的幻觉和异乎寻常的思维）和轻度躁狂，而在高度系统化的科学－技术领域中则有较多发现阴性症状倾向（社会退缩、情感淡漠和快感缺乏）和孤独症谱系障碍（autistic spectrum disorders）（Nettle，2006；Rawlings & Locarnini，2008）。

瑞典一项流行病学研究跟踪近 300000 名精神分裂、双相障碍和抑郁症病人及其亲属。该研究发现，双相情感障碍患者，以及精神分裂症或双相障碍患者的健康亲属更有可能从事艺术或科学类等创造性行业（如舞者、研究人员、摄影师、作家等）（Kyaga et al.，2011）。随后更大样本量（$n=1,173,763$）的研究（Kyaga et al.，2013）证实了之前的相关结论：从事创造性行业的人群患双相情感障碍的概率显著高于普通人群，精神分裂症和双相障碍患者的一级亲属，以及孤独症患者的兄弟姐妹都与创造性行业有显著关联。

1.2 高创造力者与精神疾病患者共有的人格特质

特定的情感气质是情感障碍的前驱表现型（Walsh et al.，2012）。双生子研究也表明,特定人格特质的遗传变异性（genetic variability）与创造性成就密切相关（Schermer et al.，2011）。精神质（psychoticism）是焦虑、抑郁等情感障碍的易感因素,对精神病性倾向有显著的预测作用（Chapman，Chapman，& Kwapil，1994；Vega & Lewis - Fernández，2008）。Götz 等（1979）的研究发现,艺术家在艾森克人格问卷（EPQ）中的精神质量表（P）上的得分显著高于非艺术家,且艺术成就较高的艺术家其 P 量表得分也显著高于成就较低的艺术家。职业演员的创造性和 P 量表得分也显著高于大学生控制组（Fink et al.，2012）。精神质的人格特征常常使个体表现出孤僻、自我中心等特征（社交 - 人际缺陷）,从而能够把大量时间和精力投入到创造性工作中（Eysenck，1995）。同时,与之相关的其他特征如精力充沛、情绪高涨等,也都是从事创造性工作所需要的（Fisher et al.，2004）。此外,艺术家的分裂质（schizotypy）得分也显著高于普通人,且该分数能预测其多项创造性测验的成绩（Nelson & Rawlings，2010）。2015 年,针对4000 多名管理者的研究还发现负面人格特质结构中的妄想（imaginative）和浮夸戏剧化（colorful）维度的得分对创造力有显著的正向预测作用（Furnham，2015）。有研究者指出,开放性和冲动性是将双相情感障碍和创造力联系起来的人格特质（Murray & Johnson，2010）；其他研究也相继发现了部分精神疾病患者与高创造力者共有的人格特质,如新异性追求和自我超越（Sasayama et al.，2011）、情绪性（Strong et al.，2007）和情绪去抑制（Galang et al.，2016）以及自我反思式的沉浸（Verhaeghen，Joorman，& Khan，2005）。

值得特别注意的是,创造力与人格特质之间存在的密切联系也受到具体领域的影响。例如,虽然精神质是带有跨领域一般性的创造性人格特征（Acar & Runco，2012）,但是过高的精神质由于可能会损害个体的逻辑思维和学习能力,并不利于自然科学领域的创造活动,但对于艺术领域,特别是视觉艺术而言,高度精神质通常起到积极的作用（Beaussart，Kaufman，& Kaufman，2012）。由此可见,具有领域一般性和领域特异性的创造性人格特征恰到好处的比例组合才能产生创造性成就,只是对于不同的领域而言,其最佳"搭配比例"不同。那么,在精神疾病患者与高创造力者共有的人格特质中,哪些成分或相关模式是跨领域一致的,哪些是领域特异的,仍需要更多、更深入的研究来予以证实。

1.3 高创造力者与精神疾病患者共有的认知加工特征

正如高创造力者与精神疾病患者具有某些共享的人格特质一样,研究也表明两者具有一些共同的认知加工特征。Andreasen 和 Powers（1975）采用 Goldstein - Sheerer 物体分类测验对作家、精神分裂症及躁狂症患者进行研究,结果发现作家在行为和概念的过度包含（over - inclusive）这两方面与躁狂症患者类似（此种认知风格增加各心理成分之间远距离联系的可能性）,不同的是作家的回答更逻辑化,而躁狂症患者的怪异、无序的思维较多。这说明作家与情感障碍患者在思维形式上具有某些相似的特点。许多艺术理论家也认为精神疾病的常见特征,如躁狂期或精神分裂症发病时的某些认知风格——自动思维、高模糊容忍度和较强的变换能力等,能促进艺术家独特观念和思维联想的形成。大量研究表明,高创造力者、精神分裂症患者及高危个体（如精神分裂症患者的子女）在创造性任务中都表现出散焦注意的模式（Ansburg & Hill，2003；Vartanian，2009）和认知去抑制的特点,即降低的潜伏抑制（latent inhibition，LI）（Abraham & Windmann，

2008；Carson et al.，2003），在信息加工过程中都容易受到无关信息的干扰（Fletcher & Frith，2008；Takeuchi et al.，2011）。Fink 等（2012）的研究进一步证实了降低的 LI、独创性和精神质之间存在显著相关。在精神疾病与创造力的关联中，这些特征性的认知功能异常是作为一种状态性的特征在发挥作用，还是一种具有稳定持续性的素质性特质？仍需要更多、更深入的研究来予以证实。

此外，有研究表明，无意识思维的优越性只体现在创造力的新颖性维度，而不体现在适用性维度上（Yang et al.，2012）。而精神分析理论则认为无意识加工异常是多种精神疾病的根源和治疗的方向（Sulloway，1992）。那么，无意识思维在创造力与精神疾病的关联中起到何种作用？其具体机制如何？其对创造性思维促进作用存在的边界条件是什么？仍需更多的实证研究进行系统探索。

2　创造力和精神疾病相关联的神经机制

2.1　脑结构成像研究

大量神经水平上的实验研究和临床资料表明精神病性倾向与创造力在脑神经基础上存在一定的相似性。越来越多的证据显示精神分裂症和情感障碍患者的脑的形态学有着相似的改变，比如额叶、颞叶和海马的灰质体积（Chan et al.，2011；Honea et al.，2008；Oertel – Knöchel et al.，2012），以及额叶和颞叶的皮层厚度（Oertel – Knöchel et al.，2013）较对照组都有显著减少。此外，转化为精神分裂症的超高危人群的前扣带回皮质减少，而未转化者则没有。这表明前扣带回结构异常是精神分裂症的一个高风险标志（Fornito et al.，2008）。而大多数脑结构成像（structural magnetic resonance imaging，sMRI）研究显示，创造力主要与额叶和扣带回及颞顶联合皮层等区域的结构变异相关。如 Jung 等（2009；2010b）对脑结构和创造力之间关系的研究发现，发散思维能力与额叶的皮层厚度和前扣带回的 NAA（N – acetyl – aspartate，N – 乙酰天门冬氨酸，神经元的代谢标记物）含量呈显著负相关。Flaherty（2005）基于数十项脑损伤和脑成像研究提出的三因素脑解剖模型（three – factor anatomical model），创造力依赖于颞叶（主要与新异性观点的生成有关）、额叶（主要与观点的新异性和远距性有关）和边缘系统（主要与新颖性寻求和创造性驱力有关）所构成的网络连接。

另一方面，精神分裂症患者脑白质减少的区域与灰质减少的区域非常相似，主要位于额叶和颞叶（Kubota et al.，2012）；也有研究发现胼胝体体积的减少与超高危人群是否转化为精神疾病有关（Walterfang et al.，2008）。而 Moore 等（2009）通过结构影像技术发现正常成人胼胝体与白质总体积的比值——CC/WMV 值（corpus callosum/total white matter volume）与其托兰斯创造性思维测验（Torrance tests of creative thinking，TTCT）量表得分呈负相关，即 CC/WMV 的比例越小，TTCT 得分越高。此外，研究发现，精神分裂症、分裂样人格障碍和双相情感障碍都会导致额叶白质纤维完整性指标 FA（fractional anisotropy）值降低（Hazlett，Goldstein，& Kolaitis，2012；McIntosh et al.，2008；Sussmann et al.，2009）。而使用弥散张量成像技术（diffusion tensor imaging，DTI）的研究也发现前额叶的 FA 值降低与较高的创造力和开放性相关（Jung et al.，2010a）。

研究者据此认为,高创造力与精神分裂症和双相情感障碍这类会导致额叶 FA 值降低的疾病有关。可见,额叶、颞叶、边缘系统和胼胝体可能是创造力和精神疾病存在关联的关键区域。

2.2 脑功能成像研究

进一步而言,脑结构虽然能够部分预测脑功能,但两者之间并不只是简单的对应关系(Honey, Thivierge, & Sporns, 2010),因此,还需要从脑功能的方面对创造力与精神疾病两者关系的脑神经基础进行深入研究。除了脑结构成像研究之外,对精神疾病患者的亲属进行的脑功能成像(functional magnetic resonance imaging, fMRI)研究也同样显示,这些亲属虽未患病,但在脑功能方面仍存在异常(Thermenos et al., 2004)。例如,有研究对精神分裂症的同胞和正常对照组进行比较后发现,前者即使不表现出认知功能的明显异常,仍表现出前额叶神经通路功能的异常低下。而在精神分裂症患者中也有类似发现(Callicott et al., 2003)。Fink 等(2009)结合 fMRI 和脑电(electroencephalogram, EEG)技术比较多种创造性任务的脑功能差异后认为,在进行创造性任务过程中被试需主动"切断"(switch - off)额叶的监控和优势联结,以更好地在语义距离遥远、表面上看似不相关的事物之间建立新连接。与此一致,匹配过滤假设(matched filter hypothesis)(Chrysikou, Weber, & Thompson - Schill, 2014)则认为,前额叶在创造性加工中具有自上而下的监控、评估和修正功能。若这个具有控制功能的过滤机制减弱,而后部或皮层下特定脑区(如感觉运动皮层、基底神经节)的活动增强,将更有利于创造性任务。

后续的研究还表明,精神分裂症和情感障碍患者的额叶、颞叶和右侧顶叶等区域的连接度和聚类系数降低,脑功能网络的全局和局部属性与随机网络更为相近(Calhoun et al., 2011; Rubinov et al., 2009)。进一步研究还发现,精神分裂症患者的默认网络(default mode network, DMN)(与"白日梦"、内省和情绪功能等密切相关)异常。例如,基于感兴趣区关联分析的研究发现,精神分裂症患者 DMN 的关键性区域楔前叶/后扣带皮层的自发低频活动发生改变,且后部扣带回和内侧前额叶的功能连接状况与患者的症状相关(Bluhm et al., 2007)。研究者认为楔前叶/后扣带皮层是精神分裂症患者静息态功能连接中一个关键的信息"中心节点(connector hub)"(Fransson & Marrelec, 2008)。患者及其亲属都表现出默认网络内异常的过度连接以及减弱的任务诱发负激活(Task induced deactivation, TID)(Whitfield - Gabrieli et al., 2009)。大量实证研究证明 DMN 对创造力的重要作用。如 Takeuchi 等(2011)发现创造力越高的正常被试,在完成困难的工作记忆任务时楔前叶激活水平越高。研究者结合以往研究认为,楔前叶上减弱的 TID 间接提示了创造力越高的个体难以有效地重置认知资源,则难以对与任务不相关的自发心理活动(如随机思维)施加抑制,减少干扰。这也与先前 Whitfield - Gabrieli 在精神分裂症患者及其家属身上的发现一致。在此基础上,Takeuchi 等(2012)利用静息态 fMRI 的研究发现,创造力越高的正常被试,其内侧前额叶和后部扣带回的功能连接强度越强。该研究进一步表明高创造力者与精神分裂症患者具有类似的大脑活动模式。更为直接的证据来自 Fink 等(2014)的研究。该研究发现,被试提出新颖问题的能力越强,其在创造性思维过程中楔前叶的激活越强,最重要的是,在分裂质上得分较高的被试在创造性思维过程中也显示出与此类似的激活模式,即创造力和精神病性倾向在一定程度上具有类似的心理加工过程。

2.3 两半球的偏侧化模式

对大脑半球偏侧化的研究也支持创造性思维和精神病性倾向在一定程度上存在相似性的观点,丰富了我们对两者关系的理解。研究发现,精神分裂症和双相障碍患者都呈现出左侧海马体积缩小以及右侧颞叶大于左侧颞叶的异常模式(Strasser et al.,2005)。精神分裂症患者及其亲属在大脑两半球结构和功能上的不对称性常态发生异常改变(左侧优势减弱或消失),其侧化损害表现为左半球较右半球损害严重(Oertel - Knöchel & Linden,2011)。另外,精神分裂症患者脑白质完整性的降低也表现出不对称性(Park et al.,2004),如患者左侧扣带束的 FA 值降低。许多研究者认为,右半球较左半球而言白质所占比例较大且能产生更多弥散性(diffuse)的语义激活(Jung - Beeman,2005),因此右半球脑区(尤其是前颞上回)与言语创造力的关系的变异性更大(Bowden et al.,2005)。大量脑成像研究也表明,远距离联想加工和复杂的创造性思维更多地表现为右半球优势(Howard - Jones et al.,2005;Seger et al.,2000),且调节分析表明这种偏侧化模式不受任务类型的影响(Mihov,Denzler,& Förster,2010);高创造力被试较低创造力被试更多地激活了右半球,而低创造力被试两半球差异不显著(Fink et al.,2009)。同时,脑损伤研究也表明,右侧内侧前额叶损伤会导致独创性降低,而左侧颞顶区损伤则能促进独创性(Mayseless,Aharon - Peretz,& Shamay - Tsoory,2014;Shamay - Tsoory et al.,2011)。

Folley 和 Park(2005)采用近红外光谱技术(near - infrared optical spectroscopy,NIRS)直接对精神分裂症、创造性思维能力和前额叶偏侧化三者的关系进行实证分析。结果发现,分裂型人格特质上得分较高的被试其发散性思维能力优于精神分裂症患者和正常被试,且右侧前额叶增加的激活在其中起到了关键作用。Rominger 等(2014)的研究表明,紧握左手(与右半球的激活增加有关)能够提升图画创造力,而这仅仅只在被试的分裂型人格特质中的阳性症状表现分数较低时才成立。研究者据此认为,分裂型人格特质表现出来的调节作用源于右半球增加的激活,右半球可能是创造力和分裂型人格倾向两者共同的神经基础。通过分析上述采用不同脑影像技术进行的研究可以看出,对脑结构尤其是白质的单侧化如何影响创造力,以及精神疾病与创造力两者各自表现出的偏侧化究竟有何区别和联系,还需要更多了解。

3 创造力和精神疾病相关联的分子遗传学研究

基于现有研究证据,创造力和精神疾病两者都有其遗传根源。已有相当多的证据表明,高创造力者的后代具有高创造力的概率仍比普通人高,但同时他们患精神疾病的概率也比普通人高(Jamison,1989;Ludwig,1992)。这提示创造力和精神疾病存在关联不仅是大脑结构和功能的变化所致,还受遗传影响。在认知 - 行为基因组学这一新兴交叉学科的背景下,对创造力和精神疾病的遗传基础的研究已经深入到分子水平。该方向的研究较之传统的双生子研究法或家族谱系调查精确许多,能获得更丰富的信息和新的实验证据,促进了学界对创造力和精神疾病之间关系的理解。目前关于创造力和精神疾病相关联的基因基础的研究,主要集中在多巴胺(dopamine, DA)、5-羟色胺(5-hydroxy tryptamine, 5-HT)递质系统相关基因、与精神疾病高度相关的基因 neuregulin 1 的多态性以及基因之间的交互作用等方面。

3.1 多巴胺递质系统相关基因

与创造力关系紧密的多巴胺递质系统基因主要包括 D2 Dopamine Receptor(DRD2)、Dopamine Receptor D4(DRD4)、Dopamine Transporter(DAT)和 Catechol-O-Methyl-transferase(COMT)基因。关于一般创造力的基因基础的首项研究(Reuter et al., 2006)发现,DRD2 基因与 5-羟色胺递质系统 TPH1 基因可以解释创造力总分 9% 的变异,且 DRD2 的 Al+ 等位基因与言语创造力正相关。对中国汉族人群的研究也发现,DRD2 基因与发散性思维测试的言语流畅性和独创性显著相关(Zhang, Zhang, & Zhang, 2014a);还有的研究采用正电子发射计算机断层显像(positron emission tomography, PET)技术发现丘脑的 DRD2 的密度与发散性思维分数显著相关(De Manzano et al., 2010)。而既有的研究结果显示,DRD2 与新颖性寻求(Reuter et al., 2006)、双相情感障碍(Cousins, Butts, & Young, 2009)和精神分裂症(Golimbet et al., 2003)都存在相关。

与 DRD2 类似,研究者发现 DRD4 和 DAT 与发散性思维(尤其是流畅性和灵活性维度)和新颖性寻求呈显著相关(Mayseless et al., 2013; Runco et al., 2011)。先前研究也已经发现 DRD4 与患精神分裂症和双相情感障碍的风险(Serretti & Mandelli, 2008)以及妄想症状(Serretti et al., 2001)存在显著关联。另外,已有的研究表明若 DAT 功能失调则会导致脑内多巴胺系统的过度活化,从而增加对精神分裂症和情感障碍的易感性(Haeffel et al., 2008; Laakso et al., 2001)。

Ukkola 等(2009)的研究和 Runco 等(2011)的研究分别发现 COMT 基因与音乐创造力和发散思维测验上的流畅性得分显著相关。不同的 COMT 基因型其具体影响不同:Val+ 等位基因(包括 Val/Val 和 Val/Met 变异体)与精神分裂和双相情感障碍的患病风险以及较差的执行功能和延迟记忆能力相关(Dickerson et al., 2006; Goghari & Sponheim, 2008);而 Val- 等位基因(Met/Met)却与高智商、较好的工作记忆和认知灵活性相关(Malhotra et al., 2002; Nolan et al., 2004)。但也有研究发现了一些不一致的结果。例如,有研究者发现,相对于 Val/Val 携带者,Met/Met 携带者边缘系统反应增强以及皮层-边缘系统之间存在更强的功能连接(Drabant et al., 2006; Smolka et al., 2005)。研究者认为这种过度活动可能提示 Met/Met 等位基因携带者在这些脑区的神经递质活动出现异常,其与情感加工、认知行为控制有关的系统更容易达到负载极限,从而导致其对负性情感反应的调节能力较差。

3.2 5-羟色胺递质系统相关基因

对 5-羟色胺递质系统基因与创造力个体差异的研究主要涉及 5-羟色胺转运体(5-hydroxy tryptamine transporter, 5-HTT)基因多态性、Tryptophane Hydroxylasegene 1(TPH1)基因和 Tryptophane Hydroxylasegene 2(TPH2)基因。5-HTT 由 SLC6A4 基因编码,具有 1 个共同的启动子多态区域 5-HTTLPR(5-hydroxy tryptamine transporterlinked polymorphic region，5 - HTTLPR）。许多研究都发现,5 - HTTLPR 多态性与言语和图画创造力（Volf et al.，2009）、舞蹈创造力（Bachner - Melman et al.，2005）和开放性（Kalbitzer et al.，2009）有关。同时也有资料表明,5 - HTTLPR 的多态性与情绪加工神经网络（如前额叶 - 杏仁核通路）的结构和功能异常（Roiser et al.，2009）和双相情感障碍的患病风险（Shah et al.，2008）有关。此外,相关研究发现,TPH1 与创造力总分、流畅性维度得分以及音乐创造力呈显著相关（Reuter et al.，2006a；Runco et al.，2011；Ukkolaet al.，2009；Zhang & Zhang，2017）,TPH2 基因 rs4570625 多态性与图画独特性维度得分相关显著（Zhang & Zhang，2017）。而众多的研究也证实 TPH1 基因在攻击性人格特质、精神分裂症和情感障碍的发病中扮演着重要角色（Chen，Glatt，& Tsuang，2008；Hennig et al.，2005；Zaboli et al.，2006）,TPH2 基因 rs4570625 多态性的 T 等位基因与部分精神疾病（如抑郁症、注意缺陷多动障碍）的患病风险有关（Gao et al.，2012；Walitza et al.，2005）。

3.3 基因 neuregulin 1 的多态性

关于创造力与精神疾病可能具有共享遗传基础的最直接证据来自一项研究。该研究发现,neuregulin 1 基因的多态性（T/T 基因型）与高智商健康被试的创造性成就和创造性思维测验的分数显著相关（Kéri，2009）。而 neuregulin 1 基因与精神疾病（尤其是精神分裂症和双相障碍）的关联在不同人群中已得到广泛的重现（Craddock，O'Donovan，& Owen，2006；Kéri，Kiss，& Kelemen，2009；Tang et al.，2003）。T/T 基因型还与较低的工作记忆能力(Stefanis et al.，2007)、精神分裂症发病前较低的智商（Kéri，Kiss，& Kelemen，2009）以及认知任务中额叶和颞叶减弱的激活（Hall et al.，2006）有关。

3.4 基因之间的交互作用

上述众多研究虽然从基因水平揭示了创造力和精神疾病存在关联的部分遗传机制,但是单个基因的效应量往往是很微小的（约1%）,难以很好解释遗传模式复杂的特质或疾病的高遗传度（Plomin，Haworth，& Davis，2009）,且研究结果往往也难以得到重复验证。有研究者关注多种基因间的交互作用和多位点的联合效应及其与创造性各维度的关系。有研究发现 4 组二元基因的交互作用（如 DRD2 × DRD4）和 2 组三元基因的交互作用（如 DRD2 × COMT × DRD4）对言语创造力（流畅性和独创性）有显著影响（Murphy et al.，2013）。DAT 和 COMT 基因的交互作用可以预测发散性思维和创造性成就上的个体差异（Zabelina et al.，2016）。在中国汉族人群中所做的基因与基因交互作用分析（Gene - gene interaction analysis）也显示,2 组四元基因的交互作用和 1 组三元基因的交互作用分别与言语流畅性和灵活性以及图画灵活性存在关联,且由 DRD2 和 COMT 基因相关位点组成的单体型同样与创造力相关显著（Zhang，Zhang，& Zhang，2014b）。

上述研究结果提示,COMT 和多巴胺受体的多态性可能相互作用、共同调节前额叶的多巴胺含量,从而影响复杂的创造性认知加工。目前越来越多的证据也都表明,精神疾病的发生是多个神经递质系统间相互作用出现异常的结果。在同一个信号传导通路上,各个分子的遗传变异之间很可能通过联合或协同作用的方式共同增加疾病发生的风险（Harrison & Weinberger，2005）。因此,进行多基因以及多位点的分析研究将更有助于揭

示创造力的遗传基础及其与精神疾病相互关联的全貌。如何利用全基因组关联研究
（genome wide association study, GWAS）产生的分型数据来构建基因调控网络则成为一个
研究热点。但鉴于 GWAS 巨大的工作量以及昂贵的实验费用，单个 GWAS 样本量可能难
以达到研究的要求，因而合并多个研究数据的 GWAS 的 Meta 分析是很有意义的尝试，可
以更经济和高效地对现有 GWAS 数据进行深度挖掘，提高发现易感基因/位点的效能
（Bush & Moore, 2012）。

4 大数据背景下的未来研究展望

综合起来，大量心理测量学、精神病学、流行病学、神经科学及行为－基因研究揭示
出创造力与精神疾病可能具有部分相似的或共享的认知神经机制和遗传基础，但两者也
可能涉及一些特异性的认知神经机制和基因机制，而这正是本文开头所提及的两个观点
之争的核心。通过对上述众多研究的分析不难看出，各研究涉及具体脑区和基因不尽相
同，这种不一致除了受到抽样方法等造成的被试样本的异质性、数据分析方法的不同和
测量误差等因素的影响外，诸多问题仍需深入探讨。由于创造力和精神疾病的复杂性和
多维性，要探明其中更确切的机制仍属不易。虽然目前分别对基因－脑、脑－行为和基
因－行为进行的研究能从不同角度帮助我们进行实证检验，但如何寻求一条整合途径以
直接探索基因—脑—行为这三者间的关联，还需要继续探索。要深入了解不同基因多态
性如何影响创造性加工的神经通路，从而影响个体的创造力，以及这些作用模式在创造
力和精神疾病之间潜在的异同，还需更多层次和更深水平的大样本整合性研究。

大数据时代的到来使数据从简单的处理对象开始转变为一种基础性资源（Poldrack
& Gorgolewski, 2014）。大数据方法把真实情境作为实验，使用多种平台获取多维度、大
规模的行为和生理数据（神经影像和基因大数据），与传统研究策略中依赖现有理论提
出研究假设的做法不同，强调以对大数据的挖掘为出发点建立研究假设，即问题导向、数
据驱动，它能够支持在海量数据的基础上挖掘变量之间的关系模式。大数据在数据的样
本量大小、数据采集和分析的速度以及数据的多样性这三个方面的特征使其分析方式和
所得到的结果从本质上区别于传统数据（Gomez－Marin et al., 2014）。需要特别指出的
是，大数据方法并不是否认从心理学概念出发的传统研究的价值，而是致力于更好地整
合众多心理学概念的科学价值和信息，使之与客观的生理现象具有更好的兼容性。这一
研究方式的社会性生态效度佳，且在纵向研究和分析社会行为等方面表现出独有的优
势。大数据时代的到来则为该方向的研究提供重要条件，它的出现正在改变创造力与精
神疾病关联的研究现状。同时，生物信息学（bioinformatics）、神经信息学（neuroinformat-
ics）和心理信息学（psychoinformatics）等新兴交叉学科的诞生也从数据收集、组织与整合
等各个环节使研究数据在数量和质量上得到很大的提升。这些都使研究者有机会和条件，
从新的高度和更大的视野去探索和理解创造力和精神疾病的关系。未来可以在"基因—
脑—环境—行为/认知"四个维度相结合的框架下，从微观、中间和宏观层次开展多层面、多
学科的交叉整合研究并构建相应的知识体系和理论模型，以揭示创造力与精神疾病关联形
成和发展的深层生物学机制。具体而言，未来研究可尝试从如下方面推进。

4.1 "基因—脑—环境—行为/认知"框架下的机制探究

4.1.1 扩展和细化创造力测评方式

Simonton（2012）指出，探讨创造力与异常心理的关系问题，需要首先考虑创造力的领域问题。因为精神异常者在特定领域尤其是文学艺术领域更普遍（Kyaga et al.，2011，2013；Nelson & Rawlings，2010），而且如果进一步细分为诗歌、音乐、自然科学和数学等不同领域，不仅精神异常出现的频率和强度以及具体症状不同（Ludwig，1992），而且创造力的行为表现及其发生和发展机制也存在普遍的差异（Baer & Kaufman，2005）。大量神经科学研究表明，艺术创造力和科学创造力的脑神经基础存在一定差异：前者主要涉及额叶、颞叶和顶叶，而后者主要涉及额叶、顶叶和扣带回（Jung et al.，2010；Limb & Braun，2008）。这些不同的脑区还可能分属不同的神经递质系统，以至于具有不同的基因机制。那么，与精神疾病相关的不同基因对创造性加工网络中多个脑区的调控效应，是特异于某一种创造性任务，还是参与调控多种创造性任务呢？因此，对于特定领域的创造力及其与精神疾病关联的神经基础和基因基础，还需要在采用更具针对性的任务范式的基础上进一步的探讨和验证。

另外，不同领域的创造力其具体要求、实现形式和测评方式是各不相同的。例如，一般创造力的测评维度（言语和图画任务中思维的独创性、灵活性、流畅性和精细性等）与音乐创造力的测评维度（音高、音程辨别和音乐表现力等）是完全不同的。Acar 和 Runco（2012）对精神质与创造力关系的元分析表明：当采用艾森克人格问卷测量精神质并采用独特性作为创造力指标时，创造力和精神质关系的效应值可达 0.5；而在其他情况下，如采用症状自评量表（SCL - 90）来测量精神质，并用流畅性和适用性作为创造力指标时，平均效应值多在 0.1 到 0.2 之间。Wang 等（2017）的研究发现，精神分裂症谱系疾病和创造力之间的关系受到创造力任务特征的影响（即任务涉及是发散性思维还是聚合思维）。因此，采用创造力的不同侧面的多个指标的综合测评比传统的以单一指标预测创造力的方法更具有信度和效度。然而根据文献来看，目前还没有通用的、统一的用以测量一般创造力的工具，同时特殊领域创造力测量的有效工具还少之又少。而且，目前相关研究大多数使用的是发散性思维任务来考察创造力，此时若只简单地对流畅性或独特性进行评价，就有可能忽视创造性观点的有用性这一重要标准，就有可能得出片面的结论。盲目变化和选择性保留理论（blind variation & selective retention，BVSR）认为，创造性过程包含盲目变化，以及选择和保留两个一般性过程，盲目变化过程是不断产生新颖、独特想法的过程，而不管这一想法是否有价值或适用；选择和保留过程则负责比较并选择盲目变化环节所产生的各种新想法，并将经过选择留下的最佳解决方案保存起来（Campbell，1960；Jung，2014）。基于该理论的推测，创造力与精神疾病存在关联的关键在于盲目变化过程，而两者的区别则主要在于选择和保留过程。前者与创造性观点或产品的独特性/新颖性有关，而后者则与有用性/有效性有关。虽然精神病性倾向能让更多的想法或观念在意识中同时存在，增加新颖想法产生的可能性，并由此间接地增强创造力。但是，只有新颖性和有效性这两个重要标准都同时得到满足时，创造性才能实现最大化。虽然高创造力者与精神分裂症患者在产生新异想法的倾向上类似，但是前者比后者更能对自身的观点输出进行有效控制,能更好地对创造性观点的适宜性进行评价和检验(Merten & Fischer, 1999)。也就是说,既有研究得出的创造力与精神疾病存在关联的结论可能更多地限于创造性的独特性/新颖性维度。因此,探索有效的测试范式,优化测评方法,开发具有更好预测效度和生态效度的标准化的创造力测量工具,并增强研究模式及实验设计间的沟通性和可比性,是以后的工作重点。未来研究还应在不断细化创造性思维的不同阶段(或过程)的基础上,进一步探讨每个加工阶段,从创造过程的角度动态地考察创造性的具体认知过程(或成分)在高创造力者与精神疾病患者身上的异同,这将有助于得出创造力与精神疾病之间的更为细致、全面的关联。

4.1.2 对被试的选择和评估等做更周密的考量

虽然存在着在应激因素的刺激下个体突发精神疾病的现象,但在多数情况下精神状态从健康到不健康/疾病存在着一个连续的(症状)谱系,即症状的变异和演化过程是连续的,有"灰色的"中间地带(Widiger & Lowe, 2007)。有研究者提出,创造力与精神疾病症状的严重程度之间呈倒"U"形的关系(Acar, Chen, & Cayirdag, 2018; Richards et al., 1988),即创造力与轻度精神疾病有关,而重度精神疾病对创造力不利(Abraham, 2014)。越来越多的证据也表明,处于精神分裂症发作期或患严重双相障碍的个体其创造力(尤其是发散性思维)较低(Rodrigue & Perkins, 2012; Simonton, 2014);而表现出轻度躁狂的亚临床人群,或具有躁郁性气质、精神分裂质及精神质得分较高的高危个体可能更具创造力(Claridge & Blakey, 2009; Kyaga et al., 2013; Nelson & Rawlings, 2010)。其次,精神疾病种类较多,各疾病亚群之间的临床表现又有交叉重叠,多维度的临床症状"模式"及其鉴别诊断给研究带来巨大挑战。先前研究很少对不同质的亚组进行细致且系统的分类,或将维度(dimensional)指标和分类(categorical)指标相结合,进而检验是否不同属性的精神疾病患者在创造力上表现出不同的模式。

内表型(endophenotype)是研究精神疾病遗传学的一种新策略。内表型处于基因表型到临床表型通路的中间环节(Gottesman & Gould, 2003)。利用该方法可把复杂的行为和多样的症状"还原"(reduce)为一些具体的、内在的成分,如认知的、神经生理的、生物化学的素质性标记或易感性标记(Smit et al., 2010)。每一个内表型都有各自的决定基因,通过内表型可以识别精神疾病的亚型,而这种亚型具有更多的遗传同质性,从而减少样本的异质性,比简单的通过行为表现型寻找关联更具有生态性和准确性,有助于揭示病因模式及其与创造力更为具体的关联。内表型不仅可以提供临床表现型和基因型的中间标记,而且是状态独立的(无论疾病是否处于活动状态都能表现出来)(Ivleva et al., 2010),且在病人和未发病的亲属中的出现率远高于普通人群(Allen et al., 2009),与临床表现型相比,更能预示发展为某种疾病的可能性,有助于高危人群的早期识别,提高预测度及高危期和前驱期检测的敏感性。因此,不仅需要努力寻找具有较好心理测量学属性的工具进行测量的、更加可靠的潜在认知内表型,而且应结合多种方法和技术手段(如电生理学、神经影像学技术以及生物学标记检测技术等),将脑的结构、大脑加工信息过程中相应的激活和连接状况以及神经化学物质同时作为内表型指标,并将这两种内表型有效整合,在此基础上定位影响这些内表型的关键基因或易感性基因位点,从而有助于进一步探讨影响疾病易感性的生物学途径及其与创造力的潜在关联。可以预见，采用连续的定量性状指标，在症状连续谱上细致考察严重程度从轻到重的精神疾病及其与创造力相互关联的更为具体的神经机制和分子生物学机制，将为分析两者的关系提供更多，更全面、准确的信息。对亚临床人群较易使用各类测查工具并增大样本量，从而便于分析创造力和精神症状之间存在的各种潜变量的关系（Silvia & Kimbrel，2010），也可以避免疾病的临床状态及药物等影响认知功能的因素，是未来研究的重要方向之一。同时还有助于对精神疾病易感群体（如精神质、神经质水平较高的个体）进行早期的预防性干预——而这类人较多从事创造性相关的领域。此外，现有的研究多以临床患者为对象，对于没有受到精神疾病困扰的高创造力者以及精神疾病康复个体的内在心理和遗传机制的探讨并不多，尚存在大量的空白。加强对公众所认同的高创造力群体的研究，不仅保证内部效度，而且能提升研究的生态效度和外部效度。

从前文所述的研究中可以看出，精神分裂症和双相障碍在与创造力的关联中存在很大的相似性。有研究者基于一系列研究认为，情感障碍症状（躁狂和抑郁）可能是遗传易感性高者向精神分裂症发展的一个预警信号或危险因素，是精神分裂症最早出现的症状之一（Cuesta & Peralta，2008）。鉴于此，对精神疾病与创造力之间的关系进行系统的剖析和比较，将对精神病理学症状维度或症候群的识别和评定，以及更科学的精神疾病诊断和分类系统带来有益启示。另外，需要指出的是，其他一些与创造力相关的精神疾病，如孤独症（Pring et al.，2012）和注意缺陷多动障碍（Healey，2014）也日益受到研究者的重视。未来也应加强其他精神疾病与创造力关系的基础和临床研究。

4.1.3　加强神经影像大数据研究的深度和力度

虽然创造力与精神疾病存在关联的关键脑区较为明确，但是更多问题还亟待解决。先前研究仍未从系统的层面揭示创造性思维和精神病性倾向两者是否存在一个共同的脑内神经回路，或是否具有相似的脑区协同工作模式或功能模块联动机制。利用计算建模的方法考察关键脑区的联结强度和密度，在建模的基础上进一步研究脑网络的结构和功能连接特性，从网络及动态信息加工的角度看待创造力与精神疾病的关联，或将成为一种趋势，且能提高研究的信度和生物效度。今后的研究应使用适当的方法（如 EEG 脑区间相位耦合、fMRI 因果联结等技术），并考虑多种方法的对照或结合，尝试将信息从不同的成像方式和不同的功能特性进行分析，探明大脑在进行创造性活动时的网络组织结构与由疾病导致的脑网络拓扑结构的异常变化，以及两者间的异同。而且，如何结合大规模神经影像数据和行为测量数据，并融合基于不同模态（如任务态和静息态）构造的网络模型，对影像结果进行更加合理深入的解释，也是下一步需要探索的。此外，脑网络不仅具有高度发达的问题解决能力，还同时伴有自学习机制并体现出功能分化和整合的自适应动态平衡，因此，从神经可塑性的角度进行多中心联合、大样本、纵向的研究，理解大脑功能的塑造对大脑结构的影响及其变化规律，是未来影像学应该重视的新方向。

在此基础上，发展迅速的影像遗传学（imaging genetics）研究可以通过生理影像技术评价与大脑有关的基因多态性对大脑的神经结构和功能产生的影响，从而了解由此导致的行为和心理（病理）特征（Bigos & Weinberger，2010）。这也预示着未来神经影像学将从以大小形态、解剖部位、信号强度等物理测量数据为主,深入到特异性细胞分子水平,并将形态与功能相结合,为研究者提供探寻基因多态性、大脑结构和功能以及行为表现之间关系的新途径。应充分利用该研究方法,采用现有比较成熟(认知和神经机制都较为清楚)的实验任务或范式,并系统控制非基因因素(如年龄、性别和病史等)的影响,深入研究多种基因、基因多态调控多个脑区及多个脑区形成的脑网络的具体机制,从而进一步了解分子水平微观变化和大脑宏观变化之间复杂的相互作用,以及它们是如何共同产生影响的,最终实现基因、脑和行为的有机结合。我们推测,不同基因对创造力和精神疾病相关的多个脑区,以及这些脑区形成的加工网络的调控作用,可能存在两种调节方式:直接调控和间接调控。一方面,由于不同基因多态性对多巴胺或 5 - 羟色胺的代谢活动产生影响,受这些神经递质调控的脑区就可能直接受到不同基因的调控;另一方面,不同基因对某个脑区的直接调控效应会通过各个脑区之间或脑网络之间的连接进一步调控多个脑区或多个网络的激活水平,从而产生间接的调控作用。那么,在这些直接或间接的调控途径中,哪些是创造力和精神疾病两者所共有的? 这种推测尚需有更多方向、更深层次的研究做支撑。

如何构建数据分类体系? 应用共享数据库和共享工具进行数据存储、管理和数据分析,建立良性的大数据生态环境,从而使各个研究组能更好地共享和整合不断激增的大规模复杂数据;如何采取新的数据思维以及新的数据探索型的研究方式来应对? 不同研究机构、不同学科(如生物信息学、遗传学、认知神经科学和心理学等)及擅长不同技术的研究者之间怎样协作才能发挥各自的优势,更有利于深入探索创造力与精神疾病相关联的复杂机制。对于这些问题的关注度与日俱增。同时大数据时代的数据分析结果往往也是海量的,它们之间的关联也极其复杂,如何提升数据解释能力,对数据结果进行模型化和逻辑整合,以及如何促进研究成果在领域内外的共享与交流,这也是研究者面临的新挑战之一。

4.1.4 系统考察环境和文化变量及其与基因的交互作用

创造力和精神疾病具有高度复杂性,受多种基因因素和环境因素的复杂交互作用的影响。高创造力个体由于经常表现出低从众性和低秩序性(不寻常的想法和行为)而受到排斥或反对,社会环境压力大。已有研究发现,在对艺术创造力的影响上,硫酸脱氢表雄酮(肾上腺分泌的最主要的类固醇激素,与情感易感性密切相关)的含量与社会排斥存在显著的交互作用,即社会排斥对那些情感易感性更高的个体影响最大,也能促使其完成最具创造力的作品(Akinola & Mendes, 2008)。那么,影响创造性倾向或行为的基因和环境变量之间的相互影响在脑结构和脑功能上如何表现呢? 这些表现与精神疾病的发生发展又有何种关联? 各种应对策略如何减轻特定基因本身的易感性? 或行为干预如何减少在不良的基因 - 环境相互作用下带来的风险因素? 这些问题都需要进一步研究探索。因此,今后的研究应利用精确的基因分型方法,对特定环境因素的准确测查以及科学的实验设计,综合探究基因 - 环境或基因和基因的交互作用与环境之间更为错综复杂的相互作用机制及其在创造力和精神疾病关联中的表现形式。

另外,值得注意的是,现有的针对创造力与精神病性倾向的研究大多是在西方个人主义文化背景下进行的研究,其结论需要在一个更广泛的文化背景下进行验证和修正。例如,在中国集体文化和传统的儒家中庸文化背景下,创造力和精神疾病的关系是否有其独特的变化和意义,仍需后续研究深入探讨。此外,在不同种群中某些基因的基因型频率和等位基因频率分布存在显著差异。虽然对于各易感基因的验证人群不断增多,但每个独立研究群体的种族、表型界定大多不一致,如何恰当处理各验证群体间的异质性,也是目前亟待解决的一个问题。

4.2 "基因—脑—环境—行为/认知"框架下的发展研究

儿童创造力主要体现在迷你创造力("mini – c")和日常创造力("little – c")两方面(即聚焦于具体经验、事件和行为给出新颖且有个人意义的诠释以及在日常生活中提出新颖有效的问题解决方法)(Kaufman & Sternberg, 2010),而精神异常在杰出创造力者("big – c")身上更加突出,在日常创造力者身上则不太明显(Simonton, 2012)。近年来越来越多的脑成像和神经病理学研究证据表明,相当一部分的精神分裂症患者的脑异常在生命早期就已经存在,但其完全表达则出现在成年之后(Lymer et al., 2006)。而且,易感性的发展理论认为,不同年龄段的个体具有不同的易感性,各种易感性因素的发展和作用也是不平衡的;在没有成为一种稳定的"模式"之前是可以变化的(Abela & Sarin, 2002)。大量实证研究也证明了在发展过程中,基因变异对人格特征、认知功能(如注意和工作记忆)个体差异的影响会越来越大(Colzato, van den Wildenberg, & Hommel, 2013;Störmer et al., 2012)。那么,创造力和精神疾病之间的关系是如何从婴幼儿时期发展起来的?从最弱的联结点到成为一个稳定的共发性模式的机制又是什么?该过程中是否存在不同类型的亚组发展轨迹?目前尚不清楚。

此外,不同易感性模型(differential susceptibility model)认为,基因与环境的交互作用可能表现为在发展过程中,某些基因型携带者既容易受到不利环境的影响而出现问题,也容易受到积极环境的影响而表现更加良好,即该基因型并非"不良遗传素质",而可能仅仅是对外界的积极环境和不利环境更加敏感,且更为可塑(Belsky & Pluess, 2009;Ellis et al., 2011)。那么,在创造力和精神疾病的关联中,遗传与环境效应随年龄增长而发展变化的趋势如何?大数据技术使得动态化搜集个体历史数据成为可能,对此有必要开展大样本的纵向研究,同时追踪考察同一批被试在不同时间点上创造力和心理行为特征的变化趋势,以及不同个体之间变化趋势的差异(包括正常个体之间的差异以及正常群体与发展性障碍群体之间的差异),采用特定基因与环境指标的重复测量数据,从而进一步从动态的角度揭示创造力和精神疾病关联的发生、发展机制,使变量之间的因果关系更为明晰;同时借助于更可靠的数学模型或多元统计模型,致力于个体差异的早期预测。这种个体差异模式的研究对深入理解创造力的本质以及有关的神经回路和新的基因至关重要,也许可以为探寻创造力和精神疾病关联的本质带来新的突破。

4.3 "基因—脑—环境—行为/认知"框架下的理论建构

早期就有精神病学家认为,精神疾病遗传的可能并不是疾病本身而是易感状态,这种由遗传获得的易感状态,即使在未出现精神病性症状前也是存在的(Niemi et al., 2005),其可能表现为对应激源抵抗力的降低,但在环境的激发或诱导下也可能表现为创造的潜能（Baron & Risch，1987）。Nettle（2006）也认为其他变量（如神经发展条件）会影响精神分裂人格特质对创造力的作用。

综合现有相关理论，该领域主要存在两类观点：一种观点认为，高创造力与精神疾病有关（Acar & Runco，2012；Fink et al.，2012）。精神病学和精神分析理论认为，高创造力者身上所存在的本我与超我之间的严重冲突是创造的源泉（Eysenck，1993），创造力可能是携带精神疾病致病基因的某种补偿优势（compensatory advantage）（Barrantes–vidal，2004）。另一种观点认为，创造力与精神疾病无关（Funk et al.，1993；Waddell，1998），即使两者存在关联，也仅仅只是和顿悟或创造性作品的产生有些许相关（Dietrich，2007，2014）。人本主义和后继的积极心理学认为，高创造力是潜能得以充分发挥、自我实现和主观幸福感的重要体现（Feist & Barron，2003；Maslow，1968）。创造力不仅与许多积极的人格特质相联系（如开放性和自信等）（Ivcevic & Mayer，2009），而且是创伤或逆境后自我成长的体现（Forgeard，2013），创造性活动还可以和心理治疗有效地相结合（Kaufman & Kaufman，2009）。但这两类观点目前都无法完全契合当前的研究结果。

新近兴起的共享易感模型（shared vulnerability model）（Carson，2011，2013）是结合了神经影像和遗传研究的相关研究结果，为研究者探寻创造力与精神疾病的关系提供了独特思路。该模型认为，基因上的易感因素能影响某些特定人群的认知神经特征，使其对有关材料的通达度增加，能迅速捕捉一些看似无关的刺激或稍纵即逝的观念，并从中得到有益启发（Ansburg & Hill，2003）。这些特征可能会有两种表现形式：创造力和精神病理行为。而这通常取决于其他调节变量，也就是保护性的认知因素是否存在。如果保护性的认知因素存在，就能够进行执行性监督并对不寻常的想法充分发挥元认知的监控作用，从而能够更好地利用这些想法。也就是说保护性的认知因素能降低易感基因的消极影响，同时不破坏这类基因的积极影响，从而使个体富有创造力，而如果缺乏其保护就易于导致精神疾病。目前已证实的共享易感因素主要包括降低的潜伏抑制、增加的对新异刺激的敏感性和神经的过度连接；保护性因素主要包括高智商、增强的工作记忆容量以及认知灵活性（Carson，2011，2013）（图1）。

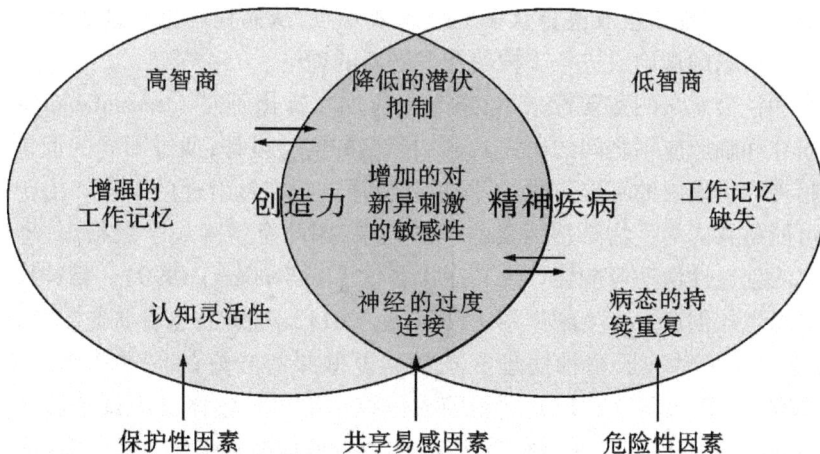

图1 共享易感模型（Dietrich，2014）

共享易感模型恰当地解释了创造力和精神疾病之间的关联,指出二者之间是部分共享的,且与基因有关的遗传易感因素和保护性的认知因素的交互作用影响这一关系,为研究者重新审视二者的关系提供了全新的理论视角,也获得一定研究的支持。但同时,该模型也存在一些无法解释的现象和有待验证的假设,而且该模型是否具有跨基因与环境的普适性等疑问,这些都需要未来研究结合更精确的高端技术与巧妙的实验设计来做进一步探讨。而且,还很可能存在一些其他的共享易感因素和保护性因素,如创造动机或开放性等人格特质。例如,在现有模型的基础上,Carson(2014)增加了情绪的不稳定性作为共享易感因素之一;Perkins 等(2015)提出的观点则认为产生自发思维(self-generated thought)的倾向是创造力和精神症状的共享易感因素。此外,共享易感模型只涉及认知神经层面的机制,而最近的研究也开始强调认知神经方面的风险因素与环境的交互作用。例如,Kéri(2011)的研究发现社会支持性网络与降低的 LI 产生交互作用,从而预测创造性成就。因此,今后的研究还需不断对该模型进行完善和拓展,并考虑一系列认知神经方面的因素和环境因素之间复杂的交互作用。

虽然上述理论观点可以从宏观上把握创造力与精神疾病的关系,但是其局限在于无法从微观上探索神经机制和分子学基础,并由此确定个体差异的源头。大数据技术强调整体以及从数据中发现未知联系的特征,同时也给这一方向研究的思维方式和理论建构方式带来变化。比如可在大数据背景下探讨特质情感类型以及创造力的本质等个体差异问题;阐述状态情感(心境和情绪状态)对创造力的影响、动机和需要对创造性行为的驱动等行为动力问题;动态化地对个体历史数据进行独特性的分析,给出个体特有的规律,并推测某个特定个体的情感体验和创造性行为以及二者的关系。我们预期在大数据的背景下,自上而下的思辨理论有可能与动态的数据驱动理论相结合,研究者们能够在大数据的水平上进行理论整合。

4.4 "基因—脑—环境—行为/认知"框架下的应用研究

大数据时代的来临不仅可以使创造力和精神疾病关联的理论整合及建构方式发生变革,更能使其验证方式发生改变。有望借助于应用研究中大规模的行为测量、神经影像和基因数据,更好地重组或整合众多的概念或观点,从而科学地佐证和补充创造力与精神疾病相互关联的理论或进一步构建和发展新的理论。

从现实和社会意义的重要性来看,未来也应加强转化研究(translational research,指介于基础研究和临床应用之间的研究),利用严格的实验设计,通过不同的训练方法对创造力以及精神障碍发展的不同阶段、不同临床特征进行有针对性的干预。由于创造力和精神疾病可能是共同的生物易感因素的不同结果,因此有精神病学家指出,患有精神疾病的艺术家的创造性活动可能会导致其症状恶化(Rothenberg,1990)。精神疾病的药物治疗也常对患者的创造力产生副作用(Flaherty,2011)。然而,也有研究报道,创作训练及相关的干预技术对一般精神病理症状的康复效果有较好的促进作用(Kaufman & Kaufman,2009)。Ding 等(2014)利用脑成像技术探讨了整体身心调节法(integrative body-mind training,IBMT)(一种在较短时间内有效地改善情绪状态、提高注意力和认知表现的冥想训练方法)对创造力的提升作用,结果发现,短期的 IBMT 训练(5 小时)

对与顿悟问题解决有关的脑区（如右扣带回、脑岛、额下回和额中回等）产生功能可塑性影响。以往的研究也表明,IBMT方法可以有效改善焦虑、抑郁等负性情绪状态（Tang et al.,2007）,且上述脑区（如扣带回）与负性自我相关信息的加工和情绪调节密切相关（Kalisch et al.,2006；Matthews et al.,2008）。虽然该干预方法对创造力和情绪状态产生效果的持续性和迁移性,效果产生的更深层的机制,以及该方法各参数的进一步细化和确定,都还有待进一步的验证和完善,但这似乎也提示未来研究可考虑是否通过某些方法在个体发展过程中同时挖掘创造力和情绪智力两方面的潜能。

心理治疗和干预（尤其是与创造性思维密切相关的疗法）会对创造力或者是创造力与精神疾病的关系产生怎样的影响,并且是否可能通过某些方法在个体发展过程中同时提高创造力并改善情绪状态,目前这方面的系统研究和应用报道还比较缺乏。未来研究可考虑动态地考察健康的控制组和预后情况不一样的精神疾病患者之间创造性表现的异同,并探索人格和家庭等环境因素在其中起到的具体作用,为揭示精神疾病的病因学和新的治疗机制提供线索。同时,在选取评价指标方面,可考虑将行为与认知神经指标结合,从而有助于在行为层面的促进方法之外,提供更精确的基于脑的新的矫正方案和思路（例如,无损的脑刺激技术、神经反馈技术和神经药物技术等）。不仅需要运用大数据技术描述自然状况下各种心理和行为的普遍规律,更需要在干预实践中根据这些探究结果进一步地预测,或者探寻个体特有的规律并制订更有针对性、区分性的个性化干预措施,进一步完善训练内容的设计。从而唤起患者的积极因素,有助于康复,尽量降低治疗的副作用（如避免损害创作过程必需的气质和认知能力）,为精神疾病患者带来重新适应环境的更多可能与效率。

相信在不久的将来,我们可以破解创造力和精神疾病的关联之谜,这对于创造力的有效提升,对于精神疾病更具针对性的预防和干预,对于实现创造主体各心理状态层面的整体和谐,满足国家人口素质提升的重大战略需求,都将会有巨大的促进作用和深远的影响。

参考文献

Abela, J. R., Sarin, S. (2002). Cognitive vulnerability to hopelessness depression: A chain is only as strong as its weakest link. Cognitive Therapy and Research, 26(6):811 – 829.

Abraham, A. (2014a). Neurocognitive mechanisms underlying creative thinking: indications from studies of mental illness. Creativity and Mental Illness, 79.

Abraham, A. (2014b). Is there an inverted – U relationship between creativity and psychopathology? Frontiers in psychology, 5.

Abraham, A., Windmann, S. (2008). Selective information processing advantages in creative cognition as a function of schizotypy. Creativity Research Journal, 20(1):1 – 6.

Acar, S., Chen, X., Cayirdag, N. (2018). Schizophrenia and creativity: A meta – analytic review. Schizophrenia research, 195:23 – 31.

Acar, S., Runco, M. A. (2012). Psychoticism and creativity: A meta – analytic review.

Psychology of Aesthetics, Creativity, and the Arts, 6(4):341 –350.

Akil, H. , Brenner, S. , Kandel, E. , et al. (2010). The future of psychiatric research: genomes and neural circuits. Science, 327(5973):1580 –1581.

Akinola, M. , Mendes, W. B. (2008). The Dark Side of Creativity: Biological Vulnerability and Negative Emotions Lead to Greater Artistic Creativity. Personality and Social Psychology Bulletin, 34(12):1677 –1686.

Aleman, A. , Swart, M. , Van Rijn. S. (2008). Brain imaging, genetics and emotion. Biological Psychology, 79(1):58 –69.

Allen, A. J. , Griss, M. E. , Folley, B. S. , et al. (2009). Endophenotypes in schizophrenia: a selective review. Schizophrenia research, 109(1):24 –37.

Almasy, L. , Blangero, J. (2001). Endophenotypes as quantitative risk factors for psychiatric disease: rationale and study design. American journal of medical genetics, 105(1):42 –44.

Andreasen, N. C. (1987). Creativity and mental illness. American Journal of Psychiatry, 144(10):1288 –1292.

Andreasen, N. C. (1996). Creativity and mental illness: A conceptual and historical overview. Depression and the spiritual in modern art –Homage to Miro:2 –14.

Andreasen, N. C. , Nopoulos, P. , Magnotta, V. , et al. (2011). Progressive brain change in schizophrenia: a prospective longitudinal study of first –episode schizophrenia. Biological psychiatry, 70(7):672 –679.

Andreasen, N. J. , Powers, P. S. (1975). Creativity and psychosis: An examination of conceptual style. Archives of General Psychiatry, 32(1):70 –73.

Ansburg, P. I. , Hill, K. (2003). Creative and analytic thinkers differ in their use of attentional resources. Personality and Individual Differences, 34(7):1141 –1152.

Antonova, E. , Kumari, V. , Morris, R. , et al. (2005). The relationship of structural alterations to cognitive deficits in schizophrenia: a voxel –based morphometry study. Biological psychiatry, 58(6):457 –467.

Bachner –Melman, R. , Dina, C. , Zohar, A. H. , et al. (2005). AVPR1a and SLC6A4 gene polymorphisms are associated with creative dance performance. PLoS Genetics, 1(3):e42.

Baddeley, A. D. (2002). Is working memory still working? European psychologist, 7(2):85 –97.

Baddeley, A. D. , Logie, R. H. (1999). Working memory: The multiple –component model. In, A. Miyake, & P. Shah (Eds.), Models of working memory: Mechanisms of active maintenance and executive control. Cambridge: Cambridge University Press.

Baer, J. , Kaufman, J. C. (2005). Bridging generality and specificity: The amusement park theoretical (APT) model of creativity. Roeper Review, 27(3):158 –163.

Barbey, A. K., Colom, R., Grafman, J. (2013). Architecture of cognitive flexibility revealed by lesion mapping. NeuroImage, 82:547 –554.

Barch, D. M., Sheffield, J. M. (2014). Cognitive impairments in psychotic disorders: common mechanisms and measurement. World Psychiatry, 13(3):224 –232.

Baron, M., Risch, N. (1987). The spectrum concept of schizophrenia: evidence for a genetic – environmental continuum. Journal of psychiatric research, 21(3):257 –267.

Barrantes – vidal, N. (2004). Creativity madness revisited from current psychological perspectives. Journal of Consciousness Studies, 11(3 –4):58 –78.

Bassett, D. S., Bullmore, E., Verchinski, B. A., et al. (2008). Hierarchical organization of human cortical networks in health and schizophrenia. The Journal of Neuroscience, 28 (37):9239 –9248.

Beaussart, M. L., Kaufman, S. B., Kaufman, J. C. (2012). Creative activity, personality, mental illness, and short – term mating success. The Journal of Creative Behavior, 46:151 –167.

Bekhtereva, N. P., Starchenko, M. G., Klyucharev, V. A., et al. (2000). Study of the brain organization of creativity: II. Positron – emission tomography data. Human Physiology, 26(5):516 –522.

Belsky, J., Pluess, M. (2009). Beyond diathesis stress: Differential susceptibility to environmental influences. Psychological Bulletin, 135(6):885 –908.

Bigos, K. L., Weinberger, D. R. (2010). Imaging genetics—days of future past. Neuroimage, 53(3):804 –809.

Bluhm, R. L., Miller, J., Lanius, R. A., et al. (2007). Spontaneous low – frequency fluctuations in the BOLD signal in schizophrenic patients: anomalies in the default network. Schizophrenia bulletin, 33(4):1004 –1012.

Bowden, E. M., Jung – Beeman, M., Fleck, J., et al. (2005). New approaches to demystifying insight. Trends in cognitive sciences, 9(7):322 –328.

Bush, W. S., Moore, J. H. (2012). Genome – wide association studies. PLoS computational biology, 8(12):e1002822.

Calhoun, V. D., Sui, J., Kiehl, K., et al. (2011). Exploring the psychosis functional connectome: aberrant intrinsic networks in schizophrenia and bipolar disorder. Frontiers in psychiatry, 2.

Callicott, J. H., Egan, M. F., Mattay, V. S., et al. (2003). Abnormal fMRI response of the dorsolateral prefrontal cortex in cognitively intact siblings of patients with schizophrenia. American Journal of Psychiatry, 160(4):709 –719.

Callicott, J. H., Straub, R. E., Pezawas, L., et al. (2005). Variation in DISC1 affects hippocampal structure and function and increases risk for schizophrenia. Proceedings of the National Academy of Sciences of the United States of America, 102(24):8627

- 8632.

Campbell, D. T. (1960). Blind variation and selective retentions in creative thought as in other knowledge processes. Psychological review, 67(6):380 – 400.

Canli, T., Qiu, M., Omura, K., et al. (2006). Neural correlates of epigenesis. Proceedings of the National Academy of Sciences, 103(43):16033 – 16038.

Carson, S. H. (2011). Creativity and psychopathology: a shared vulnerability model. Canadian journal of psychiatry. Revue canadienne de psychiatrie, 56(3):144 – 153.

Carson, S. H. (2013). Creativity and Psychopathology: Shared Neurocognitive. Neuroscience of Creativity, 175.

Carson, S. (2014). Leveraging the "mad genius" debate: why we need a neuroscience of creativity and psychopathology. Frontiers in human neuroscience, 8:771.

Carson, S. H., Peterson, J. B., Higgins, D. M. (2003). Decreased latent inhibition is associated with increased creative achievement in high – functioning individuals. Journal of personality and social psychology, 85(3):499 – 506.

Carter, C. S., Barch, D. M., Buchanan, R. W., et al. (2008). Identifying cognitive mechanisms targeted for treatment development in schizophrenia: an overview of the first meeting of the Cognitive Neuroscience Treatment Research to Improve Cognition in Schizophrenia Initiative. Biological psychiatry, 64(1):4 – 10.

Chan, R. C., Di, X., McAlonan, G. M., et al. (2011). Brain anatomical abnormalities in high – risk individuals, first – episode, and chronic schizophrenia: an activation likelihood estimation meta – analysis of illness progression. Schizophrenia bulletin, 37(1):177 – 188.

Chapman, J. P., Chapman, L. J., Kwapil, T. R. (1994). Does the Eysenck psychoticism scale predict psychosis? A ten year longitudinal study. Personality and Individual Differences, 17(3):369 – 375.

Chen, C., Glatt, S. J., Tsuang, M. T. (2008). The tryptophan hydroxylase gene influences risk for bipolar disorder but not major depressive disorder: results of meta – analyses. Bipolar disorders, 10(7):816 – 821.

Chen, Q., Yang, W., Li, W., et al. (2014). Association of creative achievement with cognitive flexibility by a combined voxel – based morphometry and resting – state functional connectivity study. NeuroImage, 102:474 – 483.

Cho, S. H., Nijenhuis, J. T., van Vianen, A. E., et al. (2010). The Relationship between Diverse Components of Intelligence and Creativity. Journal of Creative Behavior, 44(2):125 – 137.

Chrysikou, E. G., Weber, M. J., Thompson – Schill, S. L. (2014). A matched filter hypothesis for cognitive control. Neuropsychologia, 62:341 – 355.

Claridge, G., Blakey, S. (2009). Schizotypy and affective temperament: Relationships with divergent thinking and creativity styles. Personality and Individual Differences, 46(8): 820 – 826.

Colzato, L. S., van den Wildenberg, W. P., Hommel, B. (2013). The genetic impact (C957T – DRD2) on inhibitory control is magnified by aging. Neuropsychologia, 51(7): 1377 – 1381.

Conklin, H. M., Curtis, C. E., Calkins, M. E., et al. (2005). Working memory functioning in schizophrenia patients and their first – degree relatives: cognitive functioning shedding light on etiology. Neuropsychologia, 43(6):930 – 942.

Cornblatt, B. A., Malhotra, A. K. (2001). Impaired attention as an endophenotype for molecular genetic studies of schizophrenia. American journal of medical genetics, 105(1): 11 – 15.

Costa, V. D., Tran, V. L., Turchi, J., et al. (2014). Dopamine modulates novelty seeking behavior during decision making. Behavioral neuroscience, 128(5):556.

Cousins, D. A., Butts, K., Young, A. H. (2009). The role of dopamine in bipolar disorder. Bipolar disorders, 11(8): 787 – 806.

Craddock, N., O'Donovan, M. C., Owen, M. J. (2005). The genetics of schizophrenia and bipolar disorder: dissecting psychosis. Journal of Medical Genetics, 42(3):193 – 204.

Craddock, N., O'Donovan, M. C., Owen, M. J. (2006). Genes for schizophrenia and bipolar disorder? Implications for psychiatric nosology. Schizophrenia bulletin, 32(1):9 – 16.

Craddock, N., O'Donovan, M. C., Owen, M. J. (2009). Psychosis genetics: modeling the relationship between schizophrenia, bipolar disorder, and mixed (or "schizoaffective") psychoses. Schizophrenia bulletin, 35(3):482 – 490.

Crichton – Browne, J. (1879). On the weight of the brain and its component parts in the insane. Brain, 2(1):42 – 67.

Cuesta, M. J., Peralta, V. (2008). Current psychopathological issues in psychosis: towards a phenome – wide scanning approach. Schizophrenia bulletin, 34(4):587 – 590.

Daban, C., Amado, I., Bourdel, M. C., et al. (2005). Cognitive dysfunctions in medicated and unmedicated patients with recent – onset schizophrenia. Journal of psychiatric research, 39(4):391 – 398.

Davis, S. W., Dennis, N. A., Buchler, N. G., et al. (2009). Assessing the effects of age on long white matter tracts using diffusion tensor tractography. Neuroimage, 46(2):530 – 541.

Dickerson, F. B., Boronow, J. J., Stallings, C., et al. (2006). The catechol O – methyltransferase Val158Met polymorphism and herpes simplex virus type 1 infection are risk factors for cognitive impairment in bipolar disorder: additive gene – environmental effects in a complex human psychiatric disorder. Bipolar disorders, 8(2):124 – 132.

Dietrich, A. (2007). Who's afraid of a cognitive neuroscience of creativity? Methods, 42 (1):22 – 27.

Dietrich, A. (2014). The mythconception of the mad genius. Frontiers in psychology, 5.

Ding, X., Tang, Y. Y., Cao, C., et al. (2014). Short – term meditation modulates brain activity of insight evoked with solution cue. Social cognitive and affective neuroscience, 10(1):43 – 49.

Dorfman, L., Martindale, C., Gassimova, V., et al. (2008). Creativity and speed of information processing: A double dissociation involving elementary versus inhibitory cognitive tasks. Personality and Individual Differences, 44(6):1382 – 1390.

Drabant, E. M., Hariri, A. R., Meyer – Lindenberg, A., et al. (2006). Catechol O – methyltransferase val158met genotype and neural mechanisms related to affective arousal and regulation. Archives of General Psychiatry, 63(12):1396 – 1406.

Ebstein, R. P., Novick, O., Umansky, R., et al. (1996). Dopamine D4 receptor (D4DR) exon III polymorphism associated with the human personality trait of novelty seeking. Nature genetics, 12(1):78 – 80.

Ekelund, J., Lichtermann, D., Järvelin, M. R., et al. (1999). Association between novelty seeking and the type 4 dopamine receptor gene in a large Finnish cohort sample. American Journal of Psychiatry, 156(9):1453 – 1455.

Ellis, H. (1904). A study of British genius. Oxford, England: Houghton Mifflin.

Ellis, E. J., Boyce, W. T., Belsky, J., et al. (2011). Differential susceptibility to the environment: An evolutionary – neurodevelopmental theory. Development and Psychopathology, 23(1):7 – 28.

Eysenck, H. J. (1993). Creativity and personality: Suggestions for a theory. Psychological Inquiry, 4(3):147 – 178.

Eysenck, H. J. (1995). Creativity as a product of intelligence and personality. In International handbook of personality and intelligence. Springer US.

Feist, G. J., Barron, F. X. (2003). Predicting creativity from early to late adulthood: Intellect, potential, and personality. Journal of Research in Personality, 37(2):62 – 88.

Fink, A., Benedek, M. (2014). EEG alpha power and creative ideation. Neuroscience & Biobehavioral Reviews, 44:111 – 123.

Fink, A., Grabner, R. H., Benedek, M., et al. (2009). The creative brain: Investigation of brain activity during creative problem solving by means of EEG and fMRI. Human Brain Mapping, 30:734 – 748.

Fink, A., Neubauer, A. C. (2006). EEG alpha oscillations during the performance of verbal creativity tasks: Differential effects of sex and verbal intelligence. International Journal of Psychophysiology, 62(1):46 – 53.

Fink, A., Slamar - Halbedl, M., Unterrainer, H. F., et al. (2012). Creativity: Genius, madness, or a combination of both? Psychology of Aesthetics, Creativity, and the Arts, 6 (1):11 - 18.

Fink, A., Weber, B., Koschutnig, K., et al. (2014). Creativity and schizotypy from the neuroscience perspective. Cognitive, Affective, & Behavioral Neuroscience, 14: 378 - 387.

Fisher, J. E., Mohanty, A., Herrington, J. D., et al. (2004). Neuropsychological evidence for dimensional schizotypy: Implications for creativity and psychopathology. Journal of Research in Personality, 38(1):24 - 31.

Flaherty, A. W. (2005). Frontotemporal and dopaminergic control of idea generation and creative drive. Journal of Comparative Neurology, 493 (1):147 - 153.

Flaherty, A. W. (2011). Brain illness and creativity: mechanisms and treatment risks. Canadian journal of psychiatry. Revue canadienne de psychiatrie, 56(3):132 - 143.

Fletcher, P. C., Frith, C. D. (2008). Perceiving is believing: a Bayesian approach to explaining the positive symptoms of schizophrenia. Nature Reviews Neuroscience, 10(1):48 - 58.

Folley, B. S., Park, S. (2005). Verbal creativity and schizotypal personality in relation to prefrontal hemispheric laterality: A behavioral and near - infrared optical imaging study. Schizophrenia Research, 80(2):271 - 282.

Forgeard, M. J. (2013). Perceiving benefits after adversity: The relationship between self - reported posttraumatic growth and creativity. Psychology of Aesthetics, Creativity, and the Arts, 7(3):245.

Fornito, A., Yung, A. R., Wood, S. J., et al. (2008). Anatomic abnormalities of the anterior cingulate cortex before psychosis onset: an MRI study of ultra - high - risk individuals. Biological psychiatry, 64(9):758 - 765.

Fransson, P., Marrelec, G. (2008). The precuneus/posterior cingulate cortex plays a pivotal role in the default mode network: Evidence from a partial correlation network analysis. Neuroimage, 42(3):1178 - 1184.

Funk, J. B., Chessare, J. B., Weaver, M. T., et al. (1993). Attention deficit hyperactivity disorder, creativity, and the effects of methylphenidate. Pediatrics, 91 (4): 816 - 819.

Furnham, A. (2015). The Bright and Dark Side Correlates of Creativity: Demographic, Ability, Personality Traits and Personality Disorders Associated with Divergent Thinking. Creativity Research Journal, 27(1):39 - 46.

Galang, A. J. R., Castelo, V. L. C., Santos III, L. C., et al. (2016). Investigating the prosocial psychopath model of the creative personality: Evidence from traits and psychophysiology. Personality and Individual Differences, 100:28 - 36.

Galuske, R. A., Schlote, W., Bratzke, H., et al. (2000). Interhemispheric asymmetries of the modular structure in human temporal cortex. Science, 289(5486):1946 – 1949.

Gao, J., Pan, Z., Jiao, Z., et al. (2012). TPH2 gene polymorphisms and major depression – A meta – analysis. PLoS ONE, 7:e36721.

Gasparotti, R., Valsecchi, P., Carletti, F., et al. (2009). Reduced fractional anisotropy of corpus callosum in first – contact, antipsychotic drug – naive patients with schizophrenia. Schizophrenia research, 108(1):41 – 48.

Glahn, D. C., Almasy, L., Barguil, M., et al. (2010). Neurocognitive endophenotypes for bipolar disorder identified in multiplex multigenerational families. Archives of general psychiatry, 67(2):168 – 177.

Glahn, D. C., Ragland, J. D., Abramoff, A., et al. (2005). Beyond hypofrontality: A quantitative meta – analysis of functional neuroimaging studies of working memory in schizophrenia. Human brain mapping, 25(1):60 – 69.

Glatt, S. J., Faraone, S. V., Tsuang, M. T. (2003). Association between a functional catechol O – methyltransferase gene polymorphism and schizophrenia: meta – analysis of case – control and family – based studies. American Journal of Psychiatry, 160(3):469 – 476.

Goghari, V. M., Sponheim, S. R. (2008). Differential association of the COMT Val158Met polymorphism with clinical phenotypes in schizophrenia and bipolar disorder. Schizophrenia research, 103(1):186 – 191.

Golimbet, V. E., Aksenova, M. G., Nosikov, V. V., et al. (2003). Analysis of the linkage of the Taq1A and Taq1B loci of the dopamine D2 receptor gene with schizophrenia in patients and their siblings. Neuroscience and behavioral physiology, 33(3):223 – 225.

Gomez – Marin, A., Paton, J. J., Kampff, A. R., et al. (2014). Big Behavioral Data: Psychology, Ethology and the Foundations of Neuroscience. Nature Neuroscience, 17: 1455 – 1462.

Gottesman, I. I., Gould, T. D. (2003). The endophenotype concept in psychiatry: etymology and strategic intentions. American Journal of Psychiatry, 160(4):636 – 645.

Gottesman, I. I., McGue, M. (1990). Mixed and mixed – up models for the transmission of schizophrenia. Thinking clearly about psychology: essays in honor of Paul E. Meehl, 2.

Gottesman, I. I., Shields, J. (1967). A polygenic theory of schizophrenia. Proceedings of the National Academy of Sciences of the United States of America, 58(1):199.

Götz, K. O., Götz, K. (1979). Personality characteristics of professional artists. Perceptual and Motor Skills, 49(1):327 – 334.

Green, A. E., Munafò, M. R., DeYoung, C. G., et al. (2008). Using genetic data in cognitive neuroscience: from growing pains to genuine insights. Nature Reviews Neuroscience, 9(9):710 – 720.

Gunning-Dixon, F. M., Brickman, A. M., Cheng, J. C., et al. (2009). Aging of cerebral white matter: a review of MRI findings. International journal of geriatric psychiatry, 24 (2):109 – 117.

Gur, R. E., Calkins, M. E., Gur, R. C., et al. (2007). The Consortium on the Genetics of Schizophrenia: neurocognitive endophenotypes. Schizophrenia Bulletin, 33 (1): 49 – 68.

Haeffel, G. J., Getchell, M., Koposov, R. A., et al. (2008). Association Between Polymorphisms in the Dopamine Transporter Gene and Depression Evidence for a Gene – Environment Interaction in a Sample of Juvenile Detainees. Psychological Science, 19(1):62 – 69.

Hall, J., Whalley, H. C., Job, D. E., et al. (2006). A neuregulin 1 variant associated with abnormal cortical function and psychotic symptoms. Nature neuroscience, 9(12): 1477 – 1478.

Haller, C. S., Courvoisier, D. S. (2010). Personality and thinking style in different creative domains. Psychology of Aesthetics, Creativity, and the Arts, 4(3):149.

Harrison, P. J., Weinberger, D. R. (2005). Schizophrenia genes, gene expression, and neuropathology: on the matter of their convergence. Molecular psychiatry, 10(1):40 – 68.

Hashimoto, R., Noguchi, H., Hori, H., et al. (2007). A possible association between the Val158Met polymorphism of the catechol – O – methyl transferase gene and the personality trait of harm avoidance in Japanese healthy subjects. Neuroscience Letters, 428:17 – 20.

Hazlett, E. A., Goldstein, K. E., Kolaitis, J. C. (2012). A review of structural MRI and diffusion tensor imaging in schizotypal personality disorder. Current psychiatry reports, 14 (1):70 – 78.

Healey, D. (2014). "Attention – Deficit/Hyperactivity Disorder (ADHD) and creativity: ever the twain shall meet?" in Creativity and mental illness, ed. J. C. Kaufman (Cambridge, UK: Cambridge University Press):236 – 251.

Heinzel, S., Dresler, T., Baehne, C. G., et al. (2013). COMT × DRD4 epistasis impacts prefrontal cortex function underlying response control. Cerebral Cortex, 23 (6): 1453 – 1462.

Hennig, J., Reuter, M., Netter, P., et al. (2005). Two types of aggression are differentially related to serotonergic activity and the A779C TPH polymorphism. Behavioral neuroscience, 119(1):16.

Heston, L. L. (1966). Psychiatric disorders in foster home reared children of schizophrenic mothers. The British Journal of Psychiatry, 112(489):819 – 825.

Honea, R. A., Meyer – Lindenberg, A., Hobbs, K. B., et al. (2008). Is gray matter volume an intermediate phenotype for schizophrenia? A voxel – based morphometry study of patients with schizophrenia and their healthy siblings. Biological psychiatry, 63(5):465 –474.

Honea, R., Verchinski, B. A., Pezawas, L., et al. (2009). Impact of interacting functional variants inCOMTon regional gray matter volume in human brain. Neuroimage, 45(1): 44 –51.

Honey, C. J., Sporns, O., Cammoun, L., et al. (2009). Predicting human resting – state functional connectivity from structural connectivity. Proceedings of the National Academy of Sciences, 106(6):2035 –2040.

Honey, C. J., Thivierge, J. P., Sporns, O. (2010). Can structure predict function in the human brain? Neuroimage, 52(3):766 –776.

Howard – Jones, P. A., Blakemore, S. J., Samuel, E. A., et al. (2005). Semantic divergence and creative story generation: An fMRI investigation. Cognitive Brain Research, 25 (1):240 –250.

Insel, T. R. (2010). Rethinking schizophrenia. Nature, 468(7321):187 –193.

Ivcevic, Z., Mayer, J. D. (2009). Mapping dimensions of creativity in the life – space. Creativity Research Journal, 21:152 –165.

Ivleva, E. I., Morris, D. W., Moates, A. F., et al. (2010). Genetics and intermediate phenotypes of the schizophrenia—bipolar disorder boundary. Neuroscience & Biobehavioral Reviews, 34(6):897 –921.

Jamison, K. R. (1989). Mood disorders and patterns of creativity in British writers and artists. Psychiatry: Interpersonal and Biological Processes. 52(2):125 –134.

Jamison, K. R. (1996). Mood disorders, creativity and the artistic temperament. Depression and The Spiritual in Modern Art, JJ Schildkraut ve A Otero (ed), Chichester, John Wiley & Sons:15 –33.

Johnstone, E. C., Lawrie, S. M., Cosway, R. (2002). What does the Edinburgh high – risk study tell us about schizophrenia?. American journal of medical genetics, 114(8), 906 –912.

Judd, L. L., Schettler, P. J., Akiskal, H. S., et al. (2008). Residual symptom recovery from major affective episodes in bipolar disorders and rapid episode relapse/recurrence. Archives of general psychiatry, 65(4):386 –394.

Jung, R. E. (2014). Evolution, creativity, intelligence, and madness: "Here Be Dragons". Frontiers in Psychology, 5:784.

Jung, R. E., Gasparovic, C., Chavez, R. S., et al. (2009). Biochemical support for the "threshold" theory of creativity: a magnetic resonance spectroscopy study. The Journal of Neuroscience, 29(16):5319 –5325.

Jung, R. E., Grazioplene, R., Caprihan, A., et al. (2010b). White matter integrity, creativity, and psychopathology: disentangling constructs with diffusion tensor imaging. PloS one, 5(3):e9818.

Jung, R. E., Segall, J. M., Jeremy Bockholt, H., et al. (2010b). Neuroanatomy of creativity. Human brain mapping, 31(3):398 – 409.

Jung – Beeman, M. (2005). Bilateral brain processes for comprehending natural language. Trends in Cognitive Science, 9:512 – 518.

Kalbitzer, J., Frokjaer, V. G., Erritzoe, D., et al. (2009). The personality trait openness is related to cerebral 5 – HTT levels. Neuroimage, 45(2):280 – 285.

Kalisch, R., Wiech, K., Herrmann, K., et al. (2006). Neural correlates of self – distraction from anxiety and a process model of cognitive emotion regulation. Journal of cognitive neuroscience, 18(8):1266 – 1276.

Karlsson, J. L. (1970). Genetic association of giftedness and creativity with schizophrenia. Hereditas, 66(2):177 – 181.

Karlsson, J. L. (1984). Creative intelligence in relatives of mental patients. Hereditas, 100 (1):83 – 86.

Kaufman, J. C., Sexton, J. D. (2006). Why doesn't the writing cure help poets? Review of general psychology, 10(3):268.

Kaufman, J. C., Sternberg, R. J. (2010). The Cambridge handbook of creativity. Cambridge University Press.

Kaufman, S. B., Kaufman, J. C. (2009). The psychology of creative writing. New York, NY: Cambridge University Press.

Kéri, S. (2009). Genes for psychosis and creativity: A promoter polymorphism of the neuregulin 1 gene is related to creativity in people with high intellectual achievement. Psychological Science, 20:1070 – 1073.

Kéri, S. (2011). Solitary minds and social capital: Latent inhibition, general intellectual functions and social network size predict creative achievements. Psychology of Aesthetics, Creativity, and the Arts, 5(3):215.

Kéri, S., Kiss, I., Kelemen, O. (2009). Effects of a neuregulin 1variant on conversion to schizophrenia and schizophreniform disorder in people at high risk for psychosis. Molecular Psychiatry, 14:118 – 119.

Kiang, M., Kutas, M. (2005). Association of schizotypy with semantic processing differences: an event – related brain potential study. Schizophrenia research, 77(2):329 – 342.

Kim, S. N., Park, J. S., Jang, J. H., et al. (2012). Increased white matter integrity in the corpus callosum in subjects with high genetic loading for schizophrenia. Progress in Neuro – Psychopharmacology and Biological Psychiatry, 37(1):50 – 55.

Kubicki, M., McCarley, R., Westin, C. F., et al. (2007). A review of diffusion tensor imaging studies in schizophrenia. Journal of psychiatric research, 41(1):15 – 30.

Kubicki, M. , Niznikiewicz, M. , Connor, E. , et al. (2009). Relationship between white matter integrity, attention, and memory in schizophrenia: a diffusion tensor imaging study. Brain imaging and behavior, 3(2):191 –201.

Kubota, M. , Miyata, J. , Sasamoto, A. , et al. (2012). Alexithymia and reduced white matter integrity in schizophrenia: A diffusion tensor imaging study on impaired emotional self – awareness. Schizophrenia research, 141(2):137 –143.

Kulkarni, S. , Jain, S. , Janardhan Reddy, Y. C. , et al. (2010). Impairment of verbal learning and memory and executive function in unaffected siblings of probands with bipolar disorder. Bipolar disorders, 12(6):647 –656.

Kyaga, S. , Landén, M. , Boman, M. , et al. (2013). Mental illness, suicide and creativity: 40 – year prospective total population study. Journal of psychiatric research, 47(1):83 – 90.

Kyaga, S. , Lichtenstein, P. , Boman, M. , et al. (2011). Creativity and mental disorder: family study of 300 000 people with severe mental disorder. The British Journal of Psychiatry, 199(5):373 –379.

Laakso, A. , Bergman, J. , Haaparanta, M. , et al. (2001). Decreased striatal dopamine transporter binding in vivo in chronic schizophrenia. Schizophrenia research, 52(1):115 –120.

Lee, C. S. , Therriault, D. J. (2013). The cognitive underpinnings of creative thought: A latent variable analysis exploring the roles of intelligence and working memory in three creative thinking processes. Intelligence, 41(5):306 –320.

Lee, J. , Park, S. (2005). Working memory impairments in schizophrenia: a meta – analysis. Journal of abnormal psychology, 114(4):599.

Levy, D. L. , Holzman, P. S. , Matthysse, S. , et al. (1994). Eye tracking and schizophrenia. Schizophrenia bulletin, 20(1):47 –62.

Li, Y. , Liu, Y. , Li, J. , et al. (2009). Brain anatomical network and intelligence. PLoS computational biology, 5(5):e1000395.

Lichtenstein, P. , Yip, B. H. , Björk, C. , et al. (2009). Common genetic determinants of schizophrenia and bipolar disorder in Swedish families: a population – based study. The Lancet, 373(9659):234 –239.

Limb, C. J. , Braun, A. R. (2008). Neural substrates of spontaneous musical performance: An fMRI study of Jazz improvisation. PLoS ONE, 3(2):e1679.

Lindenberger, U. , Nagel, I. E. , Chicherio, C. , et al. (2008). Age – related decline in brain resources modulates genetic effects on cognitive functioning. Frontiers in Neuroscience, 2(2):234 –244.

Liu, B. , Song, M. , Li, J. , et al. (2010). Prefrontal – related functional connectivities within the default network are modulated by COMT val158met in healthy young adults.

The Journal of Neuroscience, 30(1):64 – 69.

Loui, P., Li, H. C., Hohmann, A., et al. (2011). Enhanced cortical connectivity in absolute pitch musicians: a model for local hyperconnectivity. Journal of cognitive neuroscience, 23(4):1015 – 1026.

Lu, L., Shi, J. (2010). Association between creativity and COMT genotype. In Bioinformatics and Biomedical Engineering (iCBBE), 2010 4th International Conference on. IEEE, 1 – 4.

Lubow, R. E., De la Casa, G. (2002). Latent inhibition as a function of schizotypality and gender: implications for schizophrenia. Biological Psychology, 59(1):69 – 86.

Lubow, R., Weiner, I. (2010). Latent inhibition: Cognition, neuroscience and applications to schizophrenia. Cambridge University Press.

Ludwig, A. M. (1992). Creative achievement and psychopathology: Comparison among professions. American Journal of Psychotherapy, 46(3):330 – 356.

Lymer, G. K. S., Job, D. E., William, T., et al. (2006). Brain – behaviour relationships in people at high genetic risk of schizophrenia. Neuroimage, 33(1):275 – 285.

Madre, M., Radua, J., Landin – Romero, R., et al. (2014). Trait or state? A longitudinal neuropsychological evaluation and fMRI study in schizoaffective disorder. Schizophrenia research. in press.

Maier, W., Zobel, A., Wagner, M. (2006). Schizophrenia and bipolar disorder: differences and overlaps. Current Opinion in Psychiatry, 19(2):165 – 170.

Malhotra, A. K., Kestler, L. J., Mazzanti, C., et al. (2002). A functional polymorphism in the COMT gene and performance on a test of prefrontal cognition. American Journal of Psychiatry, 159(4):652 – 654.

Maslow, A. H. (1968). Toward a psychology of being. New York: Wiley.

Matthews, S. C., Strigo, I. A., Simmons, A. N., et al. (2008). Decreased functional coupling of the amygdala and supragenual cingulate is related to increased depression in unmedicated individuals with current major depressive disorder. Journal of affective disorders, 111(1):13 – 20.

Mayseless, N., Aharon – Peretz, J., Shamay – Tsoory, S. (2014). Unleashing creativity: The role of left temporoparietal regions in evaluating and inhibiting the generation of creative ideas. Neuropsychologia, in press.

Mayseless, N., Uzefovsky, F., Shalev, I., et al. (2013). The association between creativity and 7R polymorphism in the dopamine receptor D4 gene (DRD4). Frontiers in human neuroscience, 7.

McCrea, S. M. (2008). Bipolar disorder and neurophysiologic mechanisms. Neuropsychiatric disease and treatment, 4(6):1129.

McIntosh, A. M., Maniega, S. M., Lymer, G. K. S., et al. (2008). White matter tractography in bipolar disorder and schizophrenia. Biological psychiatry, 64 (12): 1088 −1092.

Merten, T., Fischer, I. (1999). Creativity, personality and word association responses: associative behaviour in forty supposedly creative persons. Personality and Individual Differences, 27(5):933 −942.

Meyer − Lindenberg, A., Miletich, R. S., Kohn, P. D., et al. (2002). Reduced prefrontal activity predicts exaggerated striatal dopaminergic function in schizophrenia. Nature neuroscience, 5(3):267 −271.

Mick, E., Wozniak, J., Wilens, T. E., et al. (2009). Family − based association study of the BDNF, COMT and serotonin transporter genes and DSM − IV bipolar − I disorder in children. BMC psychiatry, 9(1):2.

Middleton, W. C. (1935). The propensity of genius to solitude. The Journal of Abnormal and Social Psychology, 30(3), 325 −332.

Mier, D., Kirsch, P., Meyer − Lindenberg, A. (2010). Neural substrates of pleiotropic action of genetic variation in COMT: A Meta − analysis. Molecular Psychiatry, 15(9):918 −927.

Mihov, K. M., Denzler, M., Förster, J. (2010). Hemispheric specialization and creative thinking: A meta − analytic review of lateralization of creativity. Brain and Cognition, 72 (3):442 −448.

Minassian, A., Henry, B. L., Young, J. W., et al. (2011). Repeated assessment of exploration and novelty seeking in the human behavioral pattern monitor in bipolar disorder patients and healthy individuals. PloS one, 6(8):e24185.

Miyata, J., Yamada, M., Namiki, C., et al. (2010). Reduced white matter integrity as a neural correlate of social cognition deficits in schizophrenia. Schizophrenia research, 119 (1):232 −239.

Moore, D. W., Bhadelia, R. A., Billings, R. L., et al. (2009). Hemispheric connectivity and the visual − spatial divergent − thinking component of creativity. Brain and Cognition, 70:267 −272.

Munafo, M. R., Brown, S. M., Hariri, A. R. (2008). Serotonin Transporter (5 − HTTLPR) Genotype and Amygdala Activation: A Meta − Analysis. Biological Psychiatry, 63 (9):852 −857.

Mur, M., Portella, M. J., Martinez − Aran, A., et al. (2008). Long − term stability of cognitive impairment in bipolar disorder: a 2-year follow-up study of lithium − treated euthymic bipolar patients. The Journal of clinical psychiatry, 69(5):712 −719.

Murphy, M., Runco, M. A., Acar, S., et al. (2013). Reanalysis of genetic data and rethinking dopamine's relationship with creativity. Creativity Research Journal, 25(1):147 −148.

Murray, G., Johnson, S. L. (2010). The clinical significance of creativity in bipolar disorder. Clinical psychology review, 30(6):721 – 732.

Nelson, B., Rawlings, D. (2010). Relating schizotypy and personality to the phenomenology of creativity. Schizophrenia bulletin, 36(2):388 – 399.

Nettle, D. (2006). Schizotypy and mental health amongst poets, visual artists, and mathematicians. Journal of Research in Personality, 40(6):876 – 890.

Niemi, L. T., Suvisaari, J. M., Haukka, J. K., et al. (2005). Childhood predictors of future psychiatric morbidity in offspring of mothers with psychotic disorder Results from the Helsinki High – Risk Study. The British Journal of Psychiatry, 186(2):108 – 114.

Nolan, K. A., Bilder, R. M., Lachman, H. M., et al. (2004). Catechol O – methyltransferase Val158Met polymorphism in schizophrenia: differential effects of Val and Met alleles on cognitive stability and flexibility. American Journal of Psychiatry, 161(2):359 – 361.

Oertel – Knöchel, V., Linden, D. E. (2011). Cerebral asymmetry in schizophrenia. The Neuroscientist, 17(5):456 – 467.

Oertel – Knöchel, V., Knöchel, C., Matura, S., et al. (2012). Cortical – basal ganglia imbalance in schizophrenia patients and unaffected first – degree relatives. Schizophrenia research, 138(2):120 – 127.

Oertel – Knöchel, V., Knöchel, C., Rotarska – Jagiela, A., et al. (2013). Association between psychotic symptoms and cortical thickness reduction across the schizophrenia spectrum. Cerebral Cortex, 23(1):61 – 70.

Owen, M. J., O'Donovan, M. C., Thapar, A., et al. (2011). Neurodevelopmental hypothesis of schizophrenia. The British Journal of Psychiatry, 198(3):173 – 175.

Pachou, E., Vourkas, M., Simos, P., et al. (2008). Working memory in schizophrenia: an EEG study using power spectrum and coherence analysis to estimate cortical activation and network behavior. Brain topography, 21(2):128 – 137.

Pantelis, C., Maruff, P. (2002). The cognitive neuropsychiatric approach to investigating the neurobiology of schizophrenia and other disorders. Journal of psychosomatic research, 53(2):655 – 664.

Park, H. J., Westin, C. F., Kubicki, M., et al. (2004). White matter hemisphere asymmetries in healthy subjects and in schizophrenia: a diffusion tensor MRI study. Neuroimage, 23(1):213 – 223.

Pavitra, K. S., Chandrashekar, C. R., Choudhury, P. (2007). Creativity and mental health: A profile of writers and musicians. Indian journal of psychiatry, 49(1):34.

Perkins, A. M., Arnone, D., Smallwood, J., et al. (2015). Thinking too much: self – generated thought as the engine of neuroticism. Trends in cognitive sciences, 19(9):492 – 498.

Pettersson – Yeo, W. , Allen, P. , Benetti, S. , et al. (2011). Dysconnectivity in schizo-phrenia: where are we now? Neuroscience & Biobehavioral Reviews, 35 (5): 1110 – 1124.

Pezawas, L. , Meyer – Lindenberg, A. , Drabant, E. M. , et al. (2005). 5 – HTTLPR poly-morphism impacts human cingulate – amygdala interactions: a genetic susceptibility mech-anism for depression. Nature neuroscience, 8(6):828 – 834.

Plomin, R. , Haworth, C. M. , Davis, O. S. (2009). Common disorders are quantitative traits. Nature Reviews Genetics, 10(12):872 – 878.

Roiser, J. P. , de Martino, B. , Tan, G. C. , et al. (2009). Agenetically mediated bias in decision making driven by failure of amygdala control. The Journal of Neuroscience, 29 (18):5985 – 5891.

Poldrack, R. A. , Gorgolewski, K. J. (2014). Making big data open: data sharing in neuro-imaging. Nature neuroscience, 17(11):1510 – 1517.

Prasad, K. M. , Keshavan, M. S. (2008). Structural cerebral variations as useful endophe-notypes in schizophrenia: do they help construct "extended endophenotypes"? Schizophre-nia bulletin, 34(4):774 – 790.

Pring, L. , Ryder, N. , Crane, L. , et al. (2012). Creativity in savant artists with autism. Autism, 16(1):45 – 57.

Ramachandran, V. S. , Hubbard, E. M. (2001). Synaesthesia – – a window into percep-tion, thought and language. Journal of consciousness studies, 8(12):3 – 34.

Rapoport, J. L. , Addington, A. M. , Frangou, S. , et al. (2005). The neurodevelopmental model of schizophrenia: update 2005. Molecular psychiatry, 10(5):434 – 449.

Rawlings, D. , Locarnini, A. (2008). Dimensional schizotypy, autism, and unusual word as-sociations in artists and scientists. Journal of Research in Personality, 42(2):465 – 471.

Reuter, M. , Panksepp, J. , Schnabel, N. , et al. (2005). Personality and biological mark-ers of creativity. European Journal of Personality, 19(2):83 – 95.

Reuter, M. , Roth, S. , Holve, K. , et al. (2006a). Identification of first candidate genes for creativity: a pilot study. Brain research, 1069(1):190 – 197.

Reuter, M. , Schmitz, A. , Corr, P. J. , et al. (2006b). Molecular genetics support Gray's personality theory: The interaction of COMT and DRD2 polymorphisms predicts the behav-ioral approach system. International Journal of Neuropsychopharmacology, 9:155 – 166.

Richards, R. , Kinney, D. K. , Lunde, I. , et al. (1988). Creativity in manic – depres-sives, cyclothymes, their normal relatives, and control subjects. Journal of abnormal psy-chology, 97(3):281.

Ritter, S. M. , Kühn, S. , Müller, B. C. , et al. (2014). The Creative Brain: Corepresent-ing Schema Violations Enhances TPJ Activity and Boosts Cognitive Flexibility. Creativity Research Journal, 26(2):144 – 150.

Rodrigue, A. L., Perkins, D. R. (2012). Divergent thinking abilities across the schizo-phrenic spectrum and other psychological correlates. Creativity Research Journal, 24(2 – 3):163 – 168.

Roiser, J. P., de Martino, B., Tan, G. C., et al. (2009). Agenetically mediated bias in decision making driven by failure of amygdala control. The Journal of Neuroscience, 29 (18):5985 – 5891.

Rominger, C., Papousek, I., Fink, A., et al. (2014). Enhancement of figural creativity by motor activation: Effects of unilateral hand contractions on creativity are moderated by pos-itive schizotypy. Laterality: Asymmetries of Body, Brain and Cognition, 19 (4): 424 – 438.

Rothenberg, A. (1990). Creativity and madness: New findings and old stereotypes. Johns Hopkins University Press.

Röttig, D., Röttig, S., Brieger, P., et al. (2007). Temperament and personality in bipolar I patients with and without mixed episodes. Journal of affective disorders, 104(1):97 – 102.

Rubinov, M., Knock, S. A., Stam, C. J., et al. (2009). Small – world properties of non-linear brain activity in schizophrenia. Human brain mapping, 30(2):403 – 416.

Ruiter, M., & Johnson, S. L. (2015). Mania risk and creativity: A multi – method study of the role of motivation. Journal of affective disorders, 170:52 – 58.

Runco, M. A., Jaeger, G. J. (2012). The standard definition of creativity. Creativity Re-search Journal, 24(1):92 – 96.

Runco, M. A., Noble, E. P., Reiter – Palmon, R., et al. (2011). The genetic basis of creativity and ideational fluency. Creativity Research Journal, 23(4):376 – 380.

Salisbury, D. F., Shenton, M. E., McCarley, R. W. (1999). P300 topography differs in schizophrenia and manic psychosis. Biological psychiatry, 45(1):98 – 106.

Saperstein, A. M., Fuller, R. L., Avila, M. T., et al. (2006). Spatial working memory as a cognitive endophenotype of schizophrenia: assessing risk for pathophysiological dys-function. Schizophrenia bulletin, 32(3):498 – 506.

Sasayama, D., Hori, H., Teraishi, T., et al. (2011). Difference in Temperament and Character Inventory scores between depressed patients with bipolar II and unipolar major depressive disorders. Journal of affective disorders, 132(3):319 – 324.

Schermer, J. A., Johnson, A. M., Vernon, P. A., et al. (2011). The Relationship Be-tween Personality and Self – Report Abilities. Journal of Individual Differences, 32(1): 47 – 53.

Schiffman, J., LaBrie, J., Carter, J., et al. (2002). Perception of parent – child relation-ships in high – risk families, and adult schizophrenia outcome of offspring. Journal of psy-chiatric research, 36(1):41 – 47.

Schiller, D. , Zuckerman, L. , Weiner, I. (2006). Abnormally persistent latent inhibition induced by lesions to the nucleus accumbens core, basolateral amygdala and orbitofrontal cortex is reversed by clozapine but not by haloperidol. Journal of psychiatric research, 40 (2):167 – 177.

Schretlen, D. J. , Cascella, N. G. , Meyer, S. M. , et al. (2007). Neuropsychological functioning in bipolar disorder and schizophrenia. Biological psychiatry, 62 (2): 179 – 186.

Schweizer, T. S. (2006). The psychology of novelty – seeking, creativity and innovation: neurocognitive aspects within a work – psychological perspective. Creativity and Innovation Management, 15(2):164 – 172.

Seger, C. A. , Desmond, J. E. , Glover, G. H. , et al. (2000). Functional magnetic resonance imaging evidence for right – hemisphere involvement in processing unusual semantic relationships. Neuropsychology, 14(3):361.

Serretti, A. , Lilli, R. , Lorenzi, C. , et al. (2001). DRD4 exon 3 variants associated with delusional symptomatology in major psychoses: a study on 2,011 affected subjects. American journal of medical genetics, 105(3):283 – 290.

Serretti, A. , Mandelli, L. (2008). The genetics of bipolar disorder: genome 'hot regions', genes, new potential candidates and future directions. Molecular psychiatry, 13(8):742 – 771.

Shah, M. P. , Wang, F. , Kalmar, J. H. , et al. (2008). Role of variation in the serotonin transporter protein gene (SLC6A4) in trait disturbances in the ventral anterior cingulate in bipolar disorder. Neuropsychopharmacology, 34(5):1301 – 1310.

Shamay – Tsoory, S. G. , Adler, N. , Aharon – Peretz, J. , et al. (2011). The origins of originality: the neural bases of creative thinking and originality. Neuropsychologia, 49 (2):178 – 185.

Silvia, P. (2008). Another look at creativity and intelligence: Exploring higher – order models and probable confounds. Personality and Individual Differences, 44:1012 – 1021.

Silvia, P. J. , Kimbrel, N. A. (2010). A dimensional analysis of creativity and mental illness: Do anxiety and depression symptoms predict creative cognition, creative accomplishments, and creative self – concepts?. Psychology of aesthetics, creativity, and the arts, 4 (1):2 – 10.

Simeonova, D. I. , Chang, K. D. , Strong, C. , et al. (2005). Creativity in familial bipolar disorder. Journal of Psychiatric Research, 39(6):623 – 631.

Simonton, D. K. (2012). Creativity, problem solving, and solution set sightedness: Radically reformulating BVSR. The Journal of Creative Behavior, 46(1):48 – 65.

Simonton, D. K. (2014). More method in the mad – genius controversy: a historiometric study of 204 historic creators. Psychology of Aesthetics, Creativity, and the Arts, 8(1):

53 – 61.

Sitskoorn, M. M. , Aleman, A. , Ebisch, S. J. , et al. (2004). Cognitive deficits in rela-
tives of patients with schizophrenia: a meta – analysis. Schizophrenia research, 71(2):
285 – 295.

Smit, D. J. A. , Boersma, M. , van Beijsterveldt, C. E. M. , et al. (2010). Endopheno-
types in a dynamically connected brain. Behavior genetics, 40(2):167 – 177.

Smolka, M. N. , Schumann, G. , Wrase, J. , et al. (2005). Catechol – O – methyltrans-
ferase val158met genotype affects processing of emotional stimuli in the amygdala and pre-
frontal cortex. Journal of Neuroscience, 25:836 – 842.

Snitz, B. E. , MacDonald, A. W. , Carter, C. S. (2006). Cognitive deficits in unaffected
first – degree relatives of schizophrenia patients: a meta – analytic review of putative endo-
phenotypes. Schizophrenia Bulletin, 32(1):179 – 194.

Soeiro – de – Souza, M. G. , Dias, V. V. , Bio, D. S. , et al. (2011). Creativity and exec-
utive function across manic, mixed and depressive episodes in bipolar I disorder. Journal
of affective disorders, 135(1):292 – 297.

Sprooten, E. , Lymer, G. K. S. , Maniega, S. M. , et al. (2009). The relationship of ante-
rior thalamic radiation integrity to psychosis risk associated neuregulin – 1 variants. Neuro-
image, 47:S127.

Stefanis, N. C. , Trikalinos, T. A. , Avramopoulos, D. , et al. (2007). Impact of schizo-
phrenia candidate genes on schizotypy and cognitive endophenotypes at the population lev-
el. Biological psychiatry, 62(7):784 – 792.

Sternberg, R. J. , Lubart, T. I. (1999). The concept of creativity: Prospects and para-
digms. Handbook of creativity, 1:3 – 15.

St? rmer, V. S. , Passow, S. , Biesenack, J. , et al. (2012). Dopaminergic and cholinergic
modulations of visual – spatial attention and working memory: Insights from molecular ge-
netic research and implications for adult cognitive development. Developmental Psychol-
ogy, 48(3):875 – 889.

Strasser, H. C. , Lilyestrom, J. , Ashby, E. R. , et al. (2005). Hippocampal and ventricu-
lar volumes in psychotic and nonpsychotic bipolar patients compared with schizophrenia
patients and community control subjects: a pilot study. Biological psychiatry, 57(6):633
– 639.

Strong, C. M. , Nowakowska, C. , Santosa, C. M. , et al. (2007). Temperament – creativi-
ty relationships in mood disorder patients, healthy controls and highly creative individuals.
Journal of affective disorders, 100(1):41 – 48.

Szasz, T. S. (2013). The myth of mental illness. Perspectives in Abnormal Behavior, 4
– 11.

Szöke, A. , Schürhoff, F. , Mathieu, F. , et al. (2005). Tests of executive functions in first

– degree relatives of schizophrenic patients: a meta – analysis. Psychological medicine, 35(06):771 –782.

Sulloway, F. J. (1992). Freud, biologist of the mind: Beyond the psychoanalytic legend. Harvard University Press.

Surguladze, S. A., Elkin, A., Ecker, C., et al. (2008). Genetic variation in the serotonin transporter modulates neural system – wide response to fearful faces. Genes, Brain and Behavior, 7(5):543 –551.

Sussmann, J. E., Lymer, G. K. S., McKirdy, J., et al. (2009). White matter abnormalities in bipolar disorder and schizophrenia detected using diffusion tensor magnetic resonance imaging. Bipolar disorders, 11(1):11 –18.

Takeuchi, H., Taki, Y., Hashizume, H., et al. (2011). Failing to deactivate: the association between brain activity during a working memory task and creativity. Neuroimage, 55 (2):681 –687.

Takeuchi, H., Taki, Y., Hashizume, H., et al. (2012). The association between resting functional connectivity and creativity. Cerebral cortex, 22(12):2921 –2929.

Tamminga, C. A., Holcomb, H. H. (2004). Phenotype of schizophrenia: a review and formulation. Molecular psychiatry, 10(1):27 –39.

Tan, H. Y., Choo, W. C., Fones, C. S., et al. (2005). fMRI study of maintenance and manipulation processes within working memory in first – episode schizophrenia. American Journal of Psychiatry, 162(10):1849 –1858.

Tang, J., Liao, Y., Zhou, B., et al. (2012). Decrease in temporal gyrus gray matter volume in first – episode, early onset schizophrenia: an MRI study. PloS one, 7 (7):e40247.

Tang, J. X., Chen, W. Y., He, G., et al. (2003). Polymorphisms within 5′ end of the Neuregulin 1 gene are genetically associated with schizophrenia in the Chinese population. Molecular psychiatry, 9(1):11 –12.

Tang, Y. Y., Ma, Y., Wang, J., et al. (2007). Short – term meditation training improves attention and self – regulation. Proceedings of the National Academy of Sciences, 104 (43):17152 –17156.

Tavares, J. V. T., Clark, L., Cannon, D. M., et al. (2007). Distinct Profiles of Neurocognitive Function in Unmedicated Unipolar Depression and Bipolar II Depression. Biological Psychiatry, 62(8):917 –924.

Thermenos, H. W., Seidman, L. J., Breiter, H., Goldstein, J. M., et al. (2004). Functional magnetic resonance imaging during auditory verbal working memory in nonpsychotic relatives of persons with schizophrenia: a pilot study. Biological psychiatry, 55(5):490 –500.

Townsend, L. A., Norman, R. M., Malla, A. K., et al. (2002). Changes in cognitive functioning following comprehensive treatment for first episode patients with schizophrenia spectrum disorders. Psychiatry research, 113(1):69 – 81.

Ukkola, L. T., Onkamo, P., Raijas, P., et al. (2009). Musical aptitude is associated with AVPR1A – haplotypes. PLoS One, 4(5):e5534.

Vandenbergh, D. J., Persico, A. M., Hawkins, A. L., et al. (1992). Human dopamine transporter gene (DAT1) maps to chromosome 5p15. 3 and displays a VNTR. Genomics, 14(4):1104 – 1106.

van den Heuvel, M. P., Stam, C. J., Kahn, R. S., et al. (2009). Efficiency of functional brain networks and intellectual performance. The Journal of Neuroscience, 29(23):7619 – 7624.

Vandervert, L. R., Schimpf, P. H., Liu, H. (2007). How working memory and the cerebellum collaborate to produce creativity and innovation. Creativity Research Journal, 19 (1):1 – 18.

Van Winkel, R., Stefanis, N. C., Myin – Germeys, I. (2008). Psychosocial stress and psychosis. A review of the neurobiological mechanisms and the evidence for gene – stress interaction. Schizophrenia Bulletin, 34(6):1095 – 1105.

Vartanian, O. (2009). Variable attention facilitates creative problem solving. Psychology of Aesthetics, Creativity, and the Arts, 3(1):57.

Vega, W. A., Lewis – Fernández, R. (2008). Ethnicity and variability of psychotic symptoms. Current psychiatry reports, 10(3):223.

Verhaeghen, P., Joorman, J., Khan, R. (2005). Why we sing the blues: the relation between self – reflective rumination, mood, and creativity. Emotion, 5(2):226.

Vita, A., De Peri, L., Deste, G., Sacchetti, E. (2012). Progressive loss of cortical gray matter in schizophrenia: a meta – analysis and meta – regression of longitudinal MRI studies. Translational psychiatry, 2(11):e190.

Volf, N. V., Kulikov, A. V., Bortsov, C. U., et al. (2009). Association of verbal and figural creative achievement with polymorphism in the human serotonin transporter gene. Neuroscience letters, 463(2):154 – 157.

Waddell, C. (1998). Creativity and mental illness: is there a link?. Canadian Journal of Psychiatry, 43(2):166 – 172.

Walitza, S., Renner, T. J., Dempfle, A., et al. (2005). Transmission disequilibrium of polymorphic variants in the tryptophan hydroxylase – 2 gene in attention – deficit/hyperactivity disorder. Molecular Psychiatry, 10:1126 – 1132.

Walsh, M. A., Royal, A. M., Barrantes – vidal, N., et al. (2012). The association of affective temperaments with impairment and psychopathology in a young adult sample. Journal of affective disorders, 141(2):373 – 381.

Walterfang, M., Yung, A., Wood, A. G., et al. (2008). Corpus callosum shape alterations in individuals prior to the onset of psychosis. Schizophrenia research, 103(1):1 -10.

Wang, L. , Xu, X. , Wang, Q. , et al. (2017). Are Individuals with Schizophrenia or Schizotypy More Creative? Evidence from Multiple Tests of Creative Potential. Creativity Research Journal, 29(2):145 -156.

Weiner, I. (2003). The "two - headed" latent inhibition model of schizophrenia: modeling positive and negative symptoms and their treatment. Psychopharmacology, 169(3 -4): 257 -297.

Weinshilboum, R. M. , Otterness, D. M. , Szumlanski, C. L. (1999). Methylation pharmacogenetics: catechol O - methyltransferase, thiopurine methyltransferase, and histamine N - methyltransferase. Annual Review of Pharmacology and Toxicology, 39(1):19 -52.

Whalley, H. C. , Gountouna, V. E. , Hall, J. , et al. (2009). fMRI changes over time and reproducibility in unmedicated subjects at high genetic risk of schizophrenia. Psychological medicine, 39(07):1189 -1199.

White, T. , Nelson, M. , Lim, K. O. (2008). Diffusion tensor imaging in psychiatric disorders. Topics in Magnetic Resonance Imaging, 19(2):97 -109.

Whitfield - Gabrieli, S. , Thermenos, H. W. , Milanovic, S. , et al. (2009). Hyperactivity and hyperconnectivity of the default network in schizophrenia and in first - degree relatives of persons with schizophrenia. Proceedings of the National Academy of Sciences, 106 (4):1279 -1284.

Widiger, T. A. , Lowe, J. R. (2007). Five - factor model assessment of personality disorder. Journal of Personality Assessment, 89(1):16 -29.

Williams, H. J. , Craddock, N. , Russo, G. , et al. (2011). Most genome - wide significant susceptibility loci for schizophrenia and bipolar disorder reported to date cross - traditional diagnostic boundaries. Human molecular genetics, 20(2):387 -391.

Yang, H. , Chattopadhyay, A. , Zhang, K. , et al. (2012). Unconscious creativity: When can unconscious thought outperform conscious thought? Journal of Consumer Psychology, 22(4), 573 -581.

Zabelina, D. L. , Colzato, L. , Beeman, M. , et al. (2016). Dopamine and the creative mind: individual differences in creativity are predicted by interactions between dopamine genes DAT and COMT. PloS one, 11(1):e0146768.

Zabelina, D. L. , Robinson, M. D. (2010). Creativity as flexible cognitive control. Psychology of Aesthetics, Creativity, and the Arts, 4(3):136.

Zaboli, G. , Jönsson, E. G. , Gizatullin, R. , et al. (2006). Tryptophan hydroxylase - 1 gene variants associated with schizophrenia. Biological psychiatry, 60(6):563 -569.

Zamm, A. , Schlaug, G. , Eagleman, D. M. , et al. (2013). Pathways to seeing music: Enhanced structural connectivity in colored - music synesthesia. Neuroimage, 74:359

  - 366.

Zammit, S. , Allebeck, P. , David, A. S. , et al. (2004). A longitudinal study of premorbid IQ score and risk of developing schizophrenia, bipolar disorder, severe depression, and other nonaffective psychoses. Archives of general psychiatry, 61(4):354 – 360.

Zhang, S. , Zhang, J. (2017). The association of TPH genes with creative potential. Psychology of Aesthetics, Creativity, and the Arts, 11(1):2 – 9.

Zhang, S. , Zhang, M. , Zhang, J. (2014a). An exploratory study on DRD2 and creative potential. Creativity Research Journal, 26(1):115 – 123.

Zhang, S. , Zhang, M. , Zhang, J. (2014b). Association of COMT and COMT – DRD2 interaction with creative potential. Frontiers in human neuroscience, 8:216.

Zhou, Y. , Shu, N. , Liu, Y. , et al. (2008). Altered resting – state functional connectivity and anatomical connectivity of hippocampus in schizophrenia. Schizophrenia research, 100(1):120 – 132.

A Unified Framework of the "Genes – Brain – Environment – Behavior" for the relation between creativity and psychopathology

Yadan Li[a]   Qinglin Zhang[2,3]   Wenjing Yang[2,3]   Qunlin Chen[2,3]   Weiping Hu[1]   Jiang Qiu[2,3]

(1. *MOE Key Laboratory of Modern Teaching Technology*, *Shaanxi Normal University*, *Xi'an*, 710062; 2. *Key Laboratory of Cognition and Personality* (*SWU*), *Ministry of Education*, *Chongqing*, 400715; 3. *Faculty of Psychology*, *Southwest University*, *Chongqing*, 400715)

Abstract: Creativity has long been thought as the ability to produce original, novel, flexible, and useful ideas that are free from established mental habit. It is considered as an aspect of the fully functioning personality. However, the existence of a relationship between "creativity" and unusual mental states has been speculated on for centuries. Highly creative people have demonstrated elevated risk for certain forms of psychopathology, especially mood disorders and schizophrenia spectrum disorders. Empirically examining the connection between creativity and psychopathology, and then exploring the nature as well as the cognitive and neural mechanisms of creativity are currently hot research topics. However, within the scientific domain, previous literature reviews came to quite different conclusions. Based on evidence from the behavioral, neuroimaging and genetics studies, we first review and comment on empirical researches and principal theoretical viewpoints on the connection between creativity and psychopathology, and then explore systematically the inner relationship between creativity and psychopathology. These results provide support for the notion that creativity and psychiatric disorders, particularly schizophrenia and bipolar disorder, share psychological attributes. However, whether and to what degree this is due to shared environment or genetics has not been assessed and the exact relationship between creativity and psychopathology is still a contentious issue. The main challenge in supporting this claim is that the statement itself is very general. In addition, there are a number of issues that contribute to unclarity within this literature. One issue is the way in which "creativity" and "mental illness" are discussed. Another issue that contributes to confusion in the field is the use of various "creativity measures" that measure different facets of creativity across studies. To foster examination of potential relationships between creativity and mental illness, it would be prudent to use a more systematic approach in which these constructs are made explicit in each study. Using multiple creativity measures in one study would provide data for convergent and discriminant validity between the facets of creativity measured in that study. Examining one facet of creativity in more than one mental illness or symptom type within one study could assist in determining specificity of that facet to a particular symptom type. The use of more sophisticated statistics that test the possibility of other types of associations between these constructs would allow better testing of more complex relationships. Future studies should strengthen theory integration and construction in the relation between creativity and psychopathology, use imaging genetics and big data, and carry out multi – faceted and multi – disciplinary research at the microcosmic, meso and macro levels as well as under the framework of "Genes – Brain – Environment – Behavior". In bringing these different perspectives together in one common forum, the hope is that this collective effort at addressing this intriguing question will lead to further constructive dialogue and debate in the scientific arena by adding more substance and rigor to discussions of the association between creativity and psychopathology. Meanwhile, we should improve more multicenter research on subclinical groups in a larger sample size, and longitudinal research designs should be encouraged. Such a research approach will be conducive to explore the inner relationship between creativity and psychopathology as well as its influencing factors and underlying biological mechanisms. If this more detailed approach is used to engage this question more systematically, we may finally be able to put this ageold broad question to rest and instead ask more targeted ones.

Keywords: Creativity; Psychopathology; Brain; Genes; Gene – Environment interaction; Big data

第二部分
创造力与教育教学

学思维活动课程对儿童青少年
创新素质的影响及其神经机制

胡卫平[1]　　贾小娟[2]

（1. 陕西师范大学 现代教学技术教育部重点实验室，西安，710062；2. 西安交通大学 中国西部高等教育评估中心，西安，710049）

摘　要　梳理了 2013—2018 年学思维活动课程促进儿童青少年创新素质发展的最新研究进展。第一，"学思维"课程教学实验研究的范围延伸到学前儿童阶段，有效地提高了学前儿童的创造性思维。第二，开发了人机互动学习模式下"学思维"网络课程，有效提升了小学生创造性思维和创造性倾向。第三，考察了"学思维"促进创造力发展的神经可塑性机制。结果表明，经过一年的学思维培训之后，实验组学生比控制组学生能够更快地觉察到认知冲突，且认知冲突的强度削弱；实验组比控制组表现出更高的中央顶区 alpha 波同步增强。

关键词　学思维活动课程；儿童青少年；网络课程；可塑性

1　问题提出

提高自主创新能力，建设创新型国家，关键在于培养和造就大批创造性人才。大力加强创造力研究，培养和造就创造性人才已经成为学术界和国际社会共同关注的问题。我国儿童青少年创新素质严重缺乏，基础教育课程改革需要不断深化、党和国家对创新素质培养高度重视，迫切需要开发创新素质培养课程，实施创造性教学。

第一，党和国家对创新素质培养的高度重视。创新是一个民族的灵魂，党和政府高度重视创新和创新素质的培养。十八届五中全会提出了五大发展理念，其中"创新"为首要理念，强调：必须把创新摆在国家发展全局的核心位置，不断推进理论创新、制度创新、科技创新、文化创新等各方面，让创新贯穿党和国家一切工作，让创新在全社会蔚然成风。《国家中长期科学和技术发展规划纲要（2006—2020 年）》中明确提出"要围绕提高自主创新能力、建设创新国家"。《国家中长期教育改革和发展规划（2010—2020 年）》明确提出，要加快教育改革创新，促进创新型拔尖人才的成长。党的十八大明确提出，要把培养学生的"创新精神"作为深化教育领域综合改革、"办好人民满意的教育"的重要目标。

第二，我国青少年创新素质的严重缺乏。1998—2001 年，我们开发了青少年科学创造力量表，并对中英青少年的科学创造力进行系统的比较研究，结果发现：中国青少年的科学创造力明显低于英国青少年,特别是发散思维和技术领域,差异较大;从 13～17 岁,随着年龄的增大,中国青少年的创造性技术产品设计能力持续下降(Hu et al.,2004)。2009—2010 年,我们对普通高中拔尖创新人才培养模式和中小学生课业负担问题进行系列研究,结果发现:从一年级到八年级,学生们的课业负担连年加重,创造性人格发展水平逐年下降(衣新发,2012)。进一步研究发现,产生这样结果的原因主要是受应试教育的影响,教育教学中强调死记硬背、强化训练,忽视学生创造力的系统培养,缺乏有利于学生创新素质发展的活动课程与教学方法。

第三,基础教育课程改革深化的迫切需要。我国从 2001 年开始进行基础教育课程改革,其方案强调学生创新精神和实践能力的培养,重视地方课程、校本课程的开发与实施。基础教育课程改革的前几年,各级学校重视地方课程和校本课程的开发与实施,然而,调查发现,地方课程和校本课程的内容基本上都是乡土文化、乡土地理、乡土历史、乡土风俗、乡土民情等,真正培养学生思维能力和创造力等核心素质的课程严重短缺。

研究者普遍认为,创造性是可以培养的,但如何培养,却有不同的观点和方法,概括起来有五大模式,即教学创新模式、课程改革模式、活动课程模式、联合培养模式和教师发展模式(胡卫平,2016)。

课堂教学是儿童青少年创造力培养的主渠道,要有效培养学生的创造力,必须实施有利于学生创造力发展的教学改革。教学活动是教师教的活动和学生学的活动的有机统一。对于学生学的活动来讲,不论是明确学习目的、感知学习材料、理解所学知识、掌握学科方法、迁移运用知识、反思学习过程,还是提出问题、分析问题、解决问题、师生互动、生生互动等,其核心的活动都是思维。对于教师教的活动来讲,不论是明确教学目标、了解学生基础、进行教学设计、创设教学情境、组织教学活动、反思教学过程等,其核心的活动也是思维。因此,思维活动是课堂教学中师生的核心活动。

基于皮亚杰的认知发展理论、维果斯基的社会文化理论和林崇德的思维发展理论(Lin & Li,2003;林崇德,2009),我们构建了思维能力的三维立体结构模型(thinking ability structure model,TASM),提出了思维型教学理论(林崇德,胡卫平,2010;胡卫平,魏运华,2010;胡卫平,刘丽娅,2011;Hu et al.,2011;Hu,2015),开发了旨在培养学生创新素质的学思维活动课程(胡卫平,2003,2008,2012,2016)。从 2003 年至今,200 多所学校的 20 多万学生参加了学思维活动课程的实验和推广,通过跟踪研究结果表明:实验组学生的思维能力(Hu et al.,2011;胡卫平,刘佳,2015)、学业成绩(Hu et al.,2011)、科学创造力(Hu et al.,2013)、学习策略(Hu et al.,2016a)、学习动机(贾小娟,胡卫平,武宝军,2012;Hu et al.,2016b)等显著高于控制组。

2013 年以来,除了继续长期跟踪研究该课程对学生创新素质发展的促进作用,我们还将课程开发与研究范围延伸到学前儿童阶段,开发了网络版活动课程,并考察了学思维活动课程促进儿童创造力发展的大脑可塑性机制。

2　学思维活动课程

基于思维能力的三维立体结构模型(thinking ability structure model,TASM),形成了

课程开发的思路,开发了学思维活动课程(Hu et al.,2011;Hu et al.,2013),如图 1 所示。其中,X 轴代表思维的内容,即知识,包括语文、数学、科学、社会、艺术等多个知识领域以及日常生活经验;Y 轴代表思维的方法,包括形象思维的方法(观察、想象、空间认知),抽象思维的方法(分析与综合、分类、归纳推理与演绎推理、抽象与概括)、创造性思维的方法(发散思维、类比思维、臻美思维、迁移思维、重组思维、突破定势);Z 轴代表思维的品质,包括灵活性、批判性、敏捷性、深刻性和独创性。

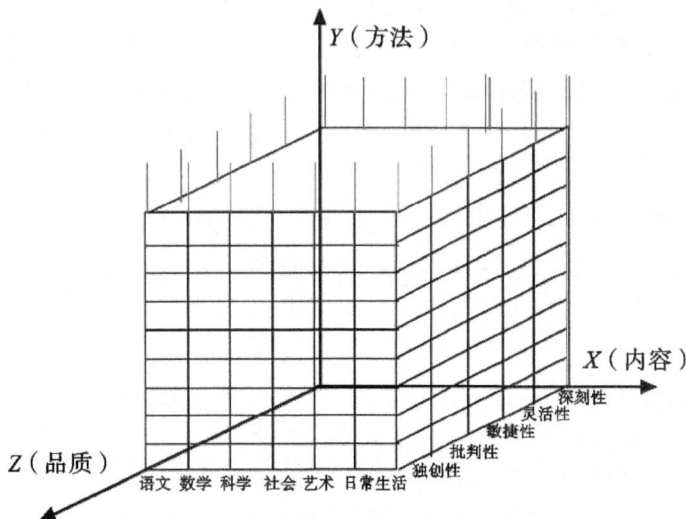

图 1 思维的三维立体结构模型

2.1 课程内容

学思维活动课程共有 8 册,每个年级 1 册,每册有 24 个活动,又分为基础能力训练篇和综合能力训练篇。基础能力训练篇主要训练形象思维(观察、想象、空间认知等)、抽象思维(分析与综合、分类、归纳推理与演绎推理、抽象与概括等)和创造性思维(发散思维、类比思维、臻美思维、迁移思维、重组思维、突破定势等)等基本能力;综合能力训练篇主要训练问题提出、问题解决、探究活动等综合能力。从整体上看,活动内容涉及语文、数学、科学、社会、艺术和日常生活等多个领域。

学思维活动课程是一种系统的、迂回训练的螺旋形课程,以一定的知识内容为载体,以培养思维方法为核心,从深刻性、灵活性、敏捷性、批判性、独特性上培养学生优良的思维品质。活动内容以系统的思维方法为主线,按照学生心理发展规律以及知识面的扩展而不断加深,由浅入深、由易到难、由简到繁。每个活动先从日常问题开始,再到各个学科领域;先从具体形象的问题开始,再到抽象的问题;先从简单问题开始,再到复杂问题。

与同类课程相比,学思维活动课程具有以下几个特点:第一,活动性。该课程让学生在各种具体的、趣味性和操作性强的活动中进行充分的思考,在活动中监控自己的思维方法,提高思维品质,完善思维方法。第二,系统性。该课程符合学生的思维发展特点,系统地、螺旋式的训练儿童青少年的形象思维、抽象思维和创造性思维的各种方法。第三,迁移性。每个活动都设置"活动拓展"这一环节,使教师和学生时时注意把刚学习到的思维方法迁移到其他问题情景中去。第四,跨学科性。该课程涉及大多数的学科知识,如:语文、数学、科学、社会、艺术等,对学生进行综合性的、跨学科的训练。

2.2 教学原理

学思维活动课程作为一种活动范式的课程,坚持以"活动促发展"为基本指导思想,倡导以"主动学习"为基本学习方式,强调以思维能力和创造能力的培养为核心,以素质整体发展为取向的教学。要实现这些目标,不仅要依靠课程内容,更需要先进的教学原理。我们提出了思维型课堂教学理论,基本原理如下:

第一,动机激发。不论是活动课题的确定、活动材料的选取、活动情景的创设,还是认知冲突的产生、师生之间的互动以及思维方法的反思和迁移等,都要激发学生的学习动机,鼓励他们努力探索学习方法与策略,保持积极的学习情感与态度,主动地学习科学的思维方法。动机激发贯穿在整个活动的教学中。

第二,认知冲突。根据活动目标,抓住重点,联系现实生活,设计一些能够使学生产生认知冲突的"两难情境"或者看似与现实生活和已有经验相矛盾的情境,以此启发学生积极思维,引导学生在探究问题的过程中领悟方法、学会知识、发展能力。认知冲突表现在活动导入和活动过程中。

第三,自主建构。自主建构包括认知建构和社会建构两个方面。根据建构主义的认知建构思想,在课堂教学中,教师应恰当地列举生活中的典型事例、运用观察和实验、联系学生已有的生活经验和已有知识进行教学;要重视概念、规律、理论等的形成过程;提出高认知问题,重视探究教学等,使学生建构合理的学科结构,为学生创造力的发展打下良好的基础。建构主义理论的社会建构思想,体现在课堂教学中,主要是课堂互动。从课堂互动的主体来讲,有课堂师生互动和课堂生生互动;从课堂互动的内容来讲,有认知互动、情感互动、行为互动。

第四,自我监控。在每一次课堂活动将近结束时,教师都要引导学生对活动对象、活动过程、活动思维方式进行反思。通过反思,让学生领悟活动过程中的思维方法,形成自己的认知策略,提高思维能力和自我监控能力。

第五,应用迁移。应用迁移包括两个方面的含义:一是向学科学习的应用迁移,即把在活动过程中学会的思维方法应用、迁移到学科学习中;另一种是向日常生活的应用迁移,即把在活动课程中学到的思维方法、形成的与同学之间的相互促进、相互合作的态度,积极探索、不断创新的精神以及一些行为规范和价值观,应用和迁移到日常生活中。应用迁移主要体现在活动拓展中。

2.3 教学模式

学思维活动课程针对课程设计内容的不同,构建了三种教学模式:基础思维能力训练的教学模式、创造性思维能力训练的教学模式和综合能力训练的教学模式。基础能力训练篇侧重对单一思维能力进行训练,多数采用基础思维能力训练的教学模式和创造性思维能力训练的教学模式;综合能力训练篇综合运用到多种基础的思维能力来分析和解决问题,是对多种基本思维方法的综合运用。这三种教学模式是按照由简到繁,由单一到综合,由基本思维方法到创造性思维方法,对学生的思维能力和创造力进行系统的培养,教师可以根据实际情况采用不同的教学模式来组织教学。

2.4 教学环节

学思维活动课程通过形式多样的富有思想性、挑战性、适切性和趣味性的活动,培养学生的思维能力,从而提高学生的创新素质。每个活动都包括紧紧相扣的四个环节:第一,活动导入。即创设情境,引起学生认知冲突、激起学生兴趣的环节。第二,活动过程。即按照活动的内部结构,组织学生进行观察、思考、讨论、实验的环节,强调活动中不仅要重视知识与方法的建构,还要重视课堂互动;不仅要重视师生互动,还要重视生生互动;不仅要重视情感互动和行为互动,更要重视思维互动。第三,活动心得。即教师和学生一起回顾整个活动,总结心得,引起反思的环节。第四,活动拓展。即向生活和其他学科领域拓展思维方法的环节。

3 学思维活动课程促进儿童青少年创造力发展的教学实验研究

3.1 学思维活动课程促进学前儿童创造力发展的教学实验研究

"学思维"课程教学实验研究的范围延伸到学前儿童阶段,一方面开展了针对学前儿童的"学思维"课程研究与开发工作;另一方面从学前儿童创造力的培养着手,进行系列研究,有效地提高学前儿童的创造性思维。

针对国际上幼儿创造力培养项目的一些不足和我国幼儿创造力培养研究薄弱的现状,我们结合创造力投资理论和创造力 4C 模型深入讨论幼儿创造力的内涵及其培养问题,采用思维能力的三维立体结构模型,胡卫平(2011)以思维能力结构理论作为核心理论,在刘丽娅(2012)学思维幼儿活动课程基础上,按照螺旋式发展原则,科学架构幼儿创造力培养项目总目标、维度目标和活动目标,选取五大领域和日常生活内容设计和开发 4~6岁幼儿创造力培养项目。项目包含基础思维方法训练和综合思维方法训练两个模块。基础思维方法训练模块集中培养基本的思维方法,主要有:形象思维(观察、联想、想象和空间认知)、抽象思维(比较、分类、类比和推理)和创造性思维(重组、发散思维和突破定势);综合思维方法训练模块主要培养高级创造性思维,包括创作、问题提出、问题解决和科学探究。通过创设情境、提出问题、自主探究、合作交流、总结反思和应用迁移等六个环节开展活动。

为检验项目的效果,研究选取中班、大班的幼儿共 186 名,根据不同的年级分别分为实验组、控制组 1 和控制组 2。其中,实验组和控制组 1 为同一班级幼儿,控制组 2 为另一班级幼儿。实验组接受为期 7 个月的创造力培养项目干预,控制组 1 与控制组 2 不接受任何干预,三组在培养项目实施前、后半个月内接受国际通用的托兰斯创造性思维测验任务(TTCT)。筛选各组前、后测结果完整的被试,对各组数据进行分析,结果发现该幼儿创造力培养项目能够很好地促进了幼儿创造性思维的发展。

3.2 人机互动学习模式下"学思维"活动课程促进创造力发展的教学实验研究

采用网络活动的形式打破时间、空间的局限,使更多的学生受益,为此,我们开发了学思维网络活动。学思维网络活动是根据学思维活动课程开发的利用网络平台进行的创造力培养项目,其理论基础、教学原理、实施策略等与学思维活动课程一致,但学生是基于网络学习与互动。在技术上,学思维网络活动平台是基于 B/S 架构,采用微软 Silverlight4.0 技术开发实现的,教师和学生登录学思维网络平台,通过创建和加入房间,开展教学活动,进行师生互动,通过网络系统实现由导入到反思的整个学思维活动过程,提升创新素质。与学思维课堂活动相比,网络活动更具有情境真实性、信息综合性、反馈及时性、互动多样性和氛围开放性等特点。

以 89 名小学生为被试,采用实验组对照组前后测实验设计,考察学思维网络活动对培养小学生创造性思维和创造性倾向的影响,以及认知风格的调节作用。结果发现:

(1)学思维网络活动能有效促进小学生创造性思维以及创造性倾向的想象力和好奇心的发展;

(2)学思维课堂活动和学思维网络活动对于培养小学生的创造性思维和创造性倾向具有一致的效果;

(3)认知风格在学思维网络活动和学思维课堂活动对小学生创造性思维的影响中起调节作用:对于场依存学生,学思维网络活动能更大程度地提高其流畅性和独创性的表现(胡卫平等,2017)。

4 学思维促进创造力发展的神经机制研究

4.1 儿童创造力的认知神经机制

随着认知神经科学技术的兴起与高度发展,研究者得以采用 ERP 技术、EEG 技术以及 fMRI 技术从神经生理层面来揭示创造力的认知神经机制。发散思维和顿悟是创造力的两种主要形式,国内外研究者采用不同的创造性任务揭示了顿悟和发散思维的神经机制。

顿悟的神经机制。研究者采用高时间分辨率的事件相关电位 ERP 技术揭示了顿悟问题解决的脑内时程动态变化机制。Mai 等(2004)首先运用 ERP 技术探讨了顿悟问题解决过程中提供答案后"啊哈"效应的脑内时程动态变化机制,采用 120 条谜语为实验材料,锁时在标准答案"谜底"呈现阶段,结果发现,在 250~500ms 的时间窗内,"啊哈"答案(顿悟)比"无啊哈"答案(无顿悟)反应的 ERP 波形有一个更加负性的偏移;在"顿悟 - 无顿悟"的差异波中,这个负成分的潜伏期约为 380ms(N380),进一步的溯源分析发现 N380 主要源于扣带前回(ACC),可能反映了顿悟问题解决过程中思维定式的突破,与认知冲突相关。之后,研究者们采用不同的实验材料、不同的实验范式,来揭示顿悟的脑内时程动态变化机制。结果发现,无论采用谜语/字谜、汉字还是相同字母异序词为实验材料;无论锁时在任务呈现阶段还是锁时在标准答案呈现阶段;无论顿悟是主动产生的,还是被动催发的;无论采用单一的实验范式还是学习 - 测试实验范式,均表明在顿悟问题解决过程中存在两个关键的认知过程:认知冲突/打破定势和形成新颖联结。也就是说,在顿悟问题解决的早期阶段 300~500ms 的时间窗内,"顿悟"比"无顿悟"诱发一个更正的 ERP 成分(N380,N320,N320 - 550,N300 - 500),这些成分反映打破思维定式或者认知冲突(Luo et al., 2011;Qiu et al., 2006, 2007;Shen et al., 2013;Wang et al., 2009;

Xing, Zhang, & Zhang, 2012）；在顿悟问题解决的晚期阶段 600ms 之后的时间窗内，"顿悟"比"无顿悟"诱发一个更正或更负的 ERP 成分（LPC，P600 - 1100，P900 - 1300，P900 - 1700，N1500 - 2000），这些成分均反映了觉察到认知冲突或者打破定式之后，新颖联结的形成（Luo et al.，2011；Qiu et al.，2007，2008；Xing et al.，2012；Zhang et al.，2011，2015；Zhao et al.，2011）。

发散思维的神经机制。众多学者以高时间分辨率 EEG 为指标从个体差异和任务类型两个方面对发散思维的神经机制展开研究。大部分研究都表明，相对于聚合思维（一般认知任务）或基线水平，被试在完成发散思维任务时伴随着额区 alpha 波同步化（Fink et al.，2006，2009；Grabner，Fink，& Neubauer，2007）或顶区 alpha 波同步增强（Fink et al.，2009；Jaušovec，1997；Shemyakina et al.，2007）；与低创造力或低创造力倾向被试相比，高创造力或高创造力倾向被试在创造性问题解决中伴随 alpha 波活动同步增强（Martindale & Hines，1975；Jaušovec，1997，2000；Fink & Neubauer，2008；Fink，et al.，2009）。

9～11 岁是个体创造性思维发展的一个关键期（Camp，1994；Charles & Runco，2000，2001；Maker，Jo，& Muammar，2008；Mullineaux & Dilalla，2009；Smith & Carlsson，1983；胡卫平，韩琴，2006；刘桂荣，2013；沃建中等，2009），对这一阶段儿童创造性问题解决神经机制的探索，有利于丰富和深化对创造力发展过程的认识和理解。

实验 1 儿童顿悟问题解决的时程动态机制。本实验采用 2（年龄组：儿童，成人）× 2（反应类型：顿悟，无顿悟）两因素的混合实验设计，运用汉字添加笔画范式（Qiu et al.，2007；Zhao et al.，2011），采用 ERPs 技术探讨 9～10 岁儿童和成人在顿悟问题解决中"aha"效应的脑内时程动态变化及其年龄差异。实验选取 19 名 4 年级小学生和 15 名大学生，实验材料来自经过评定的汉字库，要求被试通过添加一笔将该汉字变成另一个汉字。结果发现：

（1）在 300～400ms 时间窗内，"顿悟"比"无顿悟"反应的 ERP 波形存在一个更负的 N300 - 400，但是该成分在儿童与成人之间没有显著差异，表明儿童与成人在新旧思路引起的冲突觉察与监控上是类似的；

（2）在 500～1000ms 时间窗内，"顿悟"比"无顿悟"反应的 ERP 波形存在一个更正的 LPC；更重要的是，儿童在顿悟条件下的 LPC 比成人更正，而在无顿悟条件下 LPC 无显著差异，这表明儿童比成人需要更多的认知资源来完成在工作记忆中更新并保持正确信息（贾小娟，2017）。

实验 2 高低创造力儿童发散思维的神经机制。实验采用单因素被试间实验设计，运用多用途任务，将 4 年级儿童分成高创造力组和低创造力组，采用 EEG 技术探讨不同创造力水平的儿童在发散思维任务中的 alpha 波脑电活动。行为数据结果表明，高创造力被试在多用途任务中的独特性得分显著高于低创造力被试的独特性得分。脑电数据显示，与低创造力儿童相比，高创造力儿童在多用途任务中伴随着更强的额区低频 alpha 波同步化（贾小娟，2017）。

4.2 学思维促进创造力发展的神经可塑性机制

学习或训练对大脑的影响主要表现在大脑可塑性。随着认知神经科学的兴起和高度发展,高时间分辨率的 ERP、EEG 技术和高空间分辨率的 fMRI 技术为人类认知发展的研究提供了强有力的研究手段,也为研究训练对大脑可塑性的影响提供了更为客观的认知神经评价标准。已有的大脑可塑性研究表明,音乐训练可以提高个体的言语能力、工作记忆、执行功能等认知能力(Moreno et al. , 2009;2011;Seppänen, Pesonen, & Tervaniemi, 2012;Schlaug, 2015);工作记忆训练可以提升工作记忆能力(赵鑫, 2012;Zhao, Zhou, & Fu, 2013),引起大脑额顶区激活减弱,减少大脑灰质的数量,增强大脑白质的功能连通性(刘春雷,周仁来, 2012;赵鑫,徐伊文婕,霍小宁, 2016);语言或字符学习之后,由于自动化程度提高,负责该功能的某个脑区的激活程度减弱(Kassubek et al. , 2001;Mccandliss, Posner, & Givón, 1997);游戏可以提高儿童的自我控制能力(孙岩等, 2015)等。

关于创造力训练的行为学研究很多,但是创造力训练对大脑可塑性影响的研究很少。Fink 等(2006)研究者首次采用脑电技术揭示了发散思维训练对大脑活动的影响,结果发现,经过两周的发散思维任务训练,实验组表现出更高的额区 alpha 波同步增强效应。随后,Fink 等(2015)进一步用高空间分辨率的 fMRI 技术考察了训练效果,结果表明,发散思维训练更多地激活了颞顶区,包括双侧缘上回和左顶区颞中回。Kleibeuker(2017)的研究发散思维训练更多地激活外侧前额皮质。丁晓茜(2014)考察了短期冥想训练对顿悟大脑神经活动的影响。fMRI 结果显示,10 天的冥想训练后,在顿悟时刻,实验组相对于控制组显著激活了右侧扣带回、右侧脑岛、右侧壳核、右侧额下回、双侧额中回、双侧顶下小叶、双侧颞上回等大脑区域。但是这种对创造力的促进效应能否迁移到其他领域中存在争议。

来自教学实践的行为学研究证据充分表明了学思维活动课程在培养儿童创造力方面的有效性(Hu, Wu, & Jia, 2013)。那么,该课程促进学校创造力发展的行为指标提高的过程中,哪些认知神经功能活动指标发生显著变化仍不清楚。所以,本研究从发散思维和顿悟两方面考察儿童创造力培养动态变化的神经可塑性机制。

整体实验思路分为前测、培训和后测三个阶段。

前测阶段。采用衣新发的北京创造性思维测验(Yi, 2008;Yi et al. 2013)评估被试的创造力水平,采用威廉姆斯创造性倾向问卷(Williams, 1980)评估被试的创造性人格,采用瑞文标准智力测验评估被试的智力水平,收集儿童开始实验前上个学期期末考试成绩作为其学业成绩的评价指标。采用 ERP 技术采集顿悟问题解决的脑内时程动态变化,采用 EEG 技术采集儿童发散思维的 alpha 波脑电活动。

培养阶段。实验组儿童每周参加一次学思维活动课程,共参加一年(即两学期),活动的安排按照儿童思维发展的年龄特征,由浅入深、由易到难、由简到繁、循序渐进,每次课程 70 分钟,控制组不参加。

后测阶段同前测阶段。采用心理学测试评估被试培训之后的创造力变化,创造性倾向变化以及智力和学业成绩的变化。采用 ERP 和 EEG 技术采集培训之后的生理指标。

4.2.1 实验 1 儿童顿悟问题解决的大脑可塑性机制

实验采用追踪研究设计,利用学思维活动课程,对某小学 4 年级儿童的创造性思维进行了一年的干预培养,采用汉字添加笔画任务诱发儿童顿悟的脑电成分,考察实验组和控制组训练前后的神经电生理变化。行为数据结果表明,顿悟条件下的反应时显著长于无顿悟条件下的反应时,实验组和控制组的反应时没有差异。脑电数据结果表明,在 300~500ms 的时间窗内,实验组在解决顿悟问题时比控制组诱发出更大的负性偏移（N300-500）,且实验组 N300-500 成分的潜伏期比控制组的潜伏期更短。

顿悟实验任务中,N300-500 成分是与认知冲突相关的电生理指标。当汉字添加笔画任务呈现时,被试尽力去找出答案,所以在问题解决的早期阶段旧思路就产生了。无论问题是否能够解决,当一个解决方案（标准答案）呈现时,被试就会运用新的思路去识别并判断该答案是否与他之前想到的答案一致。在这个过程中,被试就会经历新旧思路的交替,从而产生认知冲突（Qiu et al., 2007）。实验组 N300-500 平均波幅在训练后减小,是学思维活动课课程所产生的效果,表明实验组对认知冲突的觉察自动化程度提高。已有研究表明,经过训练或学习之后,由于自动化程度提高,与学习前相比,负责该功能的某个脑区的激活程度将会减弱（Kassubek et al., 2001；Mccandliss et al., 1997；孙岩等, 2015）。Mccandliss 等（1997）采用 ERP 技术考察了学习人工语言（miniature artificial language）的大脑可塑性机制。训练前,在语义任务中,加工人工单词的 P2 平均波幅显著高于加工英语单词,但是进行 5 周共 50 个小时的人工单词学习之后,在左外侧前额叶和颞叶加工人工单词的 P2 平均波幅显著下降,且达到和加工英语单词平均波幅一样。这可能是因为学习后加工新单词语义的自动化程度提高,脑皮层活动程度的减弱引起脑电波幅的下降。Kassubek 等（2001）采用 fMRI 技术考察了镜像字符学习之后大脑皮层功能的变化。研究中要求被试连续两天学习镜像字符和正常呈现的字符,结果发现,阅读正常呈现的字符时,BA7 区的脑血流量没有变化;但是阅读镜像字符时,BA7 区的脑血流量减少。孙岩等（2015）考察了游戏训练提高幼儿自我控制能力的大脑可塑性机制,结果发现,游戏训练使得实验组幼儿的 NoGo-N2 平均波幅显著小于训练前,且小于控制组幼儿。这些结果都表明,学习或训练使得自动化程度提高,导致脑区激活程度减弱。本研究中,在学思维活动课程训练之后,实验组儿童在进行顿悟问题解决时,N300-500 成分的平均波幅显著小于控制组,这表明,学思维课程使得儿童对认知冲突的觉察自动化程度提高,从而促进顿悟问题解决（贾小娟,2017）。

4.2.2 实验 2 儿童发散思维的大脑可塑性机制

实验采用追踪研究设计,利用学思维活动课程,对某小学 4 年级儿童的创造性思维进行了一年的干预培养,采用多用途任务诱发儿童发散思维的脑电活动,考察实验组和控制组训练前后 alpha 同步增强效应。行为数据显示,实验组被试的独特性得到提升。脑电数据显示,经过一年的学思维培训之后,实验组被试比控制组被试在顶区（P）出现更强的低频 alpha 波同步化;在右侧中央顶区（CP）出现更强的高频 alpha 波同步化。与以往研究相一致（Fink et al., 2006）,经过两个星期的发散思维训练之后,实验组表现出更高的额区 alpha 波同步增强效应。与 Fink 等（2006）的研究不同的是,本研究中 alpha 同步化发生在顶区。额区 alpha 波同步化与自上而下的控制有关,积极地抑制无关信息,与内部加工需求相关(Benedek et al.,2011)。右侧顶区 alpha 波同步化,可能与创造性过程更相关。也许与额区 alpha 波同步化相似,顶区 alpha 波同步化也反映了在创造性观点产生的过程中集中内部注意,从而抑制无关信息的干扰;但是如果干扰信息仅仅是在意识中暂时被屏蔽,那么创造性过程就不会产生。因为顶叶皮层在记忆任务中起着重要的作用,创造性观点产生过程中伴随的顶区 alpha 波同步化可能反映了注意指向高效的记忆搜索和检索(Fink & Benedek,2014),也就是说,学思维课程使得儿童在发散思维任务中,集中内部注意指向高效的记忆搜索和检索,并抑制无关信息的干扰能力提升,从而产生更多创造性的观点(贾小娟,2017)。

5 总结与展望

从 2003 年至今,200 多所学校的 20 多万学生参加学思维活动课程的实验和推广,取得卓越成效,有效提升了儿童青少年的创新素质。近五年来,第一,"学思维"课程教学实验研究的范围延伸到学前儿童阶段,有效地提高了学前儿童的创造性思维。第二,开发了人机互动学习模式下"学思维"网络课程,有效提升了小学生创造性思维和创造性倾向。第三,选取小学生为被试,开展为期一学年的学思维课程训练,考察学思维促进创造力发展的神经可塑性机制,结果表明,经过一年的学思维培训之后,实验组学生比控制组学生,能够更快地觉察到认知冲突,且认知冲突的强度削弱;实验组比控制组表现出更高的中央顶区 alpha 波同步增强。后续我们将进一步以"学思维"活动课程为载体,同时采用 ERP、EEG、fNIRS 等多个技术和多个指标,系统探讨学思维活动课程促进创造力发展的神经可塑性机制中的认知冲突、动机激发、社会建构、自我监控、迁移等的影响机制。

参考文献

白红红.(2015).幼儿创造力培养项目开发及实验研究.陕西:陕西师范大学硕士论文.

丁晓茜.(2014).短期身心调节训练提高创造力的认知神经机制.大连:大连理工大学.

段海军,白红红,胡卫平.(2015).幼儿创造力干预项目的国际发展动态与启示.西安:学前教育研究(10):3-14.

胡卫平.(2003).青少年科学创造力的发展与培养.北京:北京师范大学出版社.

胡卫平.(2008).提高整体素质培养创新人才——谈谈"学思维"活动课程的设计与教学.中小学校长(9):36-38.

胡卫平.(2012).减轻学生课业负担 培养学生创新素质.基础教育参考,(5):3-6.

胡卫平.(2016).儿童青少年创造力的培养模式.中国创造力研究进展报告,(1):92-106.

胡卫平,韩琴.(2006).小学生创造性科学问题提出能力的发展研究.心理科学,29(4):944-946.

胡卫平,刘佳.(2015).小学生思维能力的培养:五年追踪研究.心理与行为研究,13(5):648-654.

胡卫平, 刘丽娅. (2011). 中国古代教育家思维型课堂教学思想及其启示. 教育理论与实践, (10):45–48.

胡卫平, 魏运华. (2010). 思维结构与课堂教学—聚焦思维结构的智力理论对课堂教学的指导. 课程教材教法, (6):32–37.

胡卫平, 赵晓媚, 贾培媛, 等. (2017). 学思维网络活动对小学生创造性的影响:认知风格的调节作用. 心理发展与教育, 33(3):257–264.

林崇德. (2009). 创新人才与教育创新研究. 北京:经济科学出版社.

林崇德, 胡卫平. (2010). 思维型课堂教学的理论与实践. 北京师范大学学报(社会科学版), (1):29–36.

刘春雷, 周仁来. (2012). 工作记忆训练对认知功能和大脑神经系统的影响. 心理科学进展, 20(7):1003–1011.

刘桂荣. (2013). 中小学生创造思维的发展特点及影响因素研究. 济南:山东师范大学.

刘丽娅. (2012). 学前阶段"学思维"活动课程开发研究. 西安:陕西师范大学.

贾小娟. (2017). 儿童创造力的认知神经机制及其可塑性. 西安:陕西师范大学.

贾小娟, 胡卫平, 武宝军. (2012). 小学生学习动机的培养:五年追踪研究. 心理发展与教育, 28(2):184–192.

孙岩, 金芳, 何明影, 等. (2015). 游戏训练提高幼儿自我控制能力:来自 erp 的证据. 心理科学, (5):1109–1115.

沃建中, 王烨晖, 刘彩梅, 等. (2009). 青少年创造力的发展研究. 心理科学, (3):535–539.

衣新发. (2012). "中小学生减负与创新素质培养"教育实验效果分析. 基础教育参考, (5):19–22.

赵鑫. (2012). 工作记忆刷新功能的可塑性研究. 北京:北京师范大学.

赵鑫, 徐伊文婕, 霍小宁. (2016). 刷新功能的训练:内容、效果与机制. 中国临床心理学杂志, 24(5):808–813.

Camp, G. C. (1994). A longitudinal study of correlates of creativity. Creativity Research Journal, 7(2):125–144.

Charles, R. E., Runco, Mark A. (2000, 2001). Developmental Trends in the Evaluative and Divergent Thinking of Children. Creativity Research Journal, 13(3):417–437.

Fink, A., Benedek, M., Koschutnig, K., et al. (2015). Training of verbal creativity modulates brain activity in regions associated with language – and memory – related demands. Human Brain Mapping, 36:4104–4115.

Fink, A., Benedek, M. (2014). Eeg alpha power and creative ideation. Neuroscience & Biobehavioral Reviews, 44(100):111–123.

Fink, A., Grabner, R. H., Benedek, M., et al. (2006). Divergent thinking training is related to frontal electroencephalogram alpha synchronization. European Journal of Neuroscience, 23(8):2241–2246.

Fink, A., Grabner, R. H., Benedek, M., et al. (2009). The creative brain: investigation of brain activity during creative problem solving by means of eeg and fmri. Human Brain Mapping, 30(3):734.

Fink, A., Neubauer, A. C. (2008). Eysenck meets martindale: the relationship between extraversion and originality from the neuroscientific perspective. Personality & Individual Differences, 44(1):299 – 310.

Grabner, R. H., Fink, A., Neubauer, A. C. (2007). Brain correlates of self – rated originality of ideas: evidence from event – related power and phase – locking changes in the eeg. Behavioral Neuroscience, 121(1):224 – 230.

Hu, W. Thinking – Based Classroom Teaching Theory and Practice in China. In Wegerit R., Li L. & Kaufman J. (2015). The Routledge International Handbook of Research on Teaching Thinking, 92 – 102.

Hu, W., Adey, P., Shen, J. Lin, C. (2004). The comparisons of the development of creativity between English and Chinese adolescents. Acta Psychological Sinica, 36 (6):718 – 731.

Hu, W., Adey, P., Jia, X., et al. (2011). Effects of a 'learn to think' intervention programme on primary school students. British Journal of Educational Psychology, 81 (4):531.

Hu, W., Jia, X., Plucker, J., et al. (2016a). Effects of a critical thinking skills program on the learning motivation of primary school students. Roeper Review. 38(2):70 – 83.

Hu, W., Jia, X., Liu, J., et al. (2016b). Effects of a "Learn to Think" intervention programme on Chinese primary school students' learning strategies. The International Journal of Creativity and Problem Solving, 26(1):21 – 41.

Hu, W., Wu, B., Jia, X., et al. (2013). Increasing students' scientific creativity: the "learn to think" intervention program. Journal of Creative Behavior, 47(1):3 – 21.

Jaušovec, N. (1997). Differences in eeg activity during the solution of closed and open problems. Creativity Research Journal, 10(4):317 – 324.

Jaušovec, N. (2000). Differences in cognitive processes between gifted, intelligent, creative, and average individuals while solving complex problems: an eeg study. Intelligence, 28 (3):213 – 237.

Kassubek, J., Schmidtke, K., Kimmig, et al. (2001). Changes in cortical activation during mirror reading before and after training: an fmri study of procedural learning. Cognitive Brain Research, 10(3):207 – 217.

Kleibeuker, S. W., Stevenson, C. E., Van, d. A. L., et al. (2016). Training in the adolescent brain: an fmri training study on divergent thinking. Developmental Psychology, 53 (2):353 – 365.

Lin, C., Li, T. (2003). Multiple Intelligence and the Structure of Thinking. Theory and

Psychology, 13(6):829 –845.

Luo, J. , Li, W. , Fink, A. , et al. (2011). The time course of breaking mental sets and forming novel associations in insight – like problem solving: an ERP investigation. Exp Brain Res, 212(4):583 –591.

Mai, X. , Luo, J. , Wu, J. , Luo, Y. (2004). Aha! effects in a guessing riddle task: An e-vent – related potential study. Human Brain Mapping, 22(4):261 –270.

Maker, C. June, Jo, Sonmi, Muammar, Omar M. (2008). Development of creativity: The influence of varying levels of implementation of the DISCOVER curriculum model, a non – traditional pedagogical approach. Learning and Individual Differences, 18(4):402 – 417. doi: 10. 1016/j. lindif. 2008. 03. 003.

Mccandliss, B. D. , Posner, M. I. , Givón, T. (1997). Brain plasticity in learning visual words. Cognitive Psychology, 33(1):88 –110.

Moreno, S. , Bialystok, E. , Barac, R. , et al. (2011). Short – term music training enhances verbal intelligence and executive function. Psychological Science, 22(11):1425 –1433.

Moreno, S. , Marques, C. , Santos, A. , et al. (2009). Musical training influences linguistic abilities in 8 – year – old children: more evidence for brain plasticity. Cerebral Cortex,19 (3):712 –23.

Mullineaux, Paula Y. , Dilalla, Lisabeth F. (2009). Preschool Pretend Play Behaviors and Early Adolescent Creativity. The Journal of Creative Behavior, 43(1):41 –57.

Qiu, J. , Li, H. , Luo, Y. , et al. (2006). Brain mechanism of cognitive conflict in a guess-ing Chinese logograph task. NeuroReport, 17(6):679 –682. doi: 10. 1097/00001756 – 200604240 –00025.

Qiu, J. , Zhang, Q. , Li, H. , et al. (2007). The event – related potential effects of cognitive conflict in a Chinese character – generation task. Neuroreport, 18(9):881 –886.

Qiu, J. , Li, H. , Yang, D. , et al. (2008). The neural basis of insight problem solving: An event – related potential study. Brain and Cognition, 68(1):100 –106. doi: 10. 1016/j. bandc. 2008. 03. 004.

Seppänen, M. , Pesonen, A. K. , Tervaniemi, M. (2012). Music training enhances the rap-id plasticity of p3a/p3b event – related brain potentials for unattended and attended target sounds. Attention, Perception, & Psychophysics, 74(3):600 –612.

Schlaug, G. (2015). Musicians and music making as a model for the study of brain plastici-ty. Progress in Brain Research,217C:37 –55.

Shen, W. , Liu, C. , Zhang, X. , et al. (2013). Right Hemispheric Dominance of Creative Insight: An Event – Related Potential Study. Creativity Research Journal, 25(1):48 – 58. doi: 10. 1080/10400419. 2013. 752195.

Smith, G. J. W. , Carlsson, I.. (1983). Creativity in Early and Middle School Years. Inter-national Journal of Behavioral Development, 6(2):167 –195.

Wang, T. , Zhang, Q. , Li, H. , et al. (2009). The time course of Chinese riddles solving: evidence from an ERP study. Behav Brain Res, 199(2):278 – 282. doi: 10. 1016/j. bbr. 2008. 12. 002.

Xing, Q. , Zhang, J. X. , Zhang, Z. (2012). Event – Related Potential Effects Associated with Insight Problem Solving in a Chinese Logogriph Task. Psychology, 03(01):65 – 69. doi: 10. 4236/psych. 2012. 31011.

Yi, X. (2008). Creativity, efficacy and their organizational, cultural influences. Ph. D. dissertation, Freie University at Berlin. Available from: http://www. diss. fu – berlin. de/diss/receive/FUDISS_thesis_000000004778.

Yi, X. , Hu, W. , Plucker, J. A. , et al. (2013). Is there a developmental slump in creativity in China the relationship between organizational climate and creativity development in chinese adolescents. The Journal of Creative Behavior, 47(1):22 – 40.

Zhang, M. , Tian, F. , Wu, X. , et al. (2011). The neural correlates of insight in Chinese verbal problems: An event related – potential study. Brain Research Bulletin, 84(3): 210 – 214. doi: 10. 1016/j. brainresbull. 2011. 01. 001.

Zhang, Z. , Xing, Q. , Li, H. , et al. (2015). Chunk decomposition contributes to forming new mental representations: An ERP study. Neuroscience Letters, 598:12 – 17. doi: 10. 1016/j. neulet. 2015. 05. 008.

Zhao, Y. , Tu, S. , Lei, M. , et al. (2011). The neural basis of breaking mental set: an event – related potential study. Experimental Brain Research, 208(2):181 – 187. doi: 10. 1007/s00221 – 010 – 2468 – z.

The Effect and Neural Plasticity of Learn to Think Intervention Program on Children and Adolescents' Creative Quality

Weiping Hu[1]   Xiaojuan Jia[2]

(1. *MOE Key Laboratory of Modern Teaching Technology, Shaanxi Normal University, Xi'an, 710062; 2. West China Higher Education Evaluation Center, Xi'an Jiaotong University, Xi'an, 710049*)

Abstract: This paper reviews the latest research progress from 2013 to 2018 on the effects of Learn to Think (LTT) intervention program on children and adolescents' creative quality. Firstly, the teaching experimental research of LTT course extends to the stage of preschool children, effectively improving the creative thinking of preschool children. Secondly, the LTT online course under the human – computer interactive learning mode is developed, which effectively improves the creative thinking and creative tendency of primary school students. Thirdly, plasticity mechanism of creativity promoted by LTT was investigated. Results showed after one – year training, compared with the control group, the experimental group could detect cognitive conflict more quickly, that is LTT improved the degree of automation of cognitive conflict detection; while the experimental group displayed higher task – related synchronization of central – posterior upper band alpha activity.

Keywords：Learn to think intervention program, children and adolescents, online course, neural plasticity

创造力训练的回顾与展望[①]

李尚之[1]　　汤超颖[2]

（1. 辽宁大学 经济学院,沈阳,110136;2. 中国科学院大学 经济与管理学院,北京,100049）

摘　要　创造力训练在近些年不断得到各界的重视,本文介绍国内外创造力训练的相关进展,回顾创造性认知的相关研究,提取创造性思维的组成要素,指出持续的创造性认知训练的重要意义。可为今后的创造性思维训练提供借鉴。

关键词　创造力培训;创造性认知;认知训练;刻意练习

1　创造力培训的类型及方案

自 1950 年吉尔福特在他任职美国心理学会主席的就职演讲上呼吁学界关注创造力,时至今日创造力作为现代社会的一种关键竞争力已经得到广泛的接纳和高度重视。创造力研究已发展成为心理学、教育学和管理学领域的一个重要研究课题(罗劲, 2004;张景焕等, 2010;吴真真等, 2008;沈汪兵等, 2010)。涉及幼儿创造力(周星星, 王灿明, 2014)、超常儿童创造力(施建农, 徐凡, 1997;Cliatt et al. , 1980)、大学生创造力(周治金等, 2006;Cropley & Cropley, 2000;庞维国等, 2016)、青少年科学创造力(胡卫平等, 2005)、组织创造力(周京, Shalley, 2010;汤超颖等, 2011;李阳, 白新文, 2015;宋志刚, 顾琴轩, 2015)。相应的学术群体也获得成立,比如,美国心理学会成立第十分会(艺术心理分会),中国的创造力研究学者也自发组建了创造力研究协作组。该领域知识的发展推动形成五个专注创造力研究的国际社科引文期刊(SSCI):*Journal of Creative Behavior*; *Creativity Research Journal*; *Thinking Skills and Creativity*; *Creativity and Innovation Management*; *Psychology of Aesthetics, Creativity, and the Arts*,也涉及创造力领域。

在创造力研究不断深化的基础上,创造力的开发训练也得以兴起(汤超颖等, 2015)。国内独创的创造力开发项目以低龄群体为主,比如,胡卫平的青少年科学创造力,已经在许多中小学得到应用;中科院心理所的施建农团队和西南大学心理学部的邱江与杨东面向幼儿的创造力培训已经得到开展;以及程淮独创的幼儿"巧思法"创造力培

---

① 本文受以下国家自然科学基金项目资助:创新型企业研发团队创造力的多层次模型研究(项目号:71473238,项目时间:2015. 1—2018. 12);高技术企业二元学习的动态平衡机理研究(项目号:71673264, 项目时间:2017.01—2020.12)。

训项目也在多地幼儿园得到推广。一些机构也在推广创新方法上做大量工作,比如国家科技部主管的中国发展协会与中国创新方法研究会,在全国企业推进创新思维、方法和工具,包括 TRIZ（Birdi et al.，2012）、德波诺水平思考帽和创造性问题解决（Wang & Horng，2002）。

总结各类培训项目,创造力培育与教授的内容涉及以下五类:

第一类,提升创造性动机（Davis & Bull,1978）,比如创造性自我效能（Parker，1998）。第二类,培育创造性思维。目前对创造性思维能力存在多种理解,是指将目标对象进行切割、涂抹、燃烧、列出不寻常用途的能力（Ridley & Birney，1967）;是转换思维、类比思维、重构思维、综合思维、放弃显见性思维（Khatena & Dickerson,1973）;是认知识别、记忆、发散思维、评价、收敛思维（Renzulli et al.,1974）;是指对新颖性保持开放的能力或对模糊与复杂的包容能力（Parker,1998）;是对愿景的思考和梦想、抑制非成熟即关闭、是流畅、灵活、说服力、和挑战底层理论的能力（Lund，Byrge，& Nielsen,2017）;是问题构建或问题发现、信息收集、概念搜寻与选择、概念整合、创意产生、创意评估、实施规划、行为评价（Scott, Leritz, & Mumford, 2004）。第三类,传授实用创造方法与工具,包括创造性问题解决法（Baer,1988）和认知激发（De Bono, 1992）。根据 Takahashi（1993）的研究,目前世界范围内有 300 多种创意生成方法被开发出来,而通过对培训项目内容的回顾,发现有 172 种技术或教学法被用于开发发散性思维。其中头脑风暴法是最早被开发出来的培训方法(1963 年)。第四是将创造性思维训练融入教学中,包括在特定的年级系统地介绍创造力心理学、创造力哲学、社会学与教育学,举办有关创造力的研讨会与促进创造力（Karwowski et al.，2007）;以及在其他的课程大纲中嵌入特定的创造性技能,强调对技能的应用（Burke & Williams, 2008）。第五类,推广有助于创造力的组织管理。包括领导风格、团队合作、员工内在动机和创新氛围等。以上创造力的培训项目主要涉及通用的创造性技能（Cropley & Cropley,2000；Cliatt et al,1980；Byrge & Tang,2015）。其中,最为盛行的培训项目是创造性思维培训,包括创造性问题解决技能培训（Puccio & Cabra, 2009）,而发散性思维是最普及的培训内容。

培训方案的设计。从练习的内容上包括即兴创作（Clapham & Schuster, 1992）、表演或角色扮演（Karakelle, 2009）,以及冥想等（Ding et al.,2014）。培训中的练习时间包括 10 分钟（Cunningham & MacGregor, 2008）、30 分钟（Clapham & Schuster, 1992）,1 天（Birdi et al., 2012）、3 ~ 6 天（Byrge & Hansen, 2013）。既有短期的高强度练习又有长期的低强度练习。培训的对象包括学前儿童（Houtz & Feldhusen, 1976）、学生（Byrge & Hansen, 2013）和专业人士（Birdi et al., 2012）。培训方式包括活动练习与研讨会（Birdi et al., 2012；Jausovec, 1994；Byrge & Tang,2015）。

2 创造力培训的效果

有关创造力培训效果的测评研究,对创造力的考察主要依据发散性思维以及创造性解决问题中的表现,主要包括思维的流畅性、灵活性、原创性和精细性,以及方案的新颖和有用性。研究人员发现创造性思维可以通过训练得以提升（Scott et al., 2004；Karwowski & Soszynski, 2008；Caughron et al. , 2011）。

创造力培训的有效性在实验研究、教育研究和企业实践应用中均取得过验证。Reese 等（1976）的研究表明，有关社会问题解决、计划和创意任务的训练，对发散性思维的提升作用在两年之后依然有效。创造性问题解决的培训项目能提高受训者对创造力的积极态度、创意数量、质量与创造绩效（Basadur & Hausdorf,1996；Clapham, 1997）。Scott 等（2004）对 70 个研究进行元分析，考虑不同的创造力测量标准、培训背景、目标群体，得出的结论是，综合性的项目，如创造性问题解决、创造性思维项目等被证明尤为有效，精心设计的创造力培训项目能够促进绩效提高。他们认为成功的培训项目要基于一定的理论模型，不是简单地强调发散思维或分析性思维训练，或创造方法的拼凑。此外，培训效果受培训目标、形式、媒介、时间、次数的影响，应充分运用讲座、音频、视频信息，和开展合作学习与案例学习，均有助于培训的成功效果，培训时间过短则效果较为有限（Scott, 2004）。那些旨在提高问题解决能力和任务绩效的培训则适宜采用分散学习，给予相应的反馈将有利于提高培训的效果；而那些旨在提升发散性思维的培训则适宜采用集中学习，提供反馈将对培训效果有反作用（Clapham, 1997）。

总体而言，创造力培训的效果得到较为广泛的验证，虽然有些研究报告的结果令人吃惊，比如 30 秒钟的词汇训练可以提升远程联想得分（Freedman, 1965）。认知培训项目虽然数量不多，但是却有不错的效果（Scott et al. , 2004）。目前有关创造性认知的核心构成要素及其训练方法，还缺少系统深入地研究。为了深化我们对创造性认知训练的理解，将从创造性认知心理学的角度，提取创造性认知的基本要素，以及认知训练的作用机理。

3　创造性认知的要素组成

有关创造性认知存在两类观点：一类认为创造力来自伟大的心智，该观点植根于格式塔理论，强调顿悟，认为创造力需要认知启动以克服认知固化（Smith, 1995），在酝酿阶段可以进行语言干预、暗示干预和问题重构以促进顿悟；另一类观点认为顿悟问题是逐步解决的（Perkins, 1981），洞察仅仅是创造过程中的一个重要元素（Weisberg,1986）。创造力源于记忆与思考过程有关，可以用计算机进行创造性问题解决（Novell, Shaw, & Simon,1962）。第二类观点认为创造性认知中包含日常认知的综合运用。持有该观点的理论主要有两个：一是创意生成与探索模型（Finke, Ward, & Smith, 1992；庞维国, 2011），在创意生成环节，个体在头脑中建构一个被称为前创新结构的心理表征，并提取各类信息，如具体的例证，一般的概念性知识、表象、类比等；也包括概念和表象的联想和组合过程，如概念组合、心理综合、心理转换、类比迁移等。探索阶段用于确定与修改具有适用潜能的备选方案，期间个体对前面所建构的心理表征做出各种解释、修改和评判，包括属性探讨、概念解释、功能推断、情境迁移、假设检验、寻找局限等。与这个模型有关联的是搜索相关记忆模型，认为长时记忆是由不同水平、范畴的知识相互关联构成的复杂网络，知识结构中存在中心概念。创意生成是两阶段受控的联想过程：一是激活长时记忆中的知识，知识的激活依赖于线索；二是利用知识结构的特征生成创意，组合相关知识形成新联想,或把知识应用到新领域中。同一知识结构不易带来新创意。另一个理论是创造力地图理论,认为创造性认知包括常见的认知,比如:计划、知识搜索、元认知。由于长期经验或对功能的僵化理解等带来记忆堵塞,形成固化认知。因此,需要运用一系列的认知来实现创造力(Smith,1995)。创造性认知包括:记忆、概念及其分类、类比、心智图像、元认知、联结、变形(Smith et al., 2006)。有关创造性认知能力的研究主要来自第二类观点,将主要的研究成果总结如下:

(1)抽象思维能力。Smith(1995)的路径图理论认为,创意目标的实现是在应用原有知识产生新创意的过程中逐步得到构建的。人们在创造的过程中倾向于依赖已有的知识,这种现象被称为有结构的想象(Ward,1994)。在创意形成过程中人们倾向于先回忆具有高代表性的特征,这种认知路径将面临最小的认知抵制,可是它将降低创意的原创性,抑制对概念知识的灵活应用。而进行抽象认知可以帮助人们避免依附在明显的特征上降低思维固化(Ward & Sifonis, 1997;Welling, 2007)。

(2)组合能力。组合带来新的创意,代表人物是头脑风暴法的创造者奥斯本。在概念元素中发现非寻常的侧面。联结理论认为观念、情感、创意或感观是认知的基本单元,它们可以由于语言等关联于某个联结框架内,创造性则来自于将弱联结的要素进行非寻常的组合(Coney & Serna, 1995)。Wallas(1926)的创造过程理论中包含酝酿阶段,这一阶段的主要功能就是强化弱联结,因此,行为与认知的固化与束缚将不利于创造性认知(Eysenck, 1995;Martindale, 1999)。要开展创造性思考,需要对关联记忆进行组织与获取(Mednick,1962),关联记忆的组织表现在认知中的联结层级,多层级的联结层级将带来要素联结的固化现象,不利于创造。而在关联记忆的获取中存在提取遗忘效应,即重复提取练习与某个线索相联系的部分记忆内容,会带来强联结,使与该线索相联系的其他记忆内容发生遗忘的记忆现象(Anderson, Bjork, & Bjork,1994)。高创造力的个体则会刻意地要求自己进行远程联结,降低提取遗忘效应。

(3)注意力。创造力需要足够的领域知识,机会是给有准备的头脑准备的,对注意力的控制关系到信息捕捉和创造性产出。Seifert 和 Patalano(2001)提出顿悟需要无意识的激活扩散、非解决问题的悬留编码、意外的环境催生。回想与酝酿效应可以克服固化(Kohn & Smith, 2009)。失败的经历和悬念的问题可以帮助人们捕获相关的线索(Patalano & Seifert, 1997),有待完成的目标促使人们去利用无法预知的机会。

(4)类比。类比是对事物的相似性差异性的比较,带来洞察(Gentner & Markman, 1997)。而类比是给不同领域之间相互借鉴的一种途径(Vartanian & Goel, 2007)。类比带来新的认知框架(Welling, 2007),包括外显的符号代表特征的相似性,以及这些代表性特征背后的机理相似性(Thibodeau et al., 2013)。有关议题与方案的深层意义上的相似性,远程类比对于创造力的贡献更大(Christensen & Schunn, 2007)。

(5)创新元思维的能力。元认知有助于创造力(Beaty et al., 2014)。因为创造力是有目标的行为,创意过程包含结构化的过程(Finke, 1996)。在德波诺的六项思考帽练习中,前思维加工的内容分为六类:信息、情绪、观点、支持或否定、创意,以及流程。其中流程性思维是对当下思维运行流程的一种检查,是思维的指挥棒。

4 创造性认知训练的机理与挑战

4.1 习惯型的创造力

创造力和习惯的关系存在两种理解：

一种观点认为，两者是两个相互割裂的认知。创造力是个体提出了解决问题的前所未有或未曾习得的方案（Torrance，1988），是超越了习惯，是对标准的、重复性路径的突破，创造力的核心是突破现有规则与规范。创造性的过程是启发性的（Amabile，1996），没有清晰的目标定义，无法通过直接的方式得到解决。然而，习惯却在相当大的程度上依赖于已有的方法和路径。这种理解认为创造力是一种心智。

另一种观点却提倡创造力是一种有目标的行为（Gruber & Wallace，1999；Weisberg，1993）。所有的模仿中均有创造的成份，是机体与环境的交互中不断前进的过程，习惯是社会建构的，根植于社会之中。人、环境、人与环境的关系均处于变动之中，不可以用机械论的观点来看待习惯性的行为。在此过程中，环境因素（比如知识基础（Wiseberg，1999））和个体因素（比如自我设定界限（Storr，2001，2006））都处于不断变化之中。个体对动态环境的持续适应，在不同路径之间进行组合，最终选择一个更合适的行动。因此，创造力是一种协调思想与行为的认知。存在习惯型的创造力，即在重复中对有关程序性记忆的认知处理进行不断微调的学习过程（Neal et al.，2006）.

4.2 创造性认知训练对大脑功能区构造的影响

创造性认知训练可以改变大脑（Fink & Neubauer，2006）。少量研究发现可以通过创造力训练对大脑功能区和联结形成影响，提升个体创造力。创造性认知任务会导致特定额叶区域的神经元活动增强（Sawyer，2011）。创造性认知与脑区部位有着对应关系。两周的发散性思维训练，额叶脑电同步激活得到提高，言语创造力训练调节与语言和记忆相关的区域的大脑活动，如左顶叶皮质（IPL）和左侧颞中回（MTG）（Fink et al.，2015）。西南大学邱江团队在创造力训练与脑机理课题上也开展实验研究，他们对被试进行了20次认知激发练习，练习过后被试的发散性思维的原创性与流畅性都得到提升。同时，在脑功能区中负责自上而下认知控制的背侧前扣带回和背外侧前额叶，以及负责语义处理、新颖联结生成的后部脑区出现变化，背侧前扣带区域的体积增加（Sun et al.，2016）。他们回顾了相关文献，发现一些特定的脑区，比如前额叶区域，在其区域主要涉及认知控制功能，对顿悟及发散思维有密切的作用，提出提升青少年创造力的教育干预可以从脑科学中得到启示（有关青少年创造性与大脑可塑性的回顾（李心怡等，2017））。此外，与创造性认知和日常认知有共性的观点相似，研究还发现日常的活动，也可以与创造力练习一样，激活特定的大脑功能区（Sawyer，2011）。

4.3 持续创造性认知训练的挑战

创造力不仅需要就某一领域技能进行中长期训练（Mumford & Gustafson，1988），还需要特定的认知能力训练。开展创造性认知训练的必要已经不容置疑，但是如何开展训练却是当下的一个挑战。当前认知训练在不同人群中得到应用，从幼儿认知训练到老年认知训练，每个年龄段都有不同的认知训练方法和侧重点。认知训练在阿兹海默症等病症中也有应用。一些机构开发出特定的认知训练项目,比如京师博仁对学生的注意力、感知觉、记忆力、思维力、情绪能力、认知灵活性等进行测量与训练。但是,有关认知训练与创造力提升,还需要进行严谨的验证。短期的干预训练无法使大脑功能区与联结产生改变(Klingberg, 2010)。此外,短期训练所取得的效果,可以持续多久,在机理上并不确定,很可能存在干预消失后的退回效应。

5 持续的创造性认知训练

认知是可以训练的,基于认知框架的刻意练习可关注知识与思考过程(Scott et al., 2004)。神经科学研究也为创造性认知训练的效果机理提供了理论支持,即训练可以改变大脑的功能区及神经元的联结。结合习创造力是一种习得性的技能(Reeves, 2014),绝大多数创造力是习惯型的创造力,我们认为需要开发出持续的创造性认知训练。一个相关的学习理论是刻意学习法则,它指出十年每天刻意训练4~5小时,是成为任何领域内专家的必要条件,1万小时的练习,可以为人们在领域中取得杰出的创新的成果提供必要的条件,因为练习带来创造性的行为(Ericsson, 1998, 1999)。持续的、刻意的创造性认知练习将更可能促进创造力的提升。

当前一种持续的创造力训练方式是结合学校的课程进行训练。例如,胡卫平的《学思维》教材,在活动设计上结合学生的年龄特点,与生活或具体学科对接,引导学生开展探究与思考,包括形象思维、抽象思维、创造性思维等三种思维形式。这一方式已经在全国各地多所学校得到推广,受到广泛的欢迎。

另一种方式是开展创造力的自我训练。强调思维训练需要坚持下去,好比用广播操来开展体能锻炼。比如,脑体操训练法(李尚之,汤超颖,2017),通过46种训练方法,帮助突破固化思维,对问题意识保持敏感,提升抽象与本质思维、联想与组合思维、类比思维、原理迁移思维,和创新导向的元思维。训练题材来自日常生活中的各类元素与信息,通过训练引导认知习惯,帮助个体以自我训练的方式提升创造性认知。

今后的创造力训练研究需要应用交叉学科的方法,在可持续的训练中结合领域专业知识,设置增益型的反馈环节,通过训练开发大脑的创造性认知的功能,结合动机和领域知识,以及广泛采用的团队工作制(Paulus & Yang, 2000),利用互联网所提供的知识分享平台,开发出有效的可培训项目。

参考文献

李尚之,汤超颖.(2017).创新思维的训练手册:脑体操.北京:清华大学出版社.

胡卫平,申继亮,林崇德.(2005).中英青少年科学创造力发展的比较.心理学报,6:718-731.

李心怡,庄恺祥,孙江州,等.(2017).青少年创造性发展及其脑机制研究进展.心理科学,40(5):1148-1153.

李阳,白新文.(2015).善心点亮创造力:内部动机和亲社会动机对创造力的影响.心理科学进展,(2):3-8.

罗劲. (2004). 顿悟的大脑机制. 心理学报,(2):219 - 234.

庞维国,韩建涛,徐晓波,等. (2016)."要有创造性"指导语效应及其对创造性教学的启示. 心理与行为研究,14(5):701 - 708.

庞维国. (2011). 创新观念的生成过程研究述评. 山东社会科学,(4):170 - 176.

沈汪兵,刘昌,陈晶晶. (2010). 创造力的脑结构与脑功能基础. 心理科学进展,(9):1420 - 1429.

施建农,徐凡. (1997). 超常儿童的创造力及其与智力的关系. 心理科学,(5):468 - 468.

宋志刚,顾琴轩. (2015). 创造性人格与员工创造力——一个被调节的中介模型研究. 心理科学,(3):700 - 707.

汤超颖,艾树,龚增良. (2011a). 积极情绪的社会功能及其对团队创造力的影响:隐性知识共享的中介作用. 南开管理评论,4:129 - 137.

汤超颖,黄冬玲,邱江. (2015). 组织创造力培训开发的新进展. 中国人力资源开发,(22):92 - 97.

汤超颖,朱月利,商继美. (2011b). 变革型领导,团队文化与科研团队创造力的关系. 科学学研究,(2):275 - 282.

吴真真,邱江,张庆林. (2008). 顿悟的原型启发效应机制探索. 心理发展与教育,(1):31 - 35.

张景焕,刘翠翠,金盛华,吴琳娜,林崇德. (2010). 小学教师的创造力培养观与创造性教学行为的关系:教学监控能力的中介作用. 心理发展与教育,(1):54 - 58.

周京,Shalley, C. E. (2010). 组织创造力研究全书. 北京:北京大学出版社.

周星星,王灿明. (2014). 七巧板不同训练方式对幼儿创造性思维影响的实验研究. 教育导刊,(4):5 - 29.

周治金,杨文娇,赵晓川. (2006). 大学生创造力特征的调查与分析. 高等教育研究,(5):78 - 82.

Amabile, T. M. (1996). Creativity in Context. Boulder:Westview Press.

Baer, J. M. (1988). Long - term effects of creativity training with middle school students. Journal of Early Adolescence,8(2):183 - 193.

Basadur, M., Hausdorf, P., A. (1996). Measuring divergent thinking attitudes related to creative problem solving and innovation management. Creativity Research Journal, 9 (1):21 - 32.

Birdi, K., Leach, D., Magadley, W. (2012). Evaluating the impact of TRIZ creativity training: an organizational field study. R&D Management, 42(4):315 - 326.

Burke, L. A., Williams, J. M. (2008). Developing young thinker: an intervention aimed to enhance children's thinking skills. Thinking Skills and Creativity, 3:104 - 124.

Byrge, C., Tang, C. (2015). Embodied creativity training: Effects on creative self - efficacy and creative production. Thinking Skills and Creativity, 16:51 - 61.

Byrge, C., Hansen, S. (2014). Enhancing creativity for individual, groups and organisations? (Master dissertation).

Caughron, J. J., Peterson, D. R., Mumford, M. D. (2011). Creativity Training. Encyclopedia of Creativity, 311 –317.

Clapham, M. M. (1997). Ideational skills training: a key element in creativity training programs. Creativity Research Journal, 10(1):33 –44.

Clapham, M. M. Schuster, D. H. (1992). Can engineering students be trained to think more creatively? Journal of Creative Behavior, 26:156 –162.

Cliatt, M. J. P., Shaw, J. M. Sherwood, J. M. (1980). Training on the divergent –thinking abilities of kindergarten children. Child Development, 51:1061 –1064.

Cropley, D., H. Cropley, A. J. (2000). Fostering creativity in engineering undergraduates. High Ability Studies, 11(2):207 –219.

Davis, G. A., Bull, K. S. (1978). Strengthening affective components of creativity in a college course. Journal of Educational Psychology, 70(5):833 –836.

De Bono, E. (1992). Serious creativity: using the power of lateral thinking to create new ideas. Harper Business.

Ding, X., Tang, Y. Y., Tang, R., et al. (2014). Improving creativity performance by short –term meditation. Behavioral and Brain Functions, 10(1):9 –17.

Ericsson, K. A. (1998). The scientific study of expert levels of performance: general implications for optimal learning and creativity. High Ability Studies, 9:75 –100.

Ericsson, K. A. (1999). Creative expertise as superior reproducible performance: innovative and flexible aspects of expert performance. Psychological Inquiry, 10:329 –333.

Feist, G. J. (2010). The function of personality in creativity: the nature and nurture of the creative personality. In The Cambridge Handbook of Creativity, edited by James C. Kaufman and Robert J. Sternberg, Cambridge University Press:113 –130.

Fiet, J. O. (2001). The theoretical side of teaching entrepreneurship. Journal of Business Venturing, 16 (1):1 –24.

Fink, A., Benedek, M., Koschutnig, K., et al. (2015). Training of verbal creativity modulates brain activity in regions associated with language –and memory –related demands. Human Brain Mapping, 36:4104 –4115.

Fink, A., Neubauer, A. C. (2006). EEG alpha oscillations during the performance of verbal creativity tasks: differential effects of sex and verbal intelligence. International Journal of Psychophysiology, 62(1):46 –53.

Finke, R. A. (1996). Imagery, creativity, and emergent structure. Consciousness and Cognition, 5(3):381 –393.

Finke, R. A., Ward, T. B., Smith, S. M. (1992). Creative cognition: theory, research, and applications. Bradford: MIT Press.

Freedman, J. L. (1965). Increasing creativity by free – association training. Journal of Experimental Psychology, 69(1):89 – 91.

Gilbert, F. W., Prenshaw, J. P., Ivy, T. T. (1996). A preliminary assessment of the effectiveness of creativity training in marketing. Journal of Marketing Education, 18(3): 46 – 56.

Gl veanu, V. P. (2012). Habitual creativity: revising habit, reconceptualizing creativity. Review of General Psychology, 16(1):78 – 92.

Khatena, J., Dickerson, E. C. (1973). Training sixth grade children to think creatively with words. Psychological Reports, 32(3):841 – 842.

Klingberg, T. (2010). Training and plasticity of working memory. Trends in Cognitive Sciences, 14(7):317 – 324.

Lund, M., Byrge, C., Nielsen, C. (2017). From creativity to new venture creation: a conceptual model of training for original and useful business modeling. Journal of Creativity and Business Innovation, 3(1):65 – 88.

Mumford, M. D., Gustafson, S. B. (1988). Creativity syndrome: integration, application, and innovation. Psychological bulletin, 103(1):27 – 43.

Neal, D. T., Wood, W., Quinn, J. M. (2006). Habits – a repeat performance. Current Directions in Psychological Science, 15(4):198 – 202.

Newell, A., Shaw, J. C., Simon, H. A. (1962). The processes of creative thinking. In H. E. Gruber, G. Terrell, & M. Wertheimer (Eds.), Contemporary approaches to creative thinking. New York: Atherton Press.

Parker, J. P. (1998). The torrance creative scholars program. Roeper Review, 21(1):32 – 36.

Paulus, P. B., Yang, H. (2000). Idea generation in groups: a basis for creativity in organisations. Organizational Behavior and Human Decision Processes, 82(1):76 – 87.

Puccio, G. J., Cabra, J. (2009). Creative problem solving: past, present and future. In The Routledge Companion to Creativity, edited by Tudor Rickards, Mark A. Runco and Susan Moger. Taylor & Francis, 327 – 337.

Reese, H. W., Parnes, S. J., Treffinger, D. J., et al. (1976). Effects of a creative studies program on structure – of – intellect factors. Journal of Educational Psychology, 68(4):401 – 410.

Reeves, W. R. (2014). Creativity as a learned skill: the role of deliberate practice in the development of creativity(Doctoral dissertation).

Renzulli, J. S., Owen, S. V., Callahan, C. M. (1974). Fluency, flexibility, and originality as a function of group size. Journal of Creative Behavior, 8(2):107 – 113.

Ridley, D. R., Birney, R. C. (1967). Effects of training procedures on creativity test scores. Journal of Educational Psychology, 58(3):158 – 164.

Sawyer, K. (2011). The cognitive neuroscience of creativity: a critical review. Creativity Research Journal, 23(2):137 –154.

Scott, G. , Leritz, L. E. , Mumford, M. D. (2004). The effectiveness of creativity training: a quantitative review. Creativity Research Journal, 16(4):361 –388.

Smith, S. (1995). Creative cognition: Demystifying creativity. Thinking and literacy: The mind at work, 31 –46.

Smith, S. M. , Gerkens, D. R. , Shah, J. J. , et al. (2006). Empirical studies of creative cognition in idea generation. Creativity and innovation in organizational teams, 3 –20.

Sun, J. , Chen, Q. , Zhang, Q. , et al. (2016). Training your brain to be more creative: brain functional and structural changes induced by divergent thinking training. Human brain mapping, 37(10):3375 –3387.

Takahashi M. (ed.). (1993). Business Creation Bible. Tokyo: Modogakuen.

Thibodeau, P. H. , Flusberg, S. J. , Glick, J. J. , et al. (2013). An emergent approach to analogical inference. Connection Science, 25(1):27 –53.

Wang, C. W. , Horng, R. Y. (2002). The effects of creative problem solving training on creativity, cognitive type and R&D performance. R&D Management, 32(1):35 –45.

Weisberg, R. W. (1986). Creativity: Genius and other myths. New York: W. H. Freeman.

Welling, H. (2007). Four mental operations in creative cognition: the importance of abstraction. Creativity Research Journal, 19(2 –3):163 –177.

A Review and Prospect of Creativity Training

Shangzhi Li[1]   Chaoying Tang[2]

(1. *School of Economics , University of Liaoning University ,Shenyang ,110136* ; 2. *School of Economics and Management , University of Chinese Academy of China ,Beijing ,10049*)

Abstract: Training of creativity is gained more and more attentions in the recent years. This chapter introduces the progress of creativity training internationally and domestically , and reviews the related researches about creative cognition. It summarizes the key components of creative cognition and points out the importance of consistent practice of creativity cognition. It gives suggestions about creative cognition training in the future.

Keywords: Creative Training, Creative Cognition, Cognitive Training, Deliberative Practice

情境教育对儿童创造力发展影响的实验研究①

王灿明[1]　王柳生[1]　刘　雨[2]

（1.南通大学 创造教育研究所,南通,226019;2.扬州大学 教育科学学院,扬州,225002）

摘　要　情境教育是运用优化的情境,开发情境课程,实施情境教学,激发儿童快乐高效的情境学习,全面提高儿童素质的一种小学教育范式。为了探索创新人才早期培养的本土经验,研究者在江苏省南通市开展了情境教育影响儿童创造力发展的区域性实验,结果显示:(1)情境教育对儿童创造力发展的促进作用具有明显的阶段性和累积性特征,情境教育显著促进小学低中年级儿童创造性思维的发展;(2)"真、美、情、思"是情境教育促进儿童创造力发展的内在机制,与儿童思维的沉思性、精致性、流畅性和独创性呈现相互交错的对应关系;(3)教师的创造力在情境教育促进儿童创造性思维发展过程中得到发展并发挥中介作用。这也提示我们,应根据小学高年级学生的思维发展特点研发更具针对性和实效性的情境教育操作方案,以寻求情境教育的新突破。

关键词　情境教育;创造力;实验研究

1　问题提出

历经40年的改革开放,中国教育取得引人瞩目的发展成就,实现了从大国到强国的历史性飞跃。迈进中国特色社会主义新时代,基础教育的主要矛盾已转化为人民接受更好教育的强烈需求与素质教育发展不平衡之间的矛盾。习近平总书记指出,创新是引领发展的第一动力,"如果我们不识变、不应变、不求变,就可能陷入战略被动,错失发展机遇,甚至错过整整一个时代"(习近平,2016)。中共中央国务院办公厅印发《关于深化教育体制机制改革的意见》,明确提出应注重培养学生的"创新能力",并将其作为"四项关键能力"之一,加强创新人才的早期培养正成为基础教育改革的"中心议题"。

儿童创造教育得到越来越多的关注。作为情境教育创始人,李吉林十分重视创造力培养,并提出不少重要主张。早在20世纪80年代,她就创造性地提出情境教学要"以发展思维为核心,着眼创造性"(李吉林,2016a);跨进新世纪后,她又鲜明地提出"教育的灵魂是培养学生的创新精神"(李吉林,2001);近年来,她再次强调"通过发展想象力培

---

①　本文系国家社会科学基金教育学一般课题"情境教育与儿童创造力发展的实验与研究"(课题编号:BHA120051)的研究成果。

养创造力"(李吉林,2013)。尽管早已有情境教育影响小学生的主体性和个性化发展的实验研究(杭州市卖鱼桥小学杭州大学教育系课题组,1998;宁波万里国际学校课题组,1997),却鲜有学者就情境教育影响其创造力开展实验研究,情境教育促进小学生创造力发展的独特优势是什么,其内在机制在哪里,应遵循哪些基本原则,有什么操作要义,能否开发基于情境优化的儿童创造教育模式? 如果对这些问题的认识肤浅浮泛,实践的自觉性和实效性必然受到影响。

本课题以"情境驱动创造,创造点亮童年"为核心理念,通过梳理情境教育已有成果,对情境教育与小学生创造力发展进行深入的理论探索,并因此而调整学校教育活动进行实验研究,试图为大幅提升创新人才的早期培养水平提供植根本土的理论形态和行动方式。

2 理论基础

情境教育是运用优化的情境,开发情境课程,实施情境教学,激发儿童快乐高效的情境学习,全面提高儿童素质的一种小学教育范式。它涵盖情境课程、情境教学和情境学习,其中情境课程为情境教育的整体谋划,情境教学是情境课程的课堂操作,而情境学习则是儿童基于情境教学获得的行为经验②。尽管它们的操作策略有较大区别,但其基本原理、核心理念及情境创设手段是一致的,彼此联动,相互贯通,由此而构成"三位一体"的情境教育范式,如图 1 所示①。

李吉林善于从西方教育理论中汲取营养,反对生搬硬套,认为"我们不能反复地去论证别人已经做过的,要做自己的东西,走自己的路"(李吉林,2008)。她立志从中华文脉中"寻根",并在古典文论"意境说"中找到突破口,将其本质概括为"情景交融、境界为上",从中提炼出"真、美、情、思"四个核心元素和"认知活动与情感活动相结合"的核心

---

① 人们习惯于将情境教育分为情境教学、情境教育和情境课程,这一划分方法真实反映了情境教育的发展历程,却存在两个基本问题:一是将"情境教育"既作为属概念,又作为种概念,难免将属种关系混淆。事实上,20 世纪 90 年代初,李吉林将语文情境教学拓展到其他学科并进行整体改革实验,她称之为"情境教育",但这里的"情境教育"实为语文教学向多学科教学的拓展,依然可以归于"情境教学"。二是不能及时反映情境学习的探索成果,而这恰恰是近十年来李吉林潜心研究并产生重大影响的全新领域。鉴于此,我们尝试对情境教育发展阶段进行新的划分:第一阶段为情境教学的构建(1978—1996 年)。从 1978 年李吉林开展首轮情境教学实验开始,到 1996 年全国"情境教学—情境教育"学术研讨会,其标志性成果为《教育研究》1997 年第 3、4 期连载的论文《为全面提高儿童素质探索一条有效途径:从情境教学到情境教育的探索与思考》。第二阶段为情境课程的开发(1997—2006 年)。从她在《课程·教材·教法》1997 年第 6 期发表论文《情境课程的开发》开始到全国教育科学规划教育部重点课题"情境课程的开发与研究"成功结题,其标志性成果为她的专著《为儿童的学习:情境课程的实验与建构》。第三阶段为情境学习的探究(2007 年至今)。从全国教育科学规划教育部重点课题"情境教育与儿童学习的实验与研究"开始,这是她融合了学习科学、脑科学及教学设计的理论精华而创建的一种新的学习范式,其标志性成果为《教育研究》2017 年第 3 期发表的论文《中国式儿童情境学习范式的建构》,其三卷本情境学习英文专著也由世界知名学术出版机构 Springer 出版并向全球推广。这一划分既理顺了情境教育的发展逻辑,也厘清了情境教育概念的属种关系。

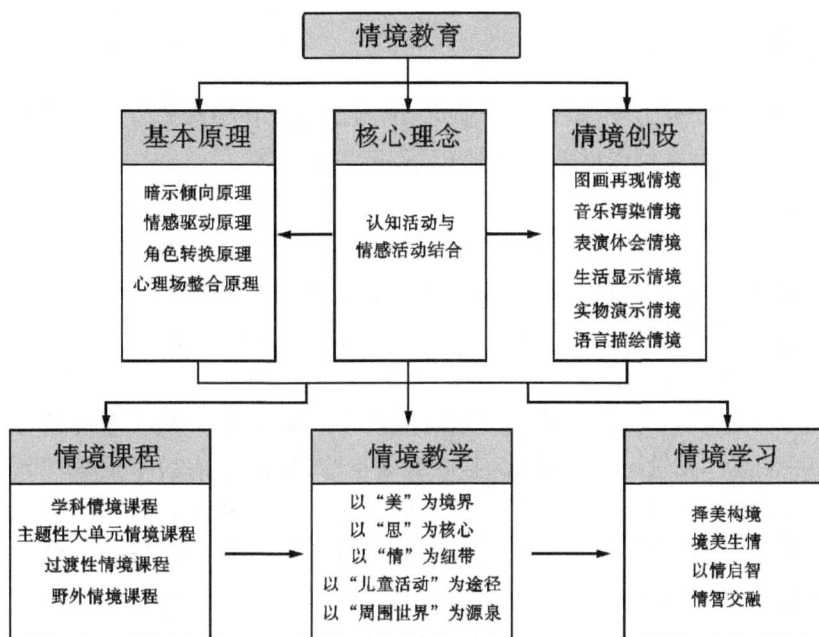

图1　情境教育的基本范式

理念(李吉林,2007)。"意境说"使她清醒地认识到"情境"与"情景"的区别,"它不再是自然状态下的学习环境,而是人为优化的学习环境,是富有教育的内涵,富有美感而又充满智慧和儿童情趣的生活空间"(李吉林,2011)。她不同意把情境看成"个体所处的物理或社会环境",甚至理解为"某一事件发生的特定场所",而将其界定为"人为优化的学习环境",是此刻能够被儿童觉知的心理环境,进而归纳出"图画再现情境""音乐渲染情境""表演体会情境""生活显示情境""实物演示情境"以及"语言描绘情境"等创设路径(李吉林,2012),使课堂充盈着高雅的审美情趣,成为儿童流连忘返的学习空间。

李吉林以"弄潮儿"的姿态投身教改潮流,又以"拓荒者"的胆识提炼教改主张,及时概括情境教育的"暗示倾向原理""情感驱动原理""角色转换原理"和"心理场整合原理"(李吉林,1997)。在操作层面,她不仅创造性地将情境课程划分为"学科情境课程""主题性大单元情境课程""野外情境课程""过渡性情境课程"四个领域(李吉林,2009),而且将课堂操作要义归纳为以"美"为境界、以"思"为核心、以"情"为纽带、以"儿童活动"为途径和以"周围世界"为源泉(李吉林,2002)。情境教育回响着"儿童快乐高效学习"的主旋律,从如何作文,到如何阅读,再到如何学数学,她不懈地探寻着如何以优化的情境促进儿童的主动学习,最终概括出"择美构境、境美生情、以情启智、情智交融",把情感活动与认知活动结合起来,引导儿童在情境中学、思、行、冶的儿童情境学习范式(李吉林,2017)。情境教育以其鲜明的实践性、本土性与原创性,开创了一条全面提升儿童素质的独特路径。

情境教育不仅奠定了坚实的理论基础,而且提供了具体的操作策略,是我们科学设计和优化实验过程的主要依据。

3 实验设计

本课题以实验研究为主,辅以文献研究、测验研究和扎根理论研究。实验研究的基本假设为实施情境教育可以显著促进小学生创造力的发展。

3.1 实验对象

借助江苏情境教育研究所的科研平台,进行实验课题公开招标,从 39 个申报课题中遴选 8 所小学作为实验基地,包括 3 所城市学校、2 所县城学校和 3 所乡镇学校,把情境教育从繁荣城市延伸至偏远乡镇,让乡镇儿童共享公平的优质教育。基于"三个普通"(普通学生、普通教师和普通班级)的要求,研究者在每所小学的一、三、五年级各选取 2 个自然班作为实验班和对照班,前者实施情境教育干预,后者开展正常的教育活动。前测、中测和后测总计发送问卷 1323 套,接收有效问卷 1233 套,有效率是 93.20%,其中实验班有效样本 610 人,对照班有效样本 623 人(表 1)。按"盲法原则"建立保密制度,对实验班学生进行单盲控制,对对照班师生进行双盲控制,从而控制可能产生的遵从(或对抗)行为,避免测量数据失真。[①]

表 1 实验班与对照班学生基本情况($n = 1233$)

类别		实验班		对照班	
		人数	%	人数	%
性别	男	324	53.11	322	51.69
	女	286	46.89	301	48.31
年级	一	155	25.41	148	23.76
	三	233	38.20	243	39.00
	五	222	36.39	232	37.24
区域	城市	93	15.25	92	14.77
	县城	257	42.13	255	40.93
	乡村	260	42.62	276	44.30
合计		610	100.00	623	100.00

3.2 实验变量

3.2.1 自变量

以情境教育为自变量,由三个维度及若干因子构成,其中情境课程分为核心、综合、源泉及衔接四个领域;情境教学主要包括语文和数学两门学科,情境语文教学涵盖情境识字、情境阅读以及情境作文,而情境数学教学涵盖情境概念教学、情境计算教学、情境

---

① 实验基地分别为江苏省南通师范学校第二附属小学、南通市崇川学校、南通市郭里园小学、海门市实验小学、如东县宾山小学、如东县洋口小学、如东县于港小学以及如东县孙窑小学,其中如东县洋口小学、如东县于港小学和如东县孙窑小学为乡镇学校——笔者注。

几何教学以及情境应用题教学;情境学习要义包含择美构境、境美生情、以情启智以及情智交融。

3.2.2　因变量

以儿童的创造力为因变量。"创造力是根据一定目的,运用一切已知信息,产生出某种新颖、独特、有社会价值或个人价值的产品的智力品质(贾绪计,林崇德,2014)。"创造性思维为其核心,主要通过《托兰斯创造性思维图画测验》加以测量,具体包含五个维度,其中流畅性是儿童思维的速度,即在特定情境中能流利顺畅地产生多种想法;精致性是儿童思维的精细度,即对细节和意境的精准把握;沉思性是儿童思维的广度,即思维的开放性,强调通过多维思考,获得更多想法;独创性是儿童思维的新颖度,即在问题解决过程中产生新的想法、方法或作品;标题抽象性为儿童思维的综合度,要求概括标题时能够准确捕捉信息点,做出新颖而独特的描述。研究者既用严谨的心理测验收集实验数据,又用质性的课例研究、个案跟踪分析实验对象,不断优化实验过程。

3.2.3　控制变量

实验采用准实验设计,在保证正常教学的条件下,采取一定控制措施:实验班与对照班儿童的人数、性别、学业成就和家庭背景大体匹配,班主任、任课教师能力以及教学进度、教学时间、课外活动大致平衡,以控制额外变量的影响,提高实验结果的可靠性。

3.3　测验工具

《托兰斯创造性思维图画测验》由美国学者托兰斯编制,是世界各国广泛使用的经典量表。它包括言语测验和图画测验,研究者选择图画测验,以便开展不同年级儿童创造性思维发展的比较研究,而言语测验仅适用于四年级以上儿童。图画测验包含图画构造测验、未完成图画测验及平行线测验,其中图画构造测验提供一张椭圆形的彩色卡纸和一张复印纸,要求儿童将彩色卡纸贴在复印纸上,然后在彩色卡纸上画出一个有趣故事;未完成图画测验提供一些不规则线条,要求儿童环绕线条作画;平行线测验提供多组平行线,要求儿童合理运用并画出满意的图画。前测时间统一安排在开学第一周,中测和后测时间分别为第一、第二学年结束前一周。

评分主要依据《评价手册》,算出总分及各维度数据,分值越大,表示创造性思维越强。其中"流畅性"评价是完全客观的,而其他四个维度的评价具有一定主观性,研究者改用"三角验证法",由 6 名研究生和 12 名研究助理共同评分:首先将评分者分为 6 组(每组 3 人),接受专家培训,共同研读、分析评分标准,统一认识;其次进行预评,由 3 人共同评定 20 份前测问卷,再讨论评分的异同点,提出减少差异的措施;最后为独立评分,以 3 人评分均值作为最终结果。本研究中,该测验的 Cronbach's α 系数为 0.744;五个维度的相关系数为 0.209～0.417,达到非常显著,且低于总分与各维度数据的相关系数 0.512～0.806。可见,"三角验证法"有效提高了评价结果的信效度。

3.4　统计工具

应用 SPSS18.0 软件进行统计分析。

4　实验操作

实验共分两期:一期实验包括 3 所城市小学、1 所县城小学;二期实验包括 1 所县城小学、3 所乡镇小学,实验周期均为 2 年。为了实现"守正出新,继往开来"的课题愿景,研究者提出实验操作的综合性框架,包括"三个原则""四个模块"和"五个要义"。

4.1 基本原则

为了厚植儿童的创造沃土,研究者提出情境教育的主体、内容和方式创新的基本原则,主要包括解放性、融合性和体验性原则。

4.1.1 解放性原则

创造力是人类通过长期进化而积淀下来的遗传信息,是人内在的本质力量。陶行知认为,只有实施"六大解放",才能开启这种原始生命力(陶行知,1991)。基于当下教改要求和情境教育理论,实验又赋予其新内涵:解放学生的大脑,突破思维定式,培养创造性思维;解放学生的双手,开展项目式学习,提升解决问题能力;解放学生的眼睛,摆脱"唯书""唯师",倡导批判性思维;解放学生的嘴巴,巧用合作学习,促进沟通交流;解放学生的空间,拓展研学旅行,丰富探究体验;解放学生的时间,杜绝违规补课,发展兴趣特长。总之,解放的本质就是呵护和释放儿童的创造天性,使每个儿童都能获得自主成长。

4.1.2 融合性原则

传统理论认为,创造力是一种跨领域的普遍能力,但近来研究发现不同领域的创造力具有较大的特异性(蔺素琴等,2016)。据此,研究者将儿童的创造性活动与创造力培养有机融入学科情境教学,构建"情境驱动模式"。具体又分三种模态:首先是多模态,即融入实验班的多门学科;其次是单模态,即融入实验班的某门学科(主要是语文或数学);最后是块模态,即融入实验班某门学科的某一模块(如语文中的作文)。实验结果显示,这三种模态的情境教学均有效提高了儿童的创造力。

4.1.3 体验性原则

创新是情境体验的本质。贯彻体验性原则,主要是通过情境的合理建构,让儿童体验创新乐趣。作为教师,可以基于现实生活中存在的真实场景、真实事物或真实过程而优选真实情境,使儿童能够通过真实情境的探究体验而获得创造性行为训练;也可以通过虚拟现实技术建构虚拟桌面情境、虚拟教室情境和虚拟实验室情境,使儿童在虚拟情境体验中展开创造性想象;还可以基于视觉艺术、听觉艺术和视听艺术而创设艺术情境,以开放自由的艺术体验来熏陶、激励和启发儿童的创造潜能。实践证明,将情境体验的真实性、虚拟性和艺术性融会贯通,可为儿童创造力发展提供源源不断的支持。

4.2 教学模块

情境创设作为一种手段,常用于导入新课,李吉林却将其贯穿于整个教学过程,构成环环相扣的"情境链",形成独树一帜的情境教学模式。基于这一模式,研究者悉心设计了指向儿童创造力发展的四个教学模块。

4.2.1 带入情境

动机是开启创造大门的钥匙,带入情境的主要目标是激发儿童的创造动机,比如呈现日常生活中的反常现象,唤起儿童的好奇心;建构引人入胜的数字情境,诱发儿童的创造意向;采择舆论关注的热点话题,揭示时代变迁中的焦虑与诉求。

4.2.2 优化情境

这是情境教学的中心模块,其基本目标是发展儿童的创造性思维,"效果好"和"耗费低"是情境优化的基本准则。小学生的创造性思维训练不宜过于复杂,应浅显易懂,便于操作。海门市实验小学借鉴日本学者多湖辉提倡的 15 种创造性思维技巧,自编小学生创造性思维训练"八法",包括"加一加""减一减""联一联""写一写""说一说""画一画""变一变""做一做",取得很好的教学成效。

4.2.3 凭借情境

创新社会需要独特的创造性思维,更需要和谐的创造性人格,凭借情境关注如何通过情境体验陶冶儿童的创新精神。为此,我们鼓励儿童克服惰性,敢于改变自我,激发他们的挑战精神;大胆质疑,勇于发表见解,鼓励他们的独创精神;开展创新实践活动,追求自我实现,锻炼他们的冒险精神。

4.2.4 拓展情境

情境教学不是封闭的,而是开放的,实验教师有意识地把教学空间拓展到课外、校外与野外,来开展创造性活动。为此,实验学校不仅加强学校的科技社团和艺术社团建设,而且加强创客空间和野外课程基地建设,精心打造童心飞扬的"创意梦工场"。

尽管"四大模块"的目标指向各异,却前后联动,相辅相成,从而构成情境教学的基本流程。实验教师常常依据教学需要筛选与组合其中的一些模块,因此,它又是一种具有较强扩展性和灵活性的教学流程。

4.3 教学要义

本实验秉承情境教学"五要义"的精髓,着力于儿童创造力培养,摸索出一套行之有效的教学策略。

4.3.1 以"美"为境界

以多维优化的情境涵养儿童美的心灵,实验教师带领儿童走进真实的自然情境,让他们在春花秋月的自然景象中主动地发现美,同时结合教材体验诗意的语言情境和艺术情境,让儿童在洋溢着生命智慧的意象世界里真切地理解美。积极探索艺术教育与情境课程的跨界融合,让儿童在创造性艺术活动中自由地创造美。为此,南通师范学校第二附属小学先后推出珠玉轩、珠媚秀场、小达人讲坛、艺术走廊,定期展示儿童创作的书画、摄影、绘本、诗歌、手工作品,将学校建设为"烂漫而美丽的儿童城"。

4.3.2 以"思"为核心

牛顿从苹果落地的情境中发现万有引力定律,爱因斯坦在钢琴演奏时获得相对论灵感,这就启示我们,通过情境驱动儿童解决问题对培养他们的创造性思维是至关重要的,一方面要依据儿童认知特点,将学科知识进行解构并还原为具体情境,再通过角色扮演、情境再现、过程模拟而抽象出知识,实现知识的"再创造";另一方面建设"最强大脑""多彩七巧板""神奇魔方""科幻绘画""巧解数独""欢乐汉诺塔""比特实验"等微创造课程,引导儿童积极参与这些饶有趣味的探索项目,让他们自主发现和探究问题。在此过程中,积极倡导包容性思考,让儿童在独立思考基础上暴露思维过程,并通过与他人对话、交流与碰撞而实现对原有思维的提升。

4.3.3 以"情"为纽带

情境教学追求"思维的深度",更追求"情感的温度"。首先倡导"以情启智",积极挖掘教材中的情感教育因子,陶冶儿童的高雅情趣和高尚情操;其次强调"以情生趣",巧妙设计引人入胜的情境,使课堂教学趣味盎然;最后着力"以情导行",用心营造民主平等的氛围,鼓励儿童自主创新。

4.3.4 以"活动"为途径

在优化情境中开展项目化教学,比如南通市崇川学校开展"慧玩课程"的探索,其一是"童趣·多彩游戏课":20分钟游戏小课,无论是经典的,还是趣味的,无论是规则的,还是创意的,都备受儿童青睐;其二是"童智·'三玩'学科课":鼓励教师想方设法,实现"三玩",即"玩味""玩索""玩绎",以形成"大体则有,定体则无"的各科课堂实施模式;其三是"童慧·'类聚'综合课":把同类"学材"聚集起来,进行个性化重构,提出并践行游戏作文、玩索数学、竞秀英语、关怀德育、体验科学、炫动体育、展演艺术等教学主张。"慧玩课程"让儿童玩中学、动中学、做中学,有效促进他们的创造力发展。

4.3.5 以"周围世界"为源泉。

大自然是儿童成长的摇篮,无论是亭亭荷叶,还是淙淙小河,都能放飞其想象,启发其创造。情境教育实验不仅在课堂中为儿童开拓广远的想象空间,而且从课堂延伸到课外、校外和野外活动中去,让儿童在绚丽多彩的周围世界中,探寻知识与自然之间的有机联系,自由伸展他们的生命灵性。

5 结果分析

对实验结果的统计分析,通常使用实验班、对照班前后测数据的参数统计(t检验),如果实验班前后测数据有显著差异,而对照班前后测数据无显著差异,就可归因于实验效应。然而,这种方法不能排除儿童个体差异和发展成熟的影响,也不能用于自然情境中的准实验设计,朱莹教授认为对增益(即后测减去前测数据的平均数)进行显著性检验可破解该难题(朱莹,2009)。为此,研究者分别以实验班儿童创造性思维后测、中测与前测数据之间的差值为因变量,以总分及五个维度的前测(或中测)数据为协变量,以组别为自变量对实验班与对照班的创造性思维进行协方差分析,从而更准确地评价情境教育实验对学生创造性思维的干预成效。

5.1 实验班与对照班儿童创造性思维前中测数据的协方差分析

结果显示,一年级实验班儿童的创造性思维总分及标题抽象性增值显著高于对照班($p<0.001$);三年级、五年级实验班与对照班儿童的创造性思维总分增值不具有显著差异,但五年级实验班儿童思维的精致性增值显著高于对照班($p<0.001$)。可见,第一年的情境教育实验有效提升一年级儿童的创造性思维发展水平,如表2所示。

表 2　一、三、五年级实验班与对照班儿童创造性思维前中测数据的协方差分析

维度	组别	一年级				三年级				五年级			
		中测M	前测M	差值M	F	中测M	前测M	差值M	F	中测M	前测M	差值M	F
流畅性	实验班	21.32	20.57	0.74	0.731	28.32	27.14	1.18	0.423	36.42	33.56	2.86	2.260
	对照班	20.35	23.17	-2.82		27.74	23.26	4.48		34.25	28.27	5.98	
精致性	实验班	4.93	4.06	0.87	0.069	5.04	3.98	1.06	0.306	5.81	3.39	2.42	53.75
	对照班	4.74	3.69	1.05		5.45	4.75	0.70		4.72	3.87	0.85	
独创性	实验班	8.46	4.04	4.42	1.612	12.19	7.11	5.08	0.500	12.58	10.33	2.25	0.831
	对照班	8.17	4.82	3.35		11.59	6.78	4.81		12.41	8.32	4.09	
沉思性	实验班	5.08	5.42	-0.34	1.549	6.97	6.56	0.41	2.121	7.10	6.35	0.75	0.023
	对照班	4.49	5.22	-0.73		6.45	7.00	-0.55		7.41	7.53	-0.12	
标题抽象性	实验班	8.75	0.83	7.92	93.73	3.94	3.86	0.08	0.003	2.93	5.99	-3.06	0.626
	对照班	2.20	0.77	1.43		4.26	5.11	-0.85		4.46	13.49	-9.03	
总分	实验班	48.52	34.93	13.59	15.78	56.46	48.65	7.81	0.026	64.85	59.62	5.23	1.900
	对照班	39.94	47.67	2.27		55.48	46.90	8.58		63.25	61.48	1.77	

注：* $p < 0.05$，** $p < 0.01$，*** $p < 0.001$，下同。

5.2　实验班与对照班儿童创造性思维中后测数据的协方差分析

实验结束后,研究者对所有实验班与对照班实施后测并进行对比分析,表3、表4中的二、四、六年级实际为表2所示的一、三、五年级。结果显示,二年级实验班儿童的创造性思维总分及流畅性、精致性增值显著高于对照班($p < 0.001$),独创性、沉思性增值也显著高于对照班($p < 0.05$);四年级实验班儿童的创造性思维总分及精致性、独创性增值显著高于对照班($p < 0.001$),流畅性和标题抽象性增值也具有显著差异($p < 0.01$);但六年级实验班与对照班儿童的创造性思维总分增值没有显著差异,仅沉思性增值具有显著差异($p < 0.05$)。可见,第二年的情境教育实验有效提升了二年级和四年级儿童的创造性思维水平,如表3所示。

表 3　二、四、六年级实验班与对照班儿童创造性思维中后测数据的协方差分析

维度与组别		二年级				四年级				六年级			
		中测M	前测M	差值M	F	中测M	前测M	差值M	F	中测M	前测M	差值M	F
流畅性	实验性	34.75	21.31	13.44	36.26	33.82	28.32	5.50	9.10	32.46	36.42	-3.96	0.021
	对照性	27.91	20.35	7.56		29.98	27.74	2.24		31.40	34.25	-2.85	
精致性	实验班	7.31	4.93	2.38	15.92	6.73	5.04	1.69	10.69	6.02	5.81	0.21	0.056
	对照班	6.26	4.74	1.52		6.04	5.45	0.59		5.42	4.72	0.70	
独创性	实验班	15.25	8.46	6.79	5.348	18.10	12.19	5.91	29.29	15.86	12.58	3.28	0.494
	对照班	13.53	8.17	5.36		12.64	11.59	1.05		16.42	12.41	4.01	

续表

维度与组别		二年级				四年级				六年级			
		后测 M	中测 M	差值 M	F	后测 M	中测 M	差值 M	F	后测 M	中测 M	差值 M	F
沉思性	实验班	6.62	5.08	1.54	5.294	6.63	6.97	-0.34	0.861	6.46	7.10	-0.64	4.658
	对照班	5.09	4.49	0.60		6.90	6.45	0.45		7.80	7.41	0.39	
标题抽象性	实验班	4.49	8.75	-4.26	0.056	5.14	3.94	1.20	7.86	4.94	2.93	2.01	3.856
	对照班	3.47	2.20	1.27		3.36	4.26	-0.90		4.35	4.46	-0.11	
总分	实验班	68.41	48.52	19.89	12.71	70.42	56.46	13.96	16.22	65.74	64.85	0.89	0.166
	对照班	56.26	39.94	16.32		58.91	55.48	3.43		65.38	63.25	2.13	

5.3 实验班与对照班儿童创造性思维前后测数据的协方差分析

为了检验两年实验的总体成效,研究者对实验班与对照班的前后测数据进行协方差分析,结果显示,二年级实验班学生的创造性思维总分及流畅性、精致性增值显著高于对照班($p<0.001$),独创性、沉思性增值也显著高于对照班($p<0.01$);四年级实验班学生的创造性思维总分及精致性、独创性增值显著高于对照班($p<0.001$),流畅性、标题抽象性增值也具有显著差异($p<0.01$)。由此可见,为期两年的情境教育实验有效提升了低中年级儿童的创造性思维水平,如表4所示。

表4　二、四、六年级实验班与对照班儿童创造性思维前后测数据的协方差分析

维度	组别	二年级				四年级				六年级			
		后测 M	前测 M	差值 M	F	后测 M	前测 M	差值 M	F	后测 M	前测 M	差值 M	F
流畅性	实验性	34.75	20.57	14.18	30.02	33.82	27.14	6.68	8.89	32.46	33.56	-1.10	0.092
	对照班	27.91	23.17	4.74		29.98	23.26	6.72		31.40	28.27	3.13	
精致性	实验班	7.31	4.06	3.25	12.21	6.73	3.98	2.75	19.45	6.02	3.39	2.63	7.03
	对照班	6.26	3.69	2.57		6.04	4.75	1.29		5.42	3.87	1.65	
独创性	实验班	15.25	4.04	11.21	7.49	18.10	7.11	10.99	29.44	15.86	10.33	5.53	1.633
	对照班	13.53	4.82	8.71		12.64	6.78	5.86		16.42	8.31	8.10	
沉思性	实验班	6.62	5.42	1.20	6.91	6.63	6.56	0.07	0.133	6.45	6.35	0.11	3.091
	对照班	5.09	5.22	-0.13		6.90	7.00	-0.10		7.80	7.53	0.27	
标题抽象性	实验班	4.49	0.83	3.66	2.277	5.14	3.86	1.28	10.04	4.94	5.99	-1.05	1.614
	对照班	3.47	0.77	2.70		3.36	5.11	-1.75		4.35	13.49	-9.14	
总分	实验班	68.41	34.93	33.48	30.50	70.42	48.65	21.77	15.43	65.74	59.62	6.12	0.267
	对照班	56.26	37.67	18.59		58.91	46.90	12.01		65.38	61.48	3.90	

结果还显示,高年级实验班儿童思维的精致性增值具有显著差异,而创造性思维总分及其他维度增值并没有显著进步($p>0.05$)。通过反复分析,研究者揭示出两个主要原因:一是低年级儿童主要是具体形象思维,高年级儿童主要是抽象逻辑思维,中年级儿

童处于这两种思维的转变期,而现行情境教育体系更适用于小学低中年级。其实,董远骞教授曾推测到这一可能结果,认为情境教学对促进儿童的形象思维发展更有优势(董远骞,1997)。本研究通过区域性实验首次证实了这一推测的科学性。二是和低中年级相比,高年级的升学压力持续提高,尽管这种压力不及初高中毕业班,但已逐渐成为儿童创造力的发展阻力,冲击乃至抵消情境教育实验的积极成效,以致出现"停滞甚至后退的现象",这也可以从研究者的相关报告中得到验证(王灿明等,2013)。这就再次警示我们,应试教育是推进创造教育的主要障碍,重复的训练与沉重的负担压迫和摧残了儿童创造力的发展。

上述结果与儿童创造性思维中后测数据的协方差分析结果一致,实验的理论假设得到部分证明,实施情境教育能够显著提升低中年级儿童的创造性思维水平。今后我们应根据高年级学生的思维特征研发更具针对性和实效性的情境教育实施方案,以寻求情境教育的新突破,为落实十九大提出的"发展素质教育"做出新的贡献。

6　讨论建议

6.1　阶段性和累积性是情境教育影响儿童创造性思维发展的主要特征

本研究发现,情境教育的促进效应呈现出鲜明的阶段性和累积性特征。所谓促进效应的阶段性是指对于低中年级儿童的促进效应显著,而对于高年级儿童的实验效果却相对薄弱。表2表明,第一年的情境教育实验对创造性思维的促进效应具有局部性,仅有一年级实验班的进步明显领先于对照班。表3表明,第二年的实验结束,实验班儿童的创造性思维就凸显整体优势效应。从两年的自然实验看,情境教育对儿童创造性思维的促进效应具有整体性与高效性,几乎涵盖了中低年级创造性思维的所有维度。促进效应的累积性是指实验效应不一定即时展现,前期影响可以通过累积,并与后期影响相结合而共同发挥作用。分析情境教育对中低年级儿童创造性思维发展的促进作用,不能忽视第一年实验效应的铺垫和累积,其实验效果累积到第二年就更充分地得到体现,这也从一个侧面揭示出情境教育对儿童发展的长期良性影响。因而,我们不能期待通过一两个月实验就能培养创新人才,更不能指望通过一两次活动就能开发儿童的创造力。以情境教育推进创新人才的早期培养,既要彰显其独特优势,又不能急功近利,切勿急于求成。对此,我们应有实事求是的科学态度。

6.2　"真、美、情、思"是情境教育促进儿童创造性思维发展的内在机制

勒温用等式 $B = f(S)$ 来描述心理动力场,认为任何行为(behavior)都是其置身其中的情境(Situation)的函数,从而揭示出情境的动力特征(勒温,1997)。情境教育实验之所以能够促进小学生的创造性思维发展,肯定与实施情境教育存在密切关系,而情境教育的根本特征就在于有效引入"情境",并贯穿教学全程。那么,什么是情境促进儿童创造性思维发展的内在机制呢? 全面梳理实验教师积聚起来的感悟与经验,并通过他们所提供的71个课例的扎根理论分析,本研究发现,"真、美、情、思"作为情境教育的核心元素,不仅直接影响着儿童思维的沉思性、精致性、流畅性和独创性,而且对思维的其他维度也有交错性影响(图2)。比如,"真"强调"形真",这里既包括原生态的真实情境,也包括与

儿童真实生活相通的模拟情境,注重以"神似"表现"形真",追求"形神兼备"。正是借助形真,儿童的感受越直观、越感性,语言描述就越精巧、越细腻,这就提高了思维的精致性。这里就"真、美、情、思"对儿童思维的开放性、精致性、流畅性和独创性所产生的直接影响略述如下。

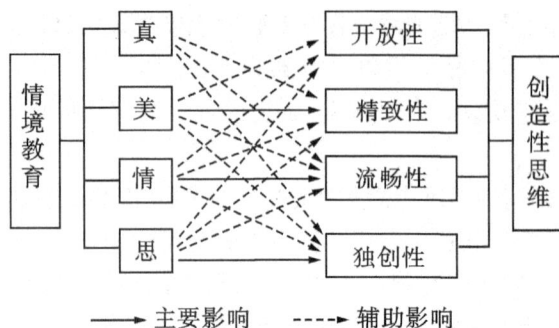

图 2 情境教育影响儿童创造性思维发展的内在机制

6.2.1 真:生活化情境教育有益于培育儿童思维的开放性

沉思性就是儿童思维的开放性,主要是指向思维空间的拓展范围。本实验关注生活经验对知识建构的奠基意义,提倡"走出封闭课堂,让儿童的学习与生活相通"(李吉林,2016b),引领儿童走进真实世界。无论是走进亲近的家庭,熟悉的社区,还是探访村口的老树,盛开着油菜的田野,都是儿童生活的真实情境,唯其熟识和亲昵,没有陌生和距离感,他们才可以自由联想,轻松言说,始终保持思维的活跃状态。比如,如东县洋口小学精心开发的"海上情境课程",组织儿童参加赶海活动,他们先在海边观看海鸟,用望远镜观看各种海鸟,欣赏它们的捕鱼情境;潮汐退去之后,又下海抓鱼,逮螃蟹,拾泥螺;最后观看日落,直至夜幕初垂,才恋恋不舍地返回。这样的情境体验既让儿童享受大海带来的童年快乐,又拓宽生活空间,丰富写作素材,事后写出的作文《赶海》受到有关专家的高度评价。正是开放的情境活动让儿童细心观察,主动体验,采撷许多鲜活素材,促进了他们开放性思维的发展。

6.2.2 美:艺术化情境教育有益于培育儿童思维的精致性

从习作语言的推敲,到解题思路的突破,我们总要求儿童"追求完美"。与其说这是一种学习态度,毋宁说是一种思维品质。创造性思维的精致性意味着创意的精妙程度,不管是一首小诗,还是一幅卡通画,都要专心细致地完善。艺术的本质乃是美的创造,"将艺术与教学内容进行整合可以改变学习的效果,同时也是一种培养儿童创造力的天然方式"(Sousa,2013)。实验教师强化情境美学研究,成功建构出与当代美学思潮相适应的艺术情境,包括基于动漫、设计、摄影、书法的视觉艺术情境,基于旋律、节奏、和声和乐器伴奏的听觉艺术情境以及基于微电影、地方戏曲和校园情景剧的视听艺术情境,显示出异彩纷呈的新气象。应该承认,艺术化的情境教育对儿童创造性思维的培养不可能立竿见影,但耳濡目染,天长日久,无论是审美的感受性,还是思维的精致性都能得到陶冶。

6.2.3　情:情感化情境教育有益于培育儿童思维的流畅性

杜甫曾说:"读书破万卷,下笔如有神。"渊博的知识储备是思维流畅的基础,个体的思维速度取决于他的记忆储量。如何在一个有限时空内激发儿童的流畅性思维,李吉林(2011)从古典文论中发现了"情动而辞发"的规律,认为"儿童带着积极的情感学习语言,便能做到快快乐乐地学习、兴致勃勃地表达"。实验将这里的"情"细分为"情趣""情调"和"情怀"。所谓"情趣"就是回归生活经验的情境课堂,使情境教学充满着浓郁的生活趣味和天真烂漫的童真童趣;所谓"情调"就是将相关知识嵌入到一个个充满诗意和美感的情境之中,营造高雅的艺术情调;所谓"情怀"就是敬畏和成全每一个生命,以爱心、真心和诚心提升儿童的幸福感。情境教育解除了儿童思维的传统束缚,他们不再担心答案对不对,老师会不会批评。当儿童解除了束缚,无论是语言表达,还是思维过程都会越来越流畅。实验班学生不仅能说、会写、善表达,而且新点子、新思路和新发明越来越多,"以情启智"就是情境教育的核心秘密。

6.2.4　思:主体化情境教育有益于培育儿童思维的独创性

思维的独创性就是思维的新颖度,主要是指解决问题过程中能否产生与众不同的新想法、新方法乃至新产品。儿童的独创性思维获得良好发展,主要有以下原因:其一,建构唤醒儿童体验的生活情境,调动他们的形象思维。实验教师发现,由于小学儿童以形象思维为主,通常对此及彼的语言或数形联想不感兴趣。于是,实验教师从寻找和优选儿童生活情境入手,引导儿童细心观察,合理想象,从各种联想中找出最佳答案。唤醒儿童积累的真实体验是能否打开思路的关键。其二,创建源自现实的问题情境,增进学生的发散思维。发散思维没有明确的目标定位和固定的思维方向,摆脱了条条框框的羁绊,实验教师积极寻找相关知识的现实原型,并以此设计问题情境,启发儿童大胆探索,积极思考,并最终产生独特见解。其三,创造动态生成的互动情境,引发儿童的批判性思维。实验教师积极开展各种形式的小组合作学习、反思性教学和批判性辩论,鼓励儿童多提问、多思考、多探索,培养了一批爱思考、能动手的创新人才。在 2016 年世界教育机器人锦标赛(WER)上,南通崇川学校的王周洲同学在 30 多个国家 5000 多名选手中脱颖而出,成为小学组总冠军,就是一个典型。

6.3　教师的创造力在情境教育促进儿童创造性思维发展过程中得到发展并发挥中介作用

斯滕伯格说过:"对教师而言,提高儿童创造力最有效的方法是做出创造性榜样,我们不要告诉儿童如何提高创造力,而要身体力行如何提高创造力。"(Sternberg,2003)教师的创造力对儿童具有积极的示范作用,创造力高的教师更可能关注和认同儿童的创造性思维,鼓励和引导儿童的创造性活动。为了检验实验教师创造力的发展情况,实验结束后,研究者采用英国学者克罗普利编制、我国学者张景焕等修订的《创造性教学行为自评量表》对参与实验的所有教师(有效样本 62 人)和未参与实验的其他教师(有效样本 415 人)同步进行后测,表 5 为独立样本 t 检验结果。

表5　实验教师与一般教师创造性教学行为的比较

项目	组别	N	M	SD	t
学习方式指导	实验教师	62	4.67	0.41	6.544
	一般教师	415	4.33	0.52	
动机激发	实验教师	62	4.51	0.54	3.324
	一般教师	415	4.28	0.55	
观点评谷	实验教师	62	4.60	0.43	6.964
	一般教师	415	4.22	0.55	
鼓励变通	实验教师	62	8.45	2.65	12.765
	一般教师	415	4.16	0.59	
总分	实验教师	62	22.23	3.16	13.082
	一般教师	415	16.99	2.21	

结果显示,无论是创造性教学行为总分还是学习方式指导、观点评价和鼓励变通维度,实验教师与一般教师都存在显著差异($p < 0.001$),在动机激发维度数据上,实验教师与一般教师也存在显著差异($p < 0.05$),且前者数据明显高于后者。通过四年的实验探索,实验教师在教学竞赛和教育科研上也取得非凡业绩,其中1人获全国语文教学大赛特等奖第一名,2人获教育部优课,1人获华东地区优质创新课一等奖,18人获省级教学比赛特等奖或一等奖,在省级以上报刊发表论文143篇,9人出版专著。他们从开始的"卷入"到后来的"投入",再到最后的"一发不可收",在实验研究中获得快速成长。可见,情境教育既直接影响着儿童的创造性思维发展,又促进教师的创造力发展,进而间接影响着儿童的创造性思维发展。这也启示我们,"只有创造性教师才能培养创造性的学生"仅仅揭示了部分真理,创造性教师和创造性学生是可以同步成长的,我们不可能也没必要等待所有教师成为创造性教师之后再去培养创造性学生,而应该引领教师勇于投身到新时代的教改潮流中,在成就儿童的同时,能成就更好的教师。

6.4　未来研究展望

回望四年的实验研究,我们圆满完成了项目的研究任务,但仍有不少问题有待探讨。一是实验目标有待拓展。创造力既包含创造性思维,也包含创造性人格,前者是核心因素,后者为动力源泉。后续研究应就情境教育与儿童创造性人格发展展开。二是实验内容有待扩充。本实验主要聚焦于情境语文和情境数学的教育,今后宜将实验扩展到科学、艺术、英语等其他学科,尤其要深入研究如何通过道德情境教育培养儿童的核心价值观和道德创造力。三是实验对象有待细分。不同文化、不同家庭背景以及不同智力的儿童在情境教育实验中的表现有较大差异,未来宜将研究对象细分后再进行更深入的研究。比如,开展情境教育与超常儿童的创造力发展研究,可以为拔尖创新人才的"早发现、早培养"提供相关理论和培养方案。总之,对情境教育促进儿童创造力发展的探索,不可能"毕其功于一役",还需要我们"上下而求索"。

参考文献

董远骞. (1997). 略谈中国教学流派——参加全国"情境教学—情境教育"学术研讨会有感. 课程·教材·教法, 17(3):6-9.

杭州市卖鱼桥小学杭州大学教育系课题组. (1998). 情境教育促进儿童主体性发展实验研究. 教育研究与实验, 16(3):64-66.

贾绪计, 林崇德. (2014). 创造力研究:心理学领域的四种取向. 北京师范大学学报(社会科学版), 59(1):61-67.

勒温. (1997). 拓扑心理学原理. 杭州: 浙江教育出版社.

李吉林. (1997). 为全面提高儿童素质探索一条有效途径(下). 教育研究, 19(4):55-63.

李吉林. (2001). 教育的灵魂:培养学生的创新精神(上). 人民教育, 52(9):50-53.

李吉林. (2002). 谈情境教育的课堂操作要义. 教育研究, 24(3):68-73.

李吉林. (2007). "意境说"给予情境教育的理论滋养. 教育研究, 29(2):68-71.

李吉林. (2008). 我"悟"教育创新30年. 人民教育, 59(20):52-56.

李吉林. (2009). 情境教育的独特优势及其建构. 教育研究, 31(3):52-59.

李吉林. (2011). 情感:情境教育理论构建的命脉. 教育研究, 33(7):65-71.

李吉林. (2012). 田野上的花朵——对话:情境教学的萌发. 北京: 教育科学出版社.

李吉林. (2013). 学习科学与儿童情境学习——快乐、高效课堂的教学设计. 教育研究, 35(11):81-91.

李吉林. (2016a). 激情萌发智慧:李吉林情境教育论文选. 北京: 教育科学出版社.

李吉林. (2016b). 为儿童学习构建情境课程. 中国教育学刊, 37(10):4-7.

李吉林. (2017). 中国式儿童情境学习范式的建构. 教育研究, 39(3):91-102.

蔺素琴, 申超男, 段海军,等. (2016). 创造力的领域性研究进展:从对立到融合的转向. 心理与行为研究, 14(3):426-432.

宁波万里国际学校课题组. (1997). 情境教育促进学生素质个性化发展实验研究方案. 教育研究与实验, 15(04):67-69.

陶行知. (1991). 陶行知全集(卷四). 成都: 四川教育出版社.

王灿明, 顾志燕, 严奕峰,等. (2013). 体验学习影响小学生创造性人格发展的实验研究. 华东师范大学学报(教育科学版), 59(2):53-60.

习近平. (2016). 为建设世界科技强国而奋斗. 人民日报(海外版),6-30.

朱莹. (2009). 实验心理学.2版. 北京: 北京大学出版社.

Sousa D. A. (2013). 心智、脑与教育——教育神经科学对课堂教学的启示. 上海: 华东师范大学出版社.

Sternberg, R. J. (2003). Wisdom, Intelligence, and Creativity Synthesized. Cambridge: Cambridge University Press.

An Experimental Study on the Influence of Situated Education on Children's Creativity Development

Canming Wang[1]   Liusheng Wang[1]   Yu Liu[2]

(1. *Institute of Creative Education, Nantong University, Nantong,* 226019; 2. *College of Education Science, Yangzhou University, Yangzhou,* 226019)

Abstract: Situated education is a kind of primary education mode which uses the optimized situation, develops the situated curriculum, carries out the situated teaching, activates the children's happy and efficient situated learning, and the goal is to improve children's comprehensive quality. In order to explore the domestic experience of the early training of innovative talents, this project carried out the experimental study about situated education on the development of children's creativity at 8 primary schools in Nantong. The results showed that: (1) The effect of situated education on the development of children's creativity has obvious characteristics of stage and accumulation of effect. Situated education experiment has significantly promoted the development of creative thinking of medium and junior class students in primary school. (2) "Truth, Beauty, Love, Thinking" is the internal mechanism of situated education to enhance the development of children's creative thinking, and intertwined with children's thinking rumination, elaboration, fluency and originality. (3) Teacher's creativity mediated the development of children's thinking. The experiment suggests that we should develop more target – orientated and effective situational program according to the thinking development characteristics of senior students in order to seek the new breakthrough in situated education.

Keywords: situated education, creativity, experimental study

第三部分

创造力与组织管理

团体创造力研究进展

卢克龙　郝　宁

（华东师范大学 心理与认知科学学院，上海，200062）

摘　要　本文主要以"输入—过程—输出"模型（input–process–output，IPO）为理论框架系统回顾了近年来的团体创造力领域的研究。纵观前人研究，研究者们主要聚焦于探究团队输入变量（能力组配、团队多样化）、过程变量（互动模式、领导、团队氛围、信息共享、任务反馈）等外显因素与团体创造力之间的关系，但对团体创造活动背后的交互认知机制（特别是背后的交互神经机制）的探究仍十分缺乏。因此，在总结前人研究的基础上，我们对以往研究的局限性进行评述，并对开展有关团队创造活动背后的交互认知机制的研究加以强调，对借助超扫描神经成像技术探究团体创造力背后的交互神经机制的研究进行展望。

关键词　团体创造力；IPO 模型；交互认知神经机制；超扫描技术

当今科技发展日新月异，无论是商业巨头还是科研团队都十分注重团队的创新。只有拥有高水平的创新能力，企业、科研机构乃至国家才可能在激烈的竞争中立于不败之地。因此，探究如何组建高创造力的团队以及如何有效提升团体创造力，已成为心理学和管理学研究领域的热点问题。关于团体创造力（group creativity）的定义，不同研究者观点有所差异。有研究者认为团体创造力是团队生成新颖且具有适用性观念的活动（Amabile，1988）；也有研究者认为团体创造力是指团队成员共同产生关于产品、服务、过程和流程创造性想法的能力（Farh，Lee，& Farh，2010；Shin & Zhou，2007）。综合上述定义，我们将团体创造力界定为：团体成员共同产生关于产品、服务、过程和流程的新颖的且兼具有适用性的想法的能力。

纵观前人关于团体创造力的研究，其研究重点主要聚焦在探索团队的结构要素、团队创造活动过程中所出现的变量与团体创造力之间的关系。Hackman（1987）曾提出一个理论框架，即"输入—过程—输出"（input–process–output，IPO）模型，认为团队的输入变量（如团队构成和团队生存环境等因素）和团队的过程变量（如成员间互动模式、领导行为、团队氛围、信息共享、冲突管理和反馈评价等）对团体创造力有重要影响。我们认为这一模型能很好地将前人研究整合在一个有逻辑的体系内。因此，我们以 IPO 模型为框架，分别从团队输入变量和团队过程变量两个角度来总结和评述近年来有关团体创造力的研究新进展，并在此基础上提出未来研究展望。

1 团队输入变量与团体创造力

1.1 团队的能力组配

团队成员的构成特征是重要的团队输入变量。研究者们较为关注的一个因素是团队成员的能力组配。有研究表明成员的个体创造性水平越高,团队的整体创造力水平就越高,两者间是正相关关系(Pirola‑Merlo & Mann, 2004;Taggar, 2002;West & Anderson, 1996)。但有研究者指出团体创造力可以通过两种途径获得:(1)个体成员的认知特征和创造努力;(2)团队成员间的互动产生的协同效应(Pirola‑Merlo & Mann, 2004)。也有研究者认为团体创造力是成员个体创造性水平的函数,但会受到团队层面相关因素的影响(如团队特征)(Woodman, Sawyer, & Griffin, 1993)。这样看来,团体创造力可能并不完全取决于构成成员的个体创造力水平。在最新的一项研究中,研究者比较了三种类型能力组配的团体(高创造力个体和高创造力个体搭配;低创造力个体和高创造力个体搭配;低创造力个体和低创造力个体搭配)在团体创造性表现上的差异,结果表明由两个低创造力个体组成的团体表现出最高水平的合作行为,其团体创造力表现也并不弱于由高创造力个体组成的团体(Xue, Lu, & Hao, 2018)。可见,学界对于团队成员的能力组配与团体创造力之间的关系仍存争议,需要进一步的研究去探讨这个问题。

1.2 团队成员多样化

研究者们关注的另一个团队输入变量是团队成员的多样化。团队成员多样化主要涉及人口多样化(demographic diversity)(如性别、年龄等)和知识多样化。

关于人口多样化与团体创造力之间的关系,研究者主要关注团队内性别多样化对团体创造力的影响。性别多样化指团队成员在性别方面主观上或客观上的相似性和差异性(van Knippenberg & Schippers, 2007)。有研究指出性别多样化可以为团队带来各种不同的观点、思维和技能,从而提高团队创造性解决问题的可能性(van Knippenberg & Schippers, 2007)。张燕等(2012)通过问卷调查了制药和电信企业的146个团队,发现性别多样化对团体创造力会产生正向的影响,但这种促进效应会随着团队工作年限的增加而降低。Lee等(2015)的研究也发现性别多样化与团体创造力间存在正相关,知识共享在两者关系之间起着中介作用。然而,另一些研究则揭示了一些不一致的结果。其中一项研究发现在性别多样化的团队中,男性会因害怕冒犯女性而对自己的定位产生不确定性,而女性因为害怕被否定而对自己的定位产生不确定性。这种成员对自身定位的不确定性会对团体创造力产生消极影响。该研究还发现,如果制定各成员关于男女之间应该如何互动的明确标准,就能减少其所感受到的不确定性,从而提升性别多样化团队的创造力。Pearsall等(2008)的研究也发现性别多样化激活的群体断层(group faultlines)(团队中出现的由一个或多个共同特征的人组成的亚群体)能够负向预测团体创造力,而且这种负向影响是通过情感冲突的中介作用实现的。

关于团队成员知识多样化对团体创造力的影响,已有研究得出的结果不甚一致。大部分研究者认为知识异质性可以为团队提供更加广泛的想法、知识、观点和技能,激发成员思考和结合不同的观点,使他们更能充分地加工任务信息,进而促进团队生成创造性的想法（Ancona & Caldwell，1992；Karen，Gregory，& Margaret，1999；Perry - Smith & Shalley，2003）。相应地，一些研究则发现团队成员知识多样化与团体创造表现间存在着正相关（Rodan & Galunic，2004；Suzanne et al.，2010），且能够促进团体创造力的提升（Smith，Collins，& Clark，2005；Sujin & Irwin，2007）。然而，另有一些研究发现知识多样化会抑制团体创造力（De Wit，Greer，& Jehn，2012），知识多样化引起的成员之间的冲突可能是造成这一现象的原因之一。此外，Harvey（2013）发现知识多样化会阻碍团队进行创造活动时的聚合思维过程，并且会引起更为消极的情绪氛围。他们认为知识多样化导致团队内部消极的人际关系，进而导致个体间不愿意互相借鉴、结合他人的想法，最终抑制了团体创造力。

成员知识多样化对团体创造力以及团队表现的作用会受到团队内部知识异质性的平衡性的影响。Carton 和 Cummings（2013）的研究表明，在知识异质性的平衡性低的团队中，占少数成员的子团队往往更容易受到其他子团队的影响和攻击，从而不利于团体表现。而在知识异质性的平衡性高的团队中，随着平衡性的提高，团队内信息总量在得以增加的同时也提高了因知识碰撞和整合而产生新知识的可能性。Gwen 等（2010）也发现，在知识异质性不平衡的团队中，知识的不均匀分布会导致知识地位的差别。处于优势地位的成员往往忽视他人的意见，而处于劣势地位的成员则容易失去表达自己观点的机会，其表达自己想法的意愿也会大大降低。这便使得独特（少数）的知识信息被轻视，不利于团队整体认知水平，进而抑制团体创造力。国内研究者也发现，团队知识异质性的高平衡性能对团体创造力产生积极影响，团队信息深化（团队成员交换、讨论和整合任务相关的观点、知识和意见的过程）在两者关系之间中起中介作用（倪旭东，项小霞，姚春序，2016）。

团队知识多样化对团体创造力的影响还与情境有关。Jackson 等（2003）曾指出团队成员知识多样化可以给团队带来创造潜力，但这种潜力是促进还是抑制团体创造力，要取决于情境。Shin 和 Zhou（2007）探究了在何种情境下，教育专业异质性与团体创造力会表现出正向的相关关系。结果表明，变革型领导水平在成员专业异质性与团体创造力之间的关系起着调节作用。也就是，当团队由变革型领导带领时，团队成员教育专业异质性越高，团队的创造力越高。Kellermanns 等（2008）则发现如果团队成员能在接纳不同观点时感受到其他成员的情感支持，有利于团队利用知识多样化做出高质量的决策。此外，有研究探究了团队知识多样化与组织支持对团体创造力的影响。组织支持可以分为三类：工具支持、情感支持和物质支持。工具支持指员工在工作中遭遇问题时，组织能够给予及时的帮助，如提供技术方法支持，为团队成员建立信息交流平台等；情感支持指对团队成员间的情感鼓励和沟通的重视；物质支持则指关心成员的生活状况和个体人利益、劳动奖励等。研究发现，在工具支持条件下，专业异质性的团队比专业同质性的团队表现出更高水平的团体创造力，而在情感和物质支持条件下两者的差异不显著（张景焕等，2016）。Ye 和 Robert（2017）探究了文化氛围和知识多样化对团体创造力的影响，发现当团队内部个体感知到团队具有较高水平的多样化时，集体主义氛围能够促进团体创造力表现。另有研究发现只有在建队周期较长的团队中，团队功能多样化才会对团体创造力产生促进作用,知识水平和团体凝聚力在多样化和团体创造力之间起着中介作用;而在建队周期较短的团队中,多样化并不会对团体创造力产生影响(Zhang,2015)。

团队成员知识或专长的多样化通常会使团队面临知识协调的挑战,只有团队成员能够较好地处理和协同多样化的知识信息,多样化的效益才能得以显现(Kanawattan-achai & Yoo,2007)。van Knippenberg 等(2004)也指出,信息深化过程直接决定个体成员如何处理团队内共享信息和独特信息,进而决定异质性团队能否发挥其资源异质性的优势。Hoever 等(2012)研究表明当团队成员被要求进行观点选择时,知识多样化团队会比知识同质性团队的创造性表现更加显著;而未要求团队成员进行观点选择时,两者的团体创造表现不存在显著差异。吕洁等(2015)从互动认知的视角研究知识型团队的团体创造力与知识多样化之间的关系,他们发现,认知冲突在知识异质性和团体创造力之间起中介作用,而任务知识协调对知识异质性和团体创造力之间的关系起着调节作用。当任务知识协调水平高时,知识异质性与团体创造力之间呈显著正相关;当任务知识协调水平低时,知识异质性与团体创造力之间呈现倒 U 形关系。Zhang(2015)则发现知识共享水平在团队知识多样化与团体创造力之间的正向相关起着中介作用。可见,团队内部成员能否积极、充分有效地去理解和利用好团队知识多样化带来的更加广泛的知识、想法,思考和结合不同的观点,对团队知识多样化是否利于团体创造力具有重要影响。

1.3 其他团队输入变量

还有其他一些团队输入变量与团体创造力之间存在关系。这里仅对部分有代表性的研究结果作以简要总结。

首先,团队所处环境对团体创造力有影响。研究发现环境的动态性(不确定性)会影响魅力型领导或共享型领导水平与团体创造力之间的正相关关系,环境动态性越高,两者间的正向联系更为紧密(蒿坡,龙立荣,贺伟,2015;罗瑾琏,门成昊,钟竞,2014)。其次,团队内成员合作经验对团体创造力表现也发挥作用。例如,Zhang 等(2015)发现只有具有较长久的合作经验的团队,才能够有效利用团队内功能多样化带来的丰富认知资源,从而促进团体创造力的表现。Levine 等(2015)比较了同一管理课程中有较长久合作经验的小组(一学期里平均合作过 10 次的小组)和无长久合作经验的团队(一学期里合作次数不超过一次的小组)的团体创造力表现,发现前者表现更显著。Gino 等(2010)还发现有直接的任务合作经验的团队(一起合作完成创造力任务)比有间接的任务合作经验的团队(观察过其他团队完成创造力任务)的创造性表现更显著。团队成员间的交互记忆系统(transactive memory system),即每个成员所拥有知识的总和以及关于谁知道什么的集体意识,在合作经验和团体创造力之间起着完全中介作用。

另外,还有研究探讨了不同类型的雇佣关系对团体创造力的影响(Jia et al.,2014)。研究发现,工作相关的沟通网络密度在雇佣关系(employee – organization relationships,EORs)与团体创造力之间起中介作用,即相互投资的雇佣关系会使工作相关的沟通网络密度增加,进而促进团体创造力表现。

2 团队过程变量与团体创造力

2.1 团队的互动模式

团队是一个社会系统,团队成员间的互动过程被认为是决定团体创造力的一个关键因素(West,2002)。作为团队成员互动模式的两种主要形式——竞争与合作(Decety et al.,2004),哪种更能有效促进团体创造力呢?

Gilson 和 Shalley(2004)通过问卷调查发现高创造力团队往往具有以下几个特点:明确他们的任务需要较高的创造力;在执行任务时强调相互合作、共同参与;目标更为一致;支持创造性的团队氛围。另有研究者以韩国 12 家不同的企业里的 97 个团队为研究对象,探究了合作模式和团队情绪氛围与团体创造力之间的关系,发现这两者与团体创造力之间均存在正向联系,并且集体效能感在两者与团体创造力之间的正向联系中发挥着中介作用(Kim & Shin,2015)。Bechtoldt 等(2010)认为,在合作情境下个体更乐意去表达和分享自己独特的见解,因而个体间的沟通更为深入、充分有效,从而利于创新观念的生成。Baer 等(2010)也发现组内合作能够促进团体创造力,且组内合作在组间竞争对团体创造力的影响发挥中介作用。

另有研究探讨了合作目标与团体创造力之间的关系。Lu 等(2010)发现合作目标和建设性的争论能够促进团体创造力表现。还有研究表明,高合作目标相依性(指组员个人目标的达成有助于他人目标和团队共同目标的达成,个体目标与共同目标有较强相容性),对科研团体创造力有积极影响,而知识共享与团队自省在合作目标相依性与科研团体创造力之间起着完全中介作用,也就是说高合作目标相依性能够通过正向影响团队在进行创造活动过程中的知识共享和内部自省,进而对科研团队的团体创造力产生积极影响(耿紫珍,刘新梅,沈力,2012)。

与合作的作用相反,组内竞争会抑制团体创造力(Amabile,1982;McGlynn et al.,1982)。研究者认为,竞争会阻碍团队成员之间的有效沟通,加剧团队成员间的冲突,降低团队成员参与创造活动的内在动机,进而削弱团体创造力。然而,也有研究发现组内竞争促进团体创造力(Cummings & Oldham 1997)。研究者指出内部竞争可能会促使个体为了追求资源或者超越他人而努力生成创造性的想法,进而提升团体创造力表现。Choi 等(2016)探究了文化氛围(集体主义和个体主义)以及团队成员的自我表征类型(独立的和互助的)对团体创造力的影响。研究结果表明,在集体主义的文化氛围下,独立性自我表征的团队比互助性自我表征的团队表现出更高的创造性表现;然而,在个人主义的文化氛围下,两种自我表征类型的团队的团体创造力不存在差异。这可能意味着在集体主义下,相比于合作的互动模式,竞争性的互动模式可能更有利于团体创造力。

2.2 团队的领导行为

根据 IPO 模型,团体创造力是团队过程的输出结果,而领导行为又是影响团队过程的重要因素,因而领导行为对团体创造力有着重要的影响(Drazin,Glynn,& Kazanjian,1999)。Tidikis(2015)的研究表明,在问题解决过程中,领导的产生(与无领导相比)能有效提高团队解决顿悟问题的数量和速度,促进团体的创造力。以往研究主要探究了以下几种类型的领导与团体创造力间的关系:变革型领导(transformational leadership)、共享型领导(shared leadership)、魅力型领导(charismatic leadership)。

变革型领导利于团体创造力。Anderson 等(1998)认为变革型领导能够传播愿景,激发下属的自我效能感和内部动机,进而促进团体的创造力。Shelley 等(2004)也指出变革型领导通过在团队内部形成共同愿景,使团队成员产生团队承诺,并有效管理团队成员间的冲突,塑造一种良好的沟通环境,进而促进团体凝聚力和团体表现。

Jung 等(2003)以中国台湾 32 家电子通讯公司下的团队为研究对象,探究变革型领导水平与团体创造力之间的关系,发现变革型领导水平及团队内部支持创新的氛围水平与团体创造力均存在显著正相关。类似地,另有研究以西班牙人为研究对象,也发现变革型领导水平与团体创造力之间的正相联系(Garcia - Morales, Ruiz Moreno, & Llorens - Montes, 2006)。Eisenbeiss 等(2008)则通过团队创新氛围量表(team climate inventory, TCI)测量了 33 个研发团队的团队创新氛围的两个子维度:创新导向和任务导向。结果表明只有当任务导向具有高水平时,变革型领导通过创新导向正向影响团体创造力。我国学者汤超颖和商继美(2012)以学术带头人为管理模式的科研团队为对象,通过 TCI 量表同时测量了团队创新氛围的 4 个维度,探究了变革型领导水平与创新氛围 4 个子维度以及团体创造力之间的关系,并分别检验了创新氛围子维度在两者之间的中介作用。结果表明,高水平的变革型领导对团体创造力和团队创新氛围的 4 个维度都有正向影响,其中创新导向和任务导向所起的中介效应显著,而团队目标和参与安全的中介效应则不显著。

Zhang 等(2011)发现在中国情境下研究团队知识分享和集体效能感(collective efficacy)是变革型领导和权威型领导影响团体创造力的中介变量。变革型领导能够促进团体创造力,而权威型领导会抑制团体创造力。Shin 和 Zhou(2007)则发现团队由变革型领导带领时,团队成员教育专业异质性越高,团队的创造力越高。这意味着,变革型领导能够有效引导团队利用成员多样化带来的丰富资源,进而正向影响团体创造力。还有研究者比较了团队一致性变革型领导(领导公平对待每一个成员)和个体差异性变革型领导(领导差别对待团队内成员)对团体创造力的影响(蔡亚华等, 2013)。结果表明,团队一致性变革型领导正向影响团队内部交流网络密度,从而提高团队知识分享水平,提升团体创造力;个体差异性变革型领导会导致团队内部交流网络密度差异变大,从而降低团队知识分享水平,对团体创造力产生消极影响。

共享型领导指组内领导与成员角色会经常互相转换,即内部成员互相领导的一种领导模式(Pearce & Conger, 2003)。共享型领导所带来的自主性氛围能够有效提升团体创造力(Hoch, 2013);成员间的角色转换(即领导身份与被领导身份之间的转换)也会对团体创造力产生正向影响(Aime et al., 2014)。蒿坡等(2015)发现共享型领导水平通过影响团队内部的激情氛围这一中介变量来对团体创造力产生积极影响。另有研究探讨了共享型领导对团队冲突和团体创造力之间关系的影响,结果发现共享型领导水平在关系冲突与团体创造力之间的线性关系中起着调节作用;共享型领导水平在任务冲突与团体创造力之间的倒 U 形关系中也起着调节作用。当共享型领导水平较高时,关系冲突与团体创造力之间的负向相关明显减弱,而任务冲突与团体创造力之间的倒 U 形关系则明显增强(Hu et al. , 2017)。

魅力型领导是领导者通过自身的卓越才能和超凡魅力来影响下属,从而使既定目标得以实现的领导类型(House, 1997)。早先研究表明魅力型领导能够增强团队凝聚力,进而提升团体创造力(Jaussi & Dionne, 2003)。汤超颖等(2012)指出魅力型领导的非常规行为可以促使团队突破现有的秩序框架,以非寻常的方式达到目标,进而提升团体创造力。另有研究表明,魅力型领导水平与团体创造力显著正相关,集体效能感和团队自省在两者间起完全中介作用。而环境动态性在两者间起调节作用,即当环境动态性较高时高水平的魅力型领导对团体创造力有重要促进作用;当环境动态性较低时,魅力型领导水平对团体创造力的影响不明显(罗瑾琏等, 2014)。

2.3 团队的氛围

个体是团队的一分子,无时无刻不受团队内部氛围的影响,故而团体的创造表现也会受到团队氛围的影响。支持创新的团队氛围是高创造性团队的特征之一(Gilson & Shalley, 2004),组织对创新的支持可为团队提供良好的物质和精神支持,利于团体创造力的发挥(Hülsheger, Anderson, & Salgado, 2009;Paola et al. , 2002)。创新氛围有以下 4 个维度:创新导向、任务导向、团队目标和参与安全。创新导向是指成员感受到的组织对新颖的处事策略和途径的期望、赞同及实际支持程度;任务导向是指成员感受到的团队对追求卓越品质的热切程度;团队目标是指任务目标被清晰界定、共享以及可实现的程度;参与安全则是指成员对参与决策行为和团队环境的安全性的考虑。早先研究表明,参与安全和团队目标与团体创造力均存在显著的正相关(Agrell & Gustafson, 1994)。West 和 Anderson(1996)对医院高管团队的研究表明,创新氛围的 4 个维度与个体和团队对创新的评价之间相关系数都在 0. 5 以上。Paul 等(2001)则指出参与安全能够为新观点的产生提供平台,因为新观点的产生不仅需要团队的支持,而且需要可以用来检验和探索该观点的资源。

集体主义与个体主义文化氛围对团体创造力也有影响。早先研究表明,当给予团队明确的创新目标时,个体主义的团队比集体主义团队表现出更高的团体创造力(Goncalo, 2006)。Saad 等(2015)比较了集体主义(中国台湾)和个体主义(加拿大)文化氛围下的团体创造力表现,结果发现集体主义下的团队生成更多的高独创性的观念,而个体主义下的团队生成的观念的数量更多,且更乐意于表达不一致的观点。进一步的研究表明,两种文化氛围对团体创造力的作用还受到其他因素的影响。Goncalo 和 Duguid(2012)比较了文化氛围和顺从压力对团体创造力表现的影响。结果显示,对于低创造性的团体,使其处于个体主义的氛围中且给予其较高的顺从压力会有利于团体创造性表现;而对于高创造性团体,个体主义氛围同样有利于他们的创造性表现,但是倘若同时给予较高顺从压力,则可能削弱团体创造性的表现。Choi 等(2016)则发现,在集体主义的文化氛围下,独立性自我表征的团队比互助性自我表征的团队表现出更优的创造性表现。Curşeu 和 Brink(2016)在实验前对集体主义团队和个体主义团队强调了发散思维的重要性,而在实验后要求其完成创造力任务。结果发现,个体主义氛围下的个体变得更倾向于表达与他人不同的观点,进而促进了团体创造力;而集体主义氛围下的个体并没有表现出这一趋势,其团体创造力反而受到抑制。这可能意味着,在集体主义文化氛围下,个体并不乐意去表达与他人不同的观点。即使是在外界强调了表达异议的好处的情况下,团队内部个体仍不乐意于表达异议,故而团体创造力受到抑制。

也有研究者对团队内部的情感氛围和情感支持氛围与团体创造力之间的关系进行初步探究,研究发现积极的情感氛围能够正向影响团体创造力(Tsai et al., 2012),共享型领导会通过团队激情氛围这一情感性的中介对团体创造力表现产生积极影响(蒿坡等,2015)。Kellermanns 等(2008)则指出如果团队成员能在接纳不同观点时感受到情感支持,有利于团队有效利用认知多样化,进而促进团体表现。进一步的研究揭示,情感支持能够为成员提供较高的心理安全感,较高的心理安全感和建设性的关系冲突能够促进团队成员间的互动沟通,并且缓解个体差异或冲突引起的沟通障碍,继而促进团队创造表现(Kessel, Kratzer, & Schultz, 2012)。

2.4 团队的信息共享

之所以让不同个体以团队形式进行创造活动,是因为个体可以通过与他人沟通和交流,互相分享各自的信息,互相激发灵感,共同完成创造活动。个体在沟通过程中难免会遇到观点上的冲突,以及与任务相关的争辩。研究表明,团队知识共享、冲突、争论等过程变量与团体创造力之间有着密切关系。

Quinn 等(1996)曾指出随着知识共享程度的增强,团队内部的信息量与经验会呈指数增长。信息量的增长能够有效提升团队内部产生的观念的新颖程度(De Dreu, Nijstad, & van Knippenberg, 2008)。Paulus 和 Yang(2000)指出在合适的情况下(如对队内成员间信息交换的高度注意,有足够时间去思考所得的信息),知识共享是促进团体创造力的重要手段。高水平的知识共享还能够使团队避免过程丢失和关系丢失对团体创造力的潜在危害(Mueller, 2012),有效提升团体创造力(蔡亚华等,2013;Gong et al., 2013)。此外,有大量的研究表明,团队内部的知识共享在变革型领导(Zhang, Tsui, & Wang, 2011)、共享型领导(Lee et al., 2015)、成员多样化(Hoever et al., 2012; Zhang, 2015)、互相投资的雇佣关系(Jia et al., 2014)、积极情绪(汤超颖,艾树,龚增良,2011)与团体创造力表现之间的正向关系中均起着中介作用。由此可见,团队成员间的知识共享对于团体创造力来说是一个非常重要的影响因素。

然而,在团队成员交流沟通、分享知识的过程中,难免会因观点分歧而产生冲突。Baron(1991)指出认知冲突能够诱导团队成员进行更多的信息交流,重评和审视现状,进而激发出新的观念。Pelled 等(1999)认为认知冲突对于团队挖掘出知识异质性的潜力是必要的,因为团队可以利用认知冲突将多样化的观念整合为高质量的观念,进而促进团体创造力。Matsuo(2006)也强调了认知冲突在促进创新方面具有积极的作用。进一步研究表明,团队成员的异质性知识或专长的分布性通常会使团队面临知识协调的挑战(Kanawattanachai & Yoo, 2007),也就是团队成员间的认知冲突通常会使团队面临知识协调的挑战。只有当团队内部成员能适当地化解认知冲突、较好完成知识协调(如建设性争辩),认知冲突才能发挥其对团体创造力的潜在优势。吕洁和张钢(2015)的研究表明,认知冲突在知识异质性和团体创造力之间有着显著的中介作用;任务知识协调则在两者间起着调节变量的作用。当任务知识协调水平高时,知识异质性与团体创造力之间的关系均正向显著;而当任务知识协调水平低时,知识异质性与团体创造力之间呈倒 U 型关系(吕洁,张钢,2015)。另有研究表明,建设性争论与团体创造力之间存在正向的联系(高鹏等,2008;Lu,Tjosvold,& Shi,2010)。由此可见,认知冲突对于团体创造力来说就是一个跳板,如果能够进行建设性的争论,充分利用认知冲突,团队就有可能表现出更高的创造力。

2.5 团队的任务反馈

不同类型的反馈对团体创造力也有影响。研究者们主要将反馈分为两大类型,即信息型反馈(不进行好坏的硬性评价,而是描述当前状态与目标状态之间的具体差距,并提供有助于改善团队表现的信息)和控制型反馈(仅给予好或坏的评价性反馈)。Zhou(1998)指出当团队受到来自团队外的负性控制型反馈,成员会体验到他们的行为受到外部控制,其自愿参与创造性活动的动机会下降,进而抑制团体创造力的表现。耿紫珍等(2015)的研究发现控制型负反馈抑制团体创造力,而信息型负反馈可以提升团体创造力。该研究认为控制型负反馈引起的个体创造动机下降是导致团体创造力下降的一个原因,而另一个原因则可能是其限定团队创造的规范与标准,使团队产生不利于团体创造力的思维定向;但是信息型负反馈侧重于向团队传递被遗忘或忽略的信息,新信息的涌入能够打破团队思维定式,有效提升团队想法的新颖性。

团队的任务反馈对团体创造力的影响还受到成员间合作目标相依性的影响。De Dreu(2007)发现,在合作目标相依性水平较高的团队中,即使受到控制型负反馈,成员仍然致力于提出能够有效解决问题的想法,这种努力会削弱控制型负反馈对团队想法的有效性的负面影响。耿紫珍等(2015)的研究也发现合作目标相依性能够有效削弱控制型负反馈对团体创造力的负向影响,并能够加强信息型负反馈对团体创造力的正向影响。他们认为高合作目标相依性能够提升团队内部的心理安全感水平,成员之间信息共享水平更高,能够使团队有效抵御外部的消极影响;而信息型反馈本身就能加强团队对信息认知加工的深度,高合作目标相依性能够进一步促进成员间的相互交流,有助于提升团队产生更新颖的想法。

此外,还有研究者探讨了团队成员胜任感和任务反馈对象对任务反馈与团体创造力之间关系的影响。Troyer 和 Youngreen(2009)的研究发现,与针对个体的消极评价和不进行消极评价两种条件相比,针对观念的消极评价能够促进团体创造力的表现。研究者认为在针对观念的消极评价条件下,较高的满意度和较低的人际冲突可能是其提升团体创造力的原因之一。而 Wang 等(2015)以电子头脑风暴(electronic brainstorming)的形式,让 1 个被试与 4 个虚拟的被试进行团体创造任务。研究结果表明胜任感能够有效预测创造力表现。当任务目标具有高挑战性的时候,相比于信息性反馈,控制性反馈会削弱个体胜任感,进而抑制其创造力表现。总之,想要更进一步地探究任务反馈对团体创造力的影响,我们不仅要考虑任务反馈的类型、团队内部特征以及反馈的目标个体等因素。

3 研究局限与未来展望

纵观上述研究,从能力组配、团队多样化等团队输入变量到互动模式、领导、团队氛围、信息共享等团队过程变量,研究者正将研究焦点从探讨团队结构因素转向分析团队成员互动过程中的变量与团体创造力之间的关系。这对于团体创造力研究来说,不仅是一种逐渐成熟的标志,也是促进团体创造力研究发展的重要转变。

我们认为现有的研究依然存在以下两个方面的局限:第一,对团体创造活动背后的交互认知机制缺乏探讨。例如,团体成员间怎样有效分享观点、理解彼此的观点;怎样基于他人观点构建自己的观念,将不同观点组合起来生成新的观点;某观点如何启发其他成员生成新的观点,各成员如何根据他人观点动态地评价、选择、报告自己的观点等等。只有澄清上述内在认知机制问题,才能更科学地解释,诸如团队结构、互动模式、领导类型等因素对团体创造力的影响是如何产生的,才能更精确地预测各种干预措施对团体创造力是否及如何发挥作用。第二,团体创造活动中成员间的脑-脑活动的联系性亟待揭示,但目前少有研究涉及。探讨团体创造活动中多个体的大脑是如何协同工作的,是一个前沿科学问题。其不仅可为揭示不同因素和不同干预措施影响团体创造力的内在作用机制提供更为有力的证据,也将大大推动社会互动情境下的脑科学研究。

针对上述不足,我们对未来研究提出以下建议:

第一,团体创造力研究不仅应关注团队创造活动所带来的结果(即团体创造表现),更应关注团体创造活动中的交互式认知过程。我们认为未来研究可尝试下面几个指标来刻画团体创造活动中的不同认知操作。针对每一指标,提出一些具体算法。(1)团队成员借鉴和结合他人观点来构建自己创造性观念的程度(Co)。有两种算法:其一,可计算团队在不同观念类别下的平均观念数量,也即,一个团队生成的观念一共有 n 个类别,生成的观念总数为 f,那么 f/n 就是 Co 的指标(Xue et al. , 2018);其二,可计算相邻两个报告答案之间的类别重叠性,计算方式如下:若两个相继的答案之间存在类别重叠,则记 1 分,否则记 0 分。依此计算出每组提出观点的类别重叠性总分 m,再计算出生成观念总数为 f,那么 m/f 就是 Co 的指标。对于前者,主要是将团队视为一个整体,倘若 f/n 的得分高,那说明团队在各类别下的纵向思考越深,也就意味着团队成员间互相借鉴、结合的频率越高;对于后者,则是更为直接地以类别重叠性来表示成员在生成观念的时候是否借鉴组员的观点。(2)团队成员通过探索不同范畴的方式来构建创造性观念的程度(Fle),可以通过计算团队生成的观念所囊括的种类数来表示 Fle。(3)团队成员在进行创造活动时的参与积极度(P),可以通过计算团队进行任务总耗时来表示 P,时间越长,参与积极度越高;如果是团队成员轮流提出观点,则可通过计算团队成员报告"过"的次数,以及说"过"之前的思考耗时来表示 P,"过"的次数越多,说"过"之前的思考耗时越短,可能表明成员参与积极度越低。(4)对于团体成员间能有效分享观点、理解彼此观点的程度(N):近来的一项研究利用基于网络分析和渗透理论的计算方法对高低创造力者的语义网络进行了直接的量化研究,发现高创造性个体的语义网络更为稳健,思维灵活性更强(Kenett et al. , 2018)。根据此研究,研究者也许可以利用相同的计算方法来量化个体以及整个团队的语义网络特性。在此基础上,分析个体间语义网络特性的相似性以及整个团队的语义网络的稳健性是否能够体现出团体成员间能有效分享观点、理解彼此观点的程度。

第二,借助于神经成像技术揭示团体创造活动背后的交互神经机制,以及不同变量影响团体创造力背后的交互神经作用机制。近年来,在社会认知领域,一种名为"超扫描"(hyperscanning)的研究技术受到研究者们的青睐。超扫描技术是指基于fMRI(functional magnetic resonance imaging)(Li et al., 2009),EEG(electroencephalograph)(Dikker, 2017),fNIRS(functional near infrared spectroscopy)(Jiang et al., 2012; Xue et al., 2018)等功能成像技术,同时扫描记录多个个体的大脑活动,从而探讨社会互动过程中涉及交互式认知活动背后的神经机制。在现有的大多数关于社会认知的神经科学研究中,研究者通常每次只测量单个个体的脑活动状态。虽然单个个体的脑成像研究能够有效揭示与特定社会功能相关的脑活动以及相应定位,但其无法直接测量两个甚至多个个体间脑活动的动态联系。超扫描技术的发明,为描述社会互动情境下的个体间脑-脑活动的动态联系提供了工具,有助于研究者们揭示复杂社会认知活动中的脑-脑间交互神经机制。

已有很多研究将超扫描技术用于探索多种团队活动中个体间的脑-脑间交互神经机制。Jiang 等(2012)利用基于fNIRS 的超扫描技术,发现团队以言语交谈方式来为某个问题出谋划策时,个体间的脑活动同步性与团队的任务表现存在正相关。其后续研究发现,这种脑间的同步性能够预测团队内的领导的产生(Jiang et al., 2015)。除此之外,一些研究者还试图通过基于fNIRS 技术的超扫描研究揭示自然交流活动背后脑间神经机制(Liu et al., 2017; Nozawa et al., 2016)。我们的研究发现,在两个低创造性个体共同进行创造活动时,在右侧背外侧前额叶和右侧颞顶联合区的脑间活动同步性有显著提升,且两个脑区的脑间活动同步性水平与团体创造力表现以及团队合作水平均存在显著正相关(Xue et al., 2018)。上述研究表明,超扫描技术是揭示团队创造活动中成员间脑-脑间活动的动态联系的有效工具。未来的研究可以利用超扫描技术,推进对团体创造这种复杂社会认知活动背后的脑-脑间交互神经机制的理解,揭示不同变量影响团队创造活动表现的背后的脑-脑间交互神经作用机制。

参考文献

蔡亚华,贾良定,尤树洋,等. (2013). 差异化变革型领导对知识分享与团队创造力的影响:社会网络机制的解释. 心理学报, 45:585-598.

高鹏,张凌,汤超颖,等. (2008). 信任与建设性争辩对科研团队创造力影响的实证研究. 中国管理科学, 16:561-565.

耿紫珍,刘新梅,沈力. (2012). 合作目标促进科研团队创造力的机理研究. 科研管理, 33:113-119.

耿紫珍,刘新梅,张晓飞. (2015). 批评激发创造力? 负反馈对团队创造力的影响. 科研管理, 36:36 - 43.

蒿坡, 龙立荣, 贺伟. (2015). 共享型领导如何影响团队产出? 信息交换、激情氛围与环境不确定性的作用. 心理学报, 47:1288 - 1299.

罗瑾琏, 门成昊, 钟竞. (2014). 动态环境下领导行为对团队创造力的影响研究. 科学学与科学技术管理, 35:172 - 180.

吕洁, 张钢. (2015). 知识异质性对知识型团队创造力的影响机制:基于互动认知的视角. 心理学报, 47:533 - 544.

倪旭东, 项小霞, 姚春序. (2016). 团队异质性的平衡性对团队创造力的影响. 心理学报, 48:556 - 565.

汤超颖, 艾树, 龚增良. (2011). 积极情绪的社会功能及其对团队创造力的影响:隐性知识共享的中介作用. 南开管理评论, 14:129 - 137.

汤超颖, 刘洋, 王天辉. (2012). 科研团队魅力型领导、团队认同和创造性绩效的关系研究. 科学学与科学技术管理, 33:155 - 162.

汤超颖, 商继美. (2012). 变革型领导对科研团队创造力作用的多重中介模型. 中国科技论坛, (7):120 - 126.

张景焕, 刘欣, 任菲菲, 等. (2016). 团队多样性与组织支持对团队创造力的影响. 心理学报, 48:1551 - 1560.

张燕, 章振. (2012). 性别多样化对团队绩效和创造力影响的研究. 科研管理, 33:81 - 88.

Agrell, A., Gustafson, R. (1994). The Team Climate Inventory (TCI) and group innovation: A psychometric test on a Swedish sample of work groups. Journal of Occupational and Organizational Psychology, 67:143 - 151.

Aime, F., Humphrey, S., DeRue, D. S., et al. (2014). The riddle of heterarchy: Power transitions in cross - functional teams. Academy of Management Journal, 57:327 - 352.

Amabile, T. M. (1982). Children's artistic creativity: Detrimental effects of competition in a field setting. Personality and Social Psychological Bulletin, 8:573 - 578.

Amabile, T. M. (1988). A model of creativity and innovation in organizations. Research in organizational behavior, 10:123 - 167.

Ancona, D. G., Caldwell, D. F. (1992). Demography and design: Predictors of new product team performance. Organization Science, 3:321 - 341.

Anderson, N. R., West, M. A. (1998). Measuring climate for work group innovation: Development and validation of the team climate inventory. Journal of Organizational Behavior, 19:235 - 258.

Baer, M., Leenders, R. T. A. J., Oldham, G. R., et al. (2010). Win or lose the battle for creativity: The power and perils of intergroup competition. Academy of Management Journal, 53:827 - 845.

Baron, R. A. (1991). Positive effects of conflict: A cognitive perspective. Employee Responsibilities and Rights Journal, 4:25 - 36.

Bechtoldt, M. N. , De Dreu, C. K. , Nijstad, B. A. , et al. (2010). Motivated information processing, social tuning, and group creativity. Journal of Personality and Social Psychology, 99:622 - 637.

Carton, A. M. , Cummings, J. N. (2013). The impact of subgroup type and subgroup configurational properties on work team performance. Journal of Applied Psychology, 98:732 - 758.

Choi, H. S. , Cho, S. J. , Seo, J. G. , et al. (2016). The joint impact of collectivistic value orientation and independent self - representation on group creativity. Group Processes & Intergroup Relations, 21:37 - 56.

Cummings, A. , Oldham, G. R. (1997). Enhancing creativity: Managing work contexts for the high potential employee. California Management Review, 40:22 - 38.

Curşeu, P. L. , Brink, T. t. (2016). Minority dissent as teamwork related mental model: Implications for willingness to dissent and group creativity. Thinking Skills and Creativity, 22:86 - 96.

De Dreu, C. K. (2007). Cooperative outcome interdependence, task reflexivity, and team effectiveness: a motivated information processing perspective. Journal of applied psychology, 92:628 - 638.

De Dreu, C. K. W. , Nijstad, B. A. , van Knippenberg, D. (2008). Motivated information processing in group judgment and decision making. Personality and Social Psychology Review, 12:22 - 49.

Decety, J. , Jackson, P. L. , Sommerville, J. A. , et al. 2004. The neural bases of cooperation and competition: An fMRI investigation. NeuroImage. 23:744 - 751.

De Wit, F. R. , Greer, L. L. , Jehn, K. A. (2012). The paradox of intragroup conflict: A meta - analysis. Journal of Applied Psychology, 97:360 - 390.

Dikker, S. , Wan, L. , Davidesco, I. , et al. (2017). Brain - to - brain synchrony tracks real - world dynamic group interactions in the classroom. Current Biology, 27: 1375 - 1380.

Drazin, R. , Glynn, M. A. , Kazanjian, R. K. (1999). Multilevel theorizing about creativity in organizations: A sensemaking perspective. Academy of management review, 24:286 - 307.

Eisenbeiss, S. A. , van Knippenberg, D. , Boerner, S. (2008). Transformational leadership and team innovation: integrating team climate principles. Journal of applied psychology, 93:1438 - 1446.

Farh, J. L. , Lee, C. , Farh, C. I. C. (2010). Task conflict and team creativity: A question of how much and when. Journal of Applied Psychology, 95:1173 − 1180.

Garcia − Morales, V. J., Ruiz Moreno, A., Llorens − Montes, F. J. (2006). Strategic ca- pabilities and their effects on performance: entrepreneurial, learning, innovator and prob- lematic SMEs. International Journal of Management and Enterprise Development, 3:191 − 211.

Gilson, L. L., Shalley, C. E. (2004). A little creativity goes a long way: An examination of team's engagement in creative processes. Journal of Management, 30:453 − 470.

Gino, F., Argote, L., Miron − Spektor, E., et al. (2010). First, get your feet wet: The effects of learning from direct and indirect experience on team creativity. Organizational Behavior and Human Decision Processes, 111:102 − 115.

Goncalo, J. A. (2006). Individualism − collectivism and group creativity. Organizational Be- havior and Human Decision Processes, 100:96 − 109.

Goncalo, J. A., Duguid, M. M. (2012). Follow the crowd in a new direction: When con- formity pressure facilitates group creativity (and when it does not). Organizational Behav- ior and Human Decision Processes, 118:14 − 23.

Gong, Y., Kim, T. Y., Lee, D. R., et al. (2013). A multilevel model of team goal orien- tation, information exchange, and creativity. Academy of Management Journal, 56:827 − 851.

Gwen, M. W., Hillary, C. S., Mary, E. B. (2010). Social ostracism in task groups: The effects of group composition. Small Group Research, 41:330 − 353.

Hackman, J. R. (1987). The design of work teams. In J. W. Lorsch (Ed.), Handbook of organizational behavior. New York: Prentice − Hall, 315 − 342.

Harvey, S. (2013). A different perspective: The multiple effects of deep level diversity on group creativity. Journal of Experimental Social Psychology, 49:822 − 832.

Hoch, J. E. (2013). Shared leadership and innovation: The role of vertical leadership and employee integrity. Journal of Business and Psychology, 28:159 − 174.

Hoever, I. J., van Knippenberg, D., van Ginkel, W. P., et al. (2012). Fostering team creativity: Perspective taking as key to unlocking diversity's potential. Journal of Applied Psychology, 97:982 − 996.

House R J. (1997). A theory of charismatic leadership // Hunt J L, Lars L. Leadership: The Cutting Edge. Carbondale: Southern Illinois University Press.

Hu, N., Chen, Z., Gu, J., Huang, S., et al. (2017). Conflict and creativity in inter − or- ganizational teams. International Journal of Conflict Management, 28:74 − 102.

Hülsheger, U. R., Anderson, N., Salgado, J. F. (2009). Team − level predictors of inno- vation at work: A comprehensive meta − analysis spanning three decades of research. Journal of Applied Psychology, 94:1128 − 1145.

Jackson, S. E., Joshi, A., Erhardt, N. L. (2003). Recent research on team and organizational diversity: SWOT analysis and implications. Journal of Management, 29:801 – 830.

Jaussi, K. S., Dionne, S. D. (2003). Leading for creativity: The role of unconventional leader behavior. The Leadership Quarterly, 14:475 – 498.

Jia, L., Shaw, J. D., Tsui, A. S., et al. (2014). A Social – Structural Perspective on Employee – Organization Relationships and Team Creativity. Academy of Management Journal, 57:869 – 891.

Jiang, J., Chen, C., Dai, B., et al. (2015). Leader emergence through interpersonal neural synchronization. Proceedings of the National Academy of Sciences, 112:4274 – 4279.

Jiang, J., Dai, B., Peng, D., et al. (2012). Neural synchronization during face – to – face communication. Journal of Neuroscience, 32:16064 – 16069.

Jung, D. I., Chow, C., Wu, A. (2003). The role of transformational leadership in enhancing organizational innovation: Hypotheses and some preliminary findings. The Leadership Quarterly, 14:525 – 544.

Kanawattanachai, P., Yoo, Y. (2007). The impact of knowledge coordination on virtual team performance over time. MIS quarterly, 31:783 – 808.

Karen, A. J., Gregory, B. N., Margaret, A. N. (1999). Why differences make a difference: A field study of diversity, conflict and performance in workgroups. Administrative Science Quarterly, 44:741 – 763.

Kellermanns, F. W., Floyd, S. W., Pearson, A. W., et al. (2008). The contingent effect of constructive confrontation on the relationship between shared mental models and decision quality. Journal of Organizational Behavior, 29:119 – 137.

Kenett, Y. N., Levy, O., Kenett, D. Y., et al. (2018). Flexibility of thought in high creative individuals represented by percolation analysis. Proceedings of The National Academy of Sciences, 115:867 – 872.

Kessel, M., Kratzer, J., Schultz, C. (2012). Psychological safety, knowledge sharing, and creative performance in healthcare teams. Creativity and innovation management, 21:147 – 157.

Kim, M., Shin, Y. (2015). Collective efficacy as a mediator between cooperative group norms and group positive affect and team creativity. Asia Pacific Journal of Management, 32:693 – 716.

Lee, D. S., Lee, K. C., Seo, Y. W., et al. (2015). An analysis of shared leadership, diversity, and team creativity in an e – learning environment. Computers in Human Behavior, 42:47 – 56.

Levine, K. J., Heuett, K. B., Reno, K. M. (2015). Re – operationalizing established groups in brainstorming: Validating Osborn's claims. The Journal of Creative Behavior,

51:252 - 262.

Li, J., Xiao, E., Houser, D., et al. (2009). Neural responses to sanction threats in two - party economic exchange. Proceedings of The National Academy of Sciences, 106:16835 - 16840.

Liu, Y., Piazza, E. A., Simony, E., et al. (2017). Measuring speaker - listener neural coupling with functional near infrared spectroscopy. Scientific Reports, 7:43293.

Lu, J.F., Tjosvold, D., Shi, K. (2010). Team training in China: Testing and applying the theory of cooperation and competition1. Journal of Applied Social Psychology, 40:101 - 134.

Matsuo, M. (2006). Customer orientation, conflict, and innovativeness in Japanese sales departments. Journal of Business Research, 59:242 - 250.

McGlynn, R. P., Gibbs, M. E., Roberts, S. J. (1982). Effects of cooperative versus competitive set and coaction on creative responding. The Journal of Social Psychology, 118: 281 - 282.

Mueller, J. S. (2012). Why individuals in larger teams perform worse. Organizational Behavior and Human Decision Processes, 117:111 - 124.

Nozawa, T., Sasaki, Y., Sakaki, K., et al. (2016). Interpersonal frontopolar neural synchronization in group communication: An exploration toward fNIRS hyperscanning of natural interactions. NeuroImage, 133:484 - 497.

Paola, R., Paola, B., Anna Maria, Z., et al. (2002). Research note: Italian validation of the team climate inventory: A measure of team climate for innovation. Journal of Managerial Psychology, 17:325 - 336.

Paul, G. B., Leon, M., Andrew, P.M. (2001). The innovation imperative: The relationships between team climate, innovation, and performance in research and development teams. Small Group Research, 32:55 - 73.

Paulus, P. B., Yang, H.C. (2000). Idea generation in groups: A basis for creativity in organizations. Organizational Behavior and Human Decision Processes, 82:76 - 87.

Pearce, C. L., Conger, J. A. (2003). All those years ago: The historical underpinnings of shared leadership. In C. L. Pearce, J. A. Conger (Eds.), Shared leadership: Reframing the hows and whys of leadership. Thousand Oaks, CA: Sage:1 - 18.

Pearsall, M. J., Ellis, A. P., Evans, J. M. (2008). Unlocking the effects of gender faultlines on team creativity: is activation the key Journal of Applied Psychology, 93:225 - 234.

Pelled, L. H., Eisenhardt, K. M., Xin, K. R. (1999). Exploring the black box: An analysis of work group diversity, conflict and performance. Administrative Science Quarterly, 44:1 - 28.

Perry – Smith, J. E. , Shalley, C. E. (2003). The social side of creativity: A static and dynamic social network perspective. Academy of Management Review, 28:89 – 106.

Pirola – Merlo, A. , Mann, L. (2004). The relationship between individual creativity and team creativity: Aggregating across people and time. Journal of Organizational Behavior, 25:235 –257.

Quinn J. , Anderson P. , Finkelstein S. (1996). Managing professional intellect: Making the most of the best. Harvard Business Review, 74:71 – 80.

Rodan, S. , Galunic, C. (2004). More than network structure: how knowledge heterogeneity influences managerial performance and innovativeness. Strategic Management Journal, 25:541 –562.

Saad, G. , Cleveland, M. , Ho, L. (2015). Individualism – collectivism and the quantity versus quality dimensions of individual and group creative performance. Journal of Business Research, 68:578 –586.

Shelley, D. D. , Francis, J. Y. , Leanne, E. A. , et al. (2004). Transformational leadership and team performance. Journal of Organizational Change Management, 17: 177 –193.

Shin, S. J. , Zhou, J. (2007). When is educational specialization heterogeneity related to creativity in research and development teams? Transformational leadership as a moderator. Journal of Applied Psychology, 92:1709 –1721.

Smith, K. G. , Collins, C. J. , Clark, K. D. (2005). Existing knowledge, knowledge creation capability, and the rate of new product introduction in high – technology firms. Academy of management Journal, 48:346 –357.

Sujin, K. H. , Irwin, B. H. (2007). The effects of team diversity on team outcomes: A meta – analytic review of team demography. Journal of Management, 33:987 –1015.

Suzanne, T. B. , Anton, J. V. , Marc, A. L. , et al. (2010). Getting specific about demographic diversity variable and team performance relationships: A meta – analysis. Journal of Management, 37:709 –743.

Taggar, S. (2002). Individual creativity and group ability to utilize individual creative resources: A multilevel model. Academy of Management Journal, 45:315 –330.

Tidikis, V. (2015). The effects of leadership and gender on dyad creativity. Psychology, 52: 7 –21.

Troyer, L. , Youngreen, R. (2009). Conflict and creativity in groups. Journal of Social Issues, 65:409 –427.

Tsai, W. C. , Chi, N. – W. , Grandey, A. A. , et al. (2012). Positive group affective tone and team creativity: Negative group affective tone and team trust as boundary conditions. Journal of Organizational Behavior, 33:638 –656.

van Knippenberg, D. , Schippers, M. l. C. (2007). Work group diversity. Annual Review of Psychology, 58:515 – 541.

van Knippenberg, D. , De Dreu, C. K. , Homan, A. C. (2004). Work group diversity and group performance: an integrative model and research agenda. Journal of Applied Psychology, 89:1008 – 1022.

Wang, X. , Schneider, C. , Valacich, J. S. (2015). Enhancing creativity in group collaboration: How performance targets and feedback shape perceptions and idea generation performance. Computers in Human Behavior, 42:187 – 195.

West, M. A. (2002). Sparkling Fountains or Stagnant Ponds: An Integrative Model of Creativity and Innovation Implementation in Work Groups. Applied Psychology, 51: 355 – 387.

West, M. A. , Anderson, N. R. (1996). Innovation in top management teams. Journal of Applied psychology, 81:680 – 693.

Woodman, R. W. , Sawyer, J. E. , Griffin, R. W. (1993). Toward a theory of organizational creativity. The Academy of Management Review, 18:293 – 321.

Xue, H. , Lu, K. , Hao, N. (2018). Cooperation makes two less – creative individuals turn into a highly – creative pair. NeuroImage, 172:527 – 537.

Ye, T. , Robert Jr, L. P. (2017). Does collectivism inhibit individual creativity?: The effects of collectivism and perceived diversity on individual creativity and satisfaction in virtual ideation teams. In Proceedings of the 2017 ACM Conference on Computer Supported Cooperative Work and Social Computing. ACM:2344 – 2358.

Zhang, A. Y. , Tsui, A. S. , Wang, D. X. (2011). Leadership behaviors and group creativity in Chinese organizations: The role of group processes. The Leadership Quarterly, 22:851 – 862.

Zhang, Y. (2015). Functional diversity and group creativity: The role of group longevity. The Journal of Applied Behavioral Science, 52:97 – 123.

Zhou, J. (1998). Feedback valence, feedback style, task autonomy, and achievement orientation: Interactive effects on creative performance. Journal of Applied psychology, 83:261 – 276.

Research Progress on Group creativity

Kelong Lu　Ning Hao

(*School of Psychology and Cognitive Science, East China Normal University, Shanghai, 200062*)

Abstract: Based on the input – process – output (IPO) model, we systematically reviewed the researches in the field of group creativity in recent years. Upon the results of review, we found that previous studies mainly focused on the relationships between group input factors (i. e. , group composition and team diversity) and group creativity; the relationships between group process factors (interactive mode, leadership, team climate, knowledge sharing and task feedback) and group creativity. Yet, very few studies have been conducted to explore the cognitive mechanism underlying the group creativity, especially the interactive neural mechanism. Then, we discussed the limitations of these studies and emphasized the promising future of investigating the underlying interactive cognitive mechanism and interpersonal neural mechanism behind group creativity by using the hyperscanning technique.

Keywords: Group creativity; input – process – output model; interactive cognitive neural mechanism; hyperscanning

群体异质性对区域创新能力的影响[①]

洪　斌[1]　赖凯声[2]　陈　浩[3]

（1. 兰州大学 管理学院,兰州,730000;2. 中山大学 传播与设计学院,广州,510000;3 南开大学 社会心理学系,天津,300350）

摘　要　创新是当今世界推动国家发展、社会进步的主要驱动力。与此同时随着全球化和社会的开放进步,区域人口异质性正在不断扩大。虽然群体异质性对创新的影响在个人和团体层面已经得到许多关注,但是在区域层面相关的研究并不多。以美国50个州为样本,使用两种区域创新指标,分别考察了性别、年龄、行业、种族和受教育程度五种异质性对区域创新能力的影响,同时还探索了人格开放性在其中的调节作用。研究结果发现,种族异质性对于区域创新能力存在消极影响,而受教育程度异质性对区域创新能力起积极作用,人格开放性在其中的调节作用并不显著。本研究是对异质性与团体创新层面研究成果向区域层面扩展的一次尝试,弥补了群体异质性与区域创新能力研究的不足,具有一定的现实和启发意义。

关键词　群体异质性;区域创新能力;人格开放性

1　引言

“三个臭皮匠赛过诸葛亮”是中国的一句俗语,其意喻人多智慧多。有的事情经过大家商量,就能商量出一个好办法来。但事实真是如此么?有待商榷。科学研究发现,群体讨论可能使群体成员的初始观点得到加强,导致观点和立场的极端化,这种现象被称为群体极化。群体极化可能产生更激进冒险的决策结果（Stoner, 1961）,也可能使决策结果更谨慎（迈尔斯,2014）,甚至加深群体内部的态度鸿沟（Myers & Bishop, 1970）。规范影响是对群体极化的一种解释,认为人们出于对自身的评价诉求,会寻求将自己与他人观点进行比较（Festinger, 1954）,因此容易被与我们相似的“参照群体”说服（Abrams et al., 1990）,为了博得相似群体的好感,个体会将自己观点表达得更为强烈。这种情况下,群体会表现出人众无知,损害群体决策效果。那么如何预防这种情况的出现呢?个体间的相互批评和碰撞可以使群体避免某些认知偏见并产生一些高质量的创意（McGlynn, Tubbs, & Holzhausen, 1995）,因此增加群体成员异质性是一种方法。在知识型工

---

① 本文得到国家自然科学基金重点项目（编号:71532005）和中央高校基本科研业务费资助项目（编号:63172053）资助。

作中,群体异质性所带来的信息资源会提高群体决策质量,尤其是对于团队创新能力(van Knippenberg & Mell, 2016),这一点得到研究证实(Bantel & Jackson, 1989; Cox, Lobel, & McLeod, 1991)。

团体异质性与团队创新能力研究中的一个主要观点是,异质性有利于团体创新,从信息决策角度出发,团体成员异质性意味着团体拥有更广泛的知识、经验、技能,这会提高团体创新能力(van Knippenberg & Mell, 2016)。但这并不意味着异质性对团体创新的影响一定是积极的,这是一把双刃剑,根据社会分类理论,异质性会导致群体内部产生分化,不利于群体创新能力。为了明确团体异质性对团队创新的影响,研究者将异质性分为与工作相关的信息异质性和与工作无关的背景异质性,并且认为不同类型异质性对团队创新的影响存在差异(Hülsheger, Anderson, & Salgado, 2009)。之后又有研究者提出CEM 模型(the Categorization-Elaboration Model),认为异质性对团体绩效的影响以能否促进信息阐释整合(information elaboration)为中介(van Knippenberg & Schippers, 2007)。

当今社会,创新已经成为世界各国形成国际竞争新优势、增强发展的长期动力。对于日益崛起的中国,党的十八大明确提出"科技创新是提高社会生产力和综合国力的战略支撑,必须摆在国家发展全局的核心位置",并强调要坚持走中国特色自主创新道路、实施创新驱动发展战略。对于美国而言,国家经济委员会和科技政策办公室联合发布的新版《美国国家创新战略》,则把创新生态系统看作是实现全民创新和提升国家竞争力的关键所在。而在创新越来越受到各国政府重视之际,当今社会的另外两大趋势也已经突显:一是人们面临的任务和挑战越来越艰巨,越来越多的工作都开始基于团队进行;二是随着劳动力的人口变化、员工流动性的加剧和日益增长的专业化程度,社会和组织越来越不均衡,呈现异质的状态(van Knippenberg & Mell, 2016)。一方面,创新推动并塑造着社会的未来,成为各国政府的发展焦点;另一方面,社会群体的异质化成为社会未来的发展趋势,两者碰撞在一起便出现一个问题,异质性与创新发展之间存在某种关系么?群体异质性对宏观层面创新的影响究竟是怎样的?

虽然区域创新问题的重要性已经得到普遍的认同,但过去研究者却很少关注群体异质性与区域创新之间的关系。虽然也有学者对文化异质性与区域创新关系进行研究(DiRienzo & Das, 2015; Zhan, Bendapudi, & Hong, 2015),但在其他群体异质性维度上却鲜有探索。那么群体异质性与团体创新的研究成果能否用来解释区域层面的创新问题呢?以此为出发点,本研究基于团体层面的已有结论,探讨了群体异质性对区域创新能力的影响,检验了团体层面结论在区域层面的适用性,一定程度上弥补了区域层面异质性与创新研究的不足。

从数据易得性出发,选取美国 50 个州为样本,使用两种综合指标来作为各州创新能力的评价标准,考察了五种群体异质性对美国各州区域创新能力的影响作用,并探讨大五人格维度中开放性在其中的调节作用。

本文结构如下:首先是对过去相关研究的综述,主要有三大方面,即区域创新能力评估、群体异质性测量以及群体异质性与创新,并根据已有的研究,提出相关假设;关于研究方法的内容,包括研究样本,研究变量的定义与说明以及分析过程;数据的分析结果;

结果讨论和未来研究的展望。

2 文献综述

为了解决群体异质性与区域创新能力这个问题,首先要了解区域创新能力的评估以及群体异质性的测量方法,文献综述一方面对这两者进行总结和介绍,另一方面还梳理了群体异质性与创新的研究,并以此提出了研究假设。

2.1 区域创新能力评估

创新的概念最早由熊彼特提出,表述为"创新是新技术、新发展在商业中的首次应用,是通过建立一种新的生产函数来实现生产要素从未有过的新组合",Mensch 在之后分析了被认为是创新系统概念早期形式的创新集群式现象,Freeman 则通过对日本的技术政策与经济绩效研究,首次提出国家创新系统的概念(石峰,戴冬阳,2013),而 Cooke 等(1997)认为由于国家创新系统本身的复杂性,难以及时反馈国家政治经济政策效果,因此提出区域创新系统以更好理解科技与产业政策对于经济成长的作用。Cooke 等(1997)认为区域创新系统是一个有序的集合体,这个集合体建立于受信任、可靠性、交流和合作互动制约的区域规则上。根据这个概念,区域创新能力不仅仅与人力或财力的创新投入有关,在很大程度上还与这些参与到创新过程中的主体之间的互动有关(Doloreux & Parto,2005)。Furman 等(2002)将国家创新能力定义为国家长期制造和使新技术商业化的能力,同样的,Riddel 和 Schwer(2003)也将区域创新能力理解为区域产生商业效益的创新潜力。国内学界认可的《中国区域创新能力报告》中,区域创新能力被定义为一个地区将知识转化为新产品、新工艺、新服务的能力(柳卸林,胡志坚,2002)。

综上所述,区域创新能力是一个系统、复杂的表述,因此研究者对区域创新能力的评估方法也存在差异。现今区域创新能力的评估指标可以大致分为两类:单一指标体系和综合指标体系。单一指标体系是指主要采取某一个指标,例如专利数(Li,2009)作为衡量区域创新能力的标准;综合指标体系则是以创新系统理论为框架,采取多种指标对区域创新能力进行综合考察。具有一定影响力的综合指标体系通常是由政府、研究机构或智库等组织开发,有一定发布频率,并且通过调整和修订不断改进。这类指标对区域创新发展建设具有指导意义。

在世界范围内,欧洲创新积分牌(EIS)每年都会对欧盟创新绩效、世界主要创新国家创新表现以及欧洲各国创新表现进行检测和评估,是国际上最具影响力的国家创新能力评价体系之一(国家统计局社科文司"中国创新指数(CII)研究"课题组,2014)。欧洲工商管理学院(INSEAD)每年发布的全球创新指数(GII),通过评估制度与政策、创新驱动、知识创造、企业创新、技术应用与知识产权等项目来衡量一个经济体广泛的经济创新能力,在国际上也具有相当的知名度。

在美国,由美国国家科学基金会(NSF)每年发布的科学与工程指标对中小学科学教育、大学科学教育、科技人力资源、研究与发展、学术研究与发展、工业,技术和全球市场以及公众态度等 7 个方面进行简单的数据统计,是美国政府、产业界、学术界等组织定位发展的重要依据,也成为许多国际创新评价报告所引用的数据来源(黄建榕,柳一超,2017)。硅谷指数报告是美国区域创新评价体系之一,但只是用来测量硅谷地区的经济实力和社区健康程度。美国公开、易获取的各州区域创新能力评价体系主要有两个:一个是梅肯研究院(Milken Institute)发布的美国州科学和技术指数(State Technology and Science Index),该指数从研究开发投入、风险资本与企业基础设施、人力资本投入、科技人力资源以及技术密集程度与活力五大方面对美国各州的科技创新能力进行评估和排名(朱美丽,2016),自2002年以来,共有七个年度版本;另一个是美国信息技术与创新基金会(ITIF)的国家新经济指标评价体系(The State New Economy Index),各州的创新能力作为体系中的一个亚指标,由高科技工作岗位、科学家与工程师、专利、研究开发投资、风险资本、绿色经济趋势六部分构成,其中绿色经济趋势是2008年报告中新加入的指标,该报告自1999年发布以来,也共有7个年度版本。

国内影响力最大的区域创新指标体系是由中国科技发展战略研究小组自2002年起每年发布的中国区域创新能力报告,该报告从知识创造、企业创新、创新环境和创新绩效等四大方面来衡量区域创新能力(中国科技发展战略研究小组,中国科学院大学中国创新创业管理研究中心,2016)。国内比较早的区域创新指标还有天津市科委组织、发起、开展,由中国创新城市评价课题组发布的《中国创新城市评价报告》,该指标结合我国创新城市特征和创新发展实际情况,参考了国内外成熟创新评价体系和方法,形成了包含"创新资源""创新投入""创新企业""创新产业""创新产出""创新效率"6项一级指标和30项二级指标的中国创新城市评价体系(创新城市评价课题组,何平,2009)。国家统计局社科文司"中国创新指数研究"课题组还推出了中国创新指数(China Innovation Index,CII),该体系分成三个层次:第一个层次用以反映我国创新总体发展情况,通过计算创新总指数实现;第二个层次用以反映我国在创新环境、创新投入、创新产出和创新成效等四个领域的发展情况,通过计算分领域指数实现;第三个层次用以反映构成创新能力各方面的具体发展情况,通过上述4个领域所选取的21个评价指标实现(国家统计局社科文司"中国创新指数研究"课题组,2014)。除此以外,国内近些年来还出现多个区域创新指标体系,在此不多作说明。

已有的区域综合创新体系种类繁多,每种创新体系之间既有共同点,又有各自独特的关注点。为减少指标体系差异对结果的影响,本研究采用两种区域创新指标体系作为区域创新能力的评估标准,分别考察群体异质性的影响,提高研究结果的说服力。

2.2 群体异质性测量

异质性的英文为 heterogeneity,在许多文献中,异质性也被经常译为 diversity,可以简单理解为多样性程度,两者混用的情形比较普遍。Williams 和 O'Reilly(1998)认为群体异质性起源于一些特质,人们用这些特质将自己与他人区分开来。刘嘉和许燕(2006)认为团队异质性是指团队个人特质的分布情况。研究者对异质性测量进行深入分析,从最简单的用生物物种数 N 来代表生物多样性(Macarthur,1965),到提出 Alpha diversity,Beta diversity,Gamma diversity 来区分不同层次的多样性(Whittaker,1972;Tuomisto,2010),如今正在试图寻找一个统一指标来整合各种复杂的异质性测量公式(Chao,Chiu,& Jost,2014;Kosman,2014)。由于异质性指标体系涉及的学科众多且复杂,因此这里只对社会组织研究中经常使用的群体异质性测量指标进行简单介绍,而不涉及其他学科的有关内容。

Harrison 和 Klein (2007)认为在当前的社会组织群体研究中,至少存在三种异质性。首先是隔离异质性(separation diversity),指群体成员之间在态度、观点上表现出的差异和分歧程度,这种异质性往往可以用像标准差这样的离散型统计指标或欧式距离(Blau & Alba, 1982)来表示;然后是不平等异质性(disparity diversity),一种社会资源在群体成员之间分配的异质性程度,可以简单理解为不公平程度,常见的指标有变异系数(Allison, 1978)和经济学中著名的收入不平等指标 Gini 系数;最后是类别异质性(varivity diversity),指成员之间根据某种标准所划分的不同种类的多样性程度,例如性别、种族、教育背景异质性等等,这种情况是社会科学异质性研究中最常遇到的一种情况。下面对其进行详细介绍。

对于类别异质性,Budescu 和 Budescu (2012)在研究中回顾了当前类别异质性的三种测量方法,简单的多数少数方法(the simplistic majority - minority approach)、一般方差(generalized variance)和熵(entropy)。简单的多数少数方法可以作为一般方差法的一种特殊情况,所以这三种方法可以进一步简化为两种。

首先是一般方差法,其中最受欢迎、应用最广的是 Blau 系数(Blau, 1977),其公式如下:

$$GV = 1 - \sum_i p_i^2$$

式中,i 代表总体中的类别数;p_i 表示第 i 类别个体数占总体总数的比例。该指标具有计算方便,易于解释的特点,可以理解为从同一总体中随机抽出两个个体,这两个个体所属不同类别的可能性(Blau, 1977),其取值范围为 0 到 1,值越大,说明异质性越高。这个公式在不同学科中有不同称呼。例如,在经济学中被称为 Herfindahl - Hirschman(HHI)指数(Hirschman, 1964),在生物学中被称为 Simpson 指数(Simpson, 1949),在社会学中有时也被称为 Gibbs - Martin 指数(Gibbs & Martin, 1962)或 Gini - Simpson 指数(Alam et al., 1986),像这样的不同名称还有很多。Budescu 和 Budescu (2012)用一般方差(GV)来定义这一指标,我们也认为这一定义是一种比较通俗和方便的叫法。

另一种常用的熵计算方法最早是由 Shannon (1948)提出,被称为 Shannon 指数,也有称作 Shannon - Weaver 公式的(Stirling, 2007)。由于 Teachman (1980)在研究中使用了同样的公式来分析种群多样性,所以也被称作 Teachman 系数(刘嘉,许燕,2006),根据其公式本身特点,Budescu 和 Budescu (2012)将其称作熵值(entropy),其公式通常表示为:

$$H = - \sum_i p_i \ln p_i$$

式中,i 代表的是总体中的类别数;p_i 表示第 i 类别个体数占总体总数的比例。当比较两个具有不同类别数的总体时,研究者可以使用"标准化"的 GV 指数和 H 指数 (Budescu & Budescu, 2012)。

根据适用条件、数据类型以及应用广泛程度,本研究使用 Blau 系数作为异质性指标的计算方法。

2.3 群体异质性与创新

群体异质性与创新的研究可以大致分为三个层面:个体层面、团体层面和区域层面。本部分主要介绍团体层面的异质性与创新研究成果,并以此为基础提出群体异质性与区域创新能力的关系假设。

国内与国外在群体异质性与创新的研究上还存在较大的差距。国外研究起步早,已经取得一定成果,而国内相关研究起步较晚。从现有文献来看,国内学者在 2005 年后才开始关注高管团队异质性对于企业绩效、创新的影响(张平,2006;李华晶,张玉利,2006),之后类似的研究开始逐渐增多,但是团队异质性与团队创新绩效的研究几乎是一片空白(刘惠琴,2008)。之后研究者开始逐渐脱离高管团队这一特殊群体,在更普遍的团体层面探究异质性对于团体创新的影响(黄海艳,李乾文,2011;王兴元,姬志恒,2013),随着研究的深入,群体异质性对个体创造力的研究也开始出现(郭婧,苏秦,2014;王磊,李翠霞,2016),区域层面的文化异质性对企业创新的影响也开始得到关注(于晓宇等,2013;潘越,肖金利,戴亦一,2017),尽管国内群体异质性与创新的研究正在快速发展,但是这些研究沿用的依然是国外的成熟的理论体系,同时国内相关研究较为零散,没有得到很好的整合。接下来将主要围绕国外的研究来介绍群体异质性与创新的研究进展。

首先是个体层面。个体层面研究主要关注个体在异质性环境中的创造力水平。大多数研究者认为个体创造力是生成对个体而言有价值的新产品、新理念或新问题解决方法的能力(Hennessey & Amabile,2010)。通过对不同类型异质性影响进行探索,研究者发现了异质性环境对个体创造力的积极作用。Mostert(1997)发现相比性别同质的小组,性别异质小组的成员在实验练习中能产生更具有创造力的结果。郭婧和苏秦(2014)以制造业新产品开发小组为研究对象,发现部门异质性、认知模式异质性和性别异质性对个人创造力均有正向影响,其中部门异质性与个人创造力的影响受到开放性人格的调节。Leung 等(2008)通过对多元文化与创造力研究的整合,发现体验多元文化一方面会提高个体的创造力水平,另一方面还会培养一些有助于创造力的认知过程,例如一些非传统知识的提取和运用,同时,对于外国文化持有开放态度并积极将其与本国文化进行差异比较,提高多元文化体验对于创造力的积极作用。Leung 和 Chiu(2010)通过实证研究发现,沉浸于中美文化交融的环境中 5~7 天后,欧洲和美国大学生的创造力表现会立即得到提升。虽然也有研究者并没有发现异质性环境的积极效应(王磊,李翠霞,2016),但是多数研究者认为异质性环境对于个体创造力总体来说是有积极作用的。

当今社会,主要的创新活动已经不再是基于个人,而是基于团队进行,所以异质性与团队创新能力的关系更受到研究者的关注。团队创新能力被定义为一群个体在一个复杂的社会系统中合作创造出新产品、新服务、新程序的能力(Woodman, Sawyer, & Griffin, 1993)。根据文献综述表明,异质性对团队创新能力的影响既可能是积极的,也同样可能是消极的(Hennessey & Amabile, 2010),这与异质性对团队绩效的研究结果一致(van Knippenberg & Mell, 2016)。

异质性与团队创新能力矛盾研究结果的背后是两种截然相反的理论解释(van Knippenberg，2017）。支持异质性对团队创新能力有消极影响的学者以社会分类理论（social categorization theory）作为根据，认为异质性使得个体将群体成员分为了内群体（"我们"）和外群体（"他/她们"），出现对所属内群体的偏爱和保护、对外群体的厌恶和贬损，进一步影响到团体成员间的联系和合作，对团体创新产生消极影响。Tang 和 Naumann（2016）以中国科研团队为研究对象发现，在缺少知识共享并处于消极情绪下时，异质性对团体创新能力存在消极作用。支持异质性对团体创新能力有积极影响的学者则从信息决策（the information/decision making）的观点出发，认为个体间的差异可以与知识、专业技能、经验、信息等方面的差异联系在一起，因此，团队差异越大代表团队在解决问题时拥有更广泛、更丰富的信息和视角，在知识工作中，这种信息资源可以增加团队绩效，具体包括团队决策的质量和创新能力。研究者发现团队异质性在改善个人和团队学习方面起着重要作用（Sun et al.，2017）。Kristinsson 等（2016）通过研究发现，公司创始人团队的异质性与公司创意生成、新产品及服务的理念融入相关。

为了解决团体层面异质性研究结果相矛盾的问题。研究者尝试对异质性进行分类，考察不同类型异质性对于团体绩效的影响。异质性的一种经典分类方法，是将其分为与工作内容无关的背景异质性，这些特质往往易于察觉，例如性别、种族、年龄异质性等；与工作内容有关的信息异质性，这些特质具有隐蔽的特点，例如受教育程度、任职时间、专业背景、人格特征等（Hülsheger，Anderson，& Salgado，2009；Milliken & Martins，1996）。研究发现了信息异质性对团队绩效、创新能力的积极作用，而背景异质性的积极作用则不明显，甚至存在消极影响（Hülsheger et al.，2009；Jehn，Northcraft，& Neale，1999；Williams & O'Reilly，1998）。研究者认为信息异质性的积极作用来源于认知资源的多样性，而背景异质性则不具备认知资源多样性的优势，反而会产生社会分类效应，阻碍群体内部的交流沟通以及解决分歧的能力（Hülsheger et al.，2009）。但是随着研究的深入，这种异质性分类理论受到质疑（Bowers，Pharmer，& Salas，2000；Webber & Donahue，2001），van Knippenberg 和 Schippers（2007）认为不同异质性对团体绩效与创新能力存在不同大小的影响，这一点无法用异质性分类理论进行解释。

为了解决这一问题，研究者进一步考虑了调节和中介效应，提出 CEM 模型（the Categorization – Elaboration model），该模型认为社会分类理论和信息决策理论都是正确的，团体异质性作为一种信息资源，需要通过信息阐释（团队内信息的交换、讨论和整合）过程后才能产生协同效应，进而促进团体绩效，异质性对团体绩效的影响是以信息阐释（information elaboration）为中介的（van Knippenberg & Schippers，2007）。在团体研究中，信息阐释水平至少可以通过两种方法进行评估。这两种方法都是先设立一个情境模拟任务，这个情境模拟任务通常需要具有不同技能、信息资源的团队成员合作完成，第一种信息阐释的评估方法是被试主观评价，这种方法会在任务后给予被试几条陈述，需要被试对这些陈述的符合程度进行打分，这些陈述，例如"团队成员通过分享各自信息来互相帮助""即使在我们都已经认同的情形下还会继续讨论信息"等（Kearney，Gebert，& Voelpel，2009；van Ginkel & van Knippenberg，2012）。第二种信息阐释的评估方法是他人客观评价，这种情况下，主试往往会使用摄像机记录下整个情境模拟任务，然后在任务后依据团队在任务中的表现对团体的信息阐释水平进行评估(van Ginkel & van Knippenberg, 2009;Hoever et al.,2012),评估会依据详细的标准进行(van Ginkel & van Knippenberg,2009)。如果团体异质性使得团体成员出现社会分类,那就会损害信息阐释,进而对团体绩效产生消极的影响,如果团体异质性没有导致社会分类,那么根据信息决策理论,会促进信息阐释,进而提高团体绩效,这个模型在之后的众多研究中得到验证(van Knippenberg & Mell,2016)。虽然是在团队绩效研究中提出的,但是该模型同样可以用来解释异质性对团队创新的影响(van Knippenberg,2017)。

综上所述,根据异质性分类和 CEM 模型,群体异质性对团队创新的影响是以信息阐释为中介,由社会分类和信息决策两种理论机制作支撑。背景异质性与工作的关系较弱,信息资源效益较低,同时易于引发社会分类效应,对信息阐释的破坏作用大于促进作用,对团队创新能力有消极影响;信息异质性与工作本身密切相关,信息资源效益较高,虽然仍有可能引发社会分类效应,但是对信息阐释的促进作用要大于破坏作用,因此有利于团队创新能力。

针对区域层面异质性与创新的研究较少,大多的研究主要集中在种族文化异质性领域,现有研究并没有得到种族文化异质性与创新之间的确切关系。Zhan 等(2015)认为这种模糊的结论是对文化异质性概念的不同理解造成的,并认为种族文化异质性应该划分为种族异质性和文化异质性两大部分,通过对国家层面的创新产出数据进行分析,发现种族异质性对于国家创新产出有消极作用,而相反,文化异质性对国家创新产出的影响则是积极的。DiRienzo 和 Das (2015)考察了国家创新能力与种族、语言和宗教异质性之间的关系,发现种族异质性对国家创新能力有消极影响,而宗教异质性对国家创新能力的影响却是积极的。尽管已经有研究者开始关注区域层面的异质性与创新问题,但是这些研究涉及的异质性类型较少,而且缺少用于解释异质性与区域创新能力的综合分析框架。

那么在群体层面提出的异质性分类和 CEM 模型,能否适用于区域层面?为了回答这个问题,本研究尝试检验异质性分类和 CEM 模型在区域层面的解释能力。从数据获取难易和实用性角度考虑,选取了性别、年龄、行业、种族和受教育程度五种异质性指标,其中,性别,年龄和种族属于背景异质性,与工作内容无关,结合已有研究,假设:

H1:性别、年龄、种族异质性对区域创新能力存在消极影响。

而受教育程度、行业异质性属于信息异质性,因此假设:

H2:受教育程度、行业异质性对区域创新能力存在积极影响。

人格一直是创造力研究中的一个重要因素,高创造力群体所具备的人格特征及其行为预测 (Feist, 1998; Obschonka, Silbereisen, & Schmitt - Rodermund, 2010)一直受研究者的广泛关注,同时 Rentfrow 等(2008)还发现不同区域之间存在人格差异,并且区域人格与区域犯罪指标、就业、宗教等因素存在强相关。那么,区域群体人格是否会对 CEM 模型中的信息阐释过程产生影响呢?哪一种人格产生的影响最大?团体层面研究表明,个体主观感知到的群体异质性越高,那么异质性与群体绩效的正相关关系越弱(Jehn et al.,1999),这可能是由于主观异质性感受提高,导致社会分类效应产生,进而破坏信息阐释过程,对群体绩效产生消极影响。而团队差异的主观感知能力,很大程度上受团队成员人格因素的影响,人格因素研究中使用最广泛的大五人格模型描述了五个基本人格因素:宜人性(agreeableness)、神经质(neuroticism)、外倾性(extraversion)、责任心(conscientiousness)和开放性(openness to experience)。其中开放性指个人乐于探索、承认和考虑新的、不熟悉的想法和经历(McCrae & Costa,1987),这一因素与差异性主观感知有密切关系,研究者认为开放性人格对异质团队的工作存在影响(van Knippenberg, De Dreu, & Homan,2004)。拥有开放性人格特征的个体更乐于接受团体成员的差异,社会分类出现的可能性较低,在这种情况下,群体异质性对团队工作会产生积极作用。已有的研究也证明了这点,Homan 等 (2008)在团体层面的研究发现,高度开放性人格会对团队绩效产生积极影响,而在同质性团队中则没有这种影响,并且这种影响是以信息阐释为中介的。Schilpzand 等(2011)以 31 个研究生团队为样本,发现开放性人格与团队创造力显著相关,具有开放性人格个体组成的异质性团队拥有最高水平的团队创新能力。综上所述,基于团体层面研究,我们认为,区域人格开放性的提高可能会减少由群体异质性引发的社会分类,从而削弱背景异质性对区域创新能力的消极影响,而强化信息异质性对区域创新能力的积极影响,因此提出 H1a(图 1)和 H2a(图 2)假设:

H1a:背景异质性对区域创新能力存在消极影响,而人格开放性在其中起干扰型调节作用。

H2a:信息异质性对区域创新能力存在积极影响,而人格开放性在其中起增强型调节作用。

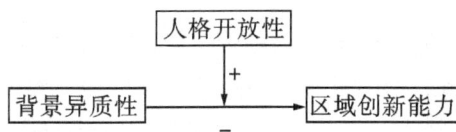

图 1　背景异质性与区域创新能力的关系以及人格开放性的调节作用

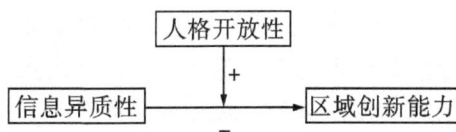

图 2　信息异质性与区域创新能力的关系以及人格开放性的调节作用

3　研究方法

选取美国 50 个州作为样本,主要从美国人口调查局(United States Census Bureau)、美国商务部 (United States Department of Commerce)、美国国家科学基金会(National Science Foundation,United States)等网站上获取公开的各州统计数据。

3.1　研究变量

自变量为群体异质性。使用 Blau 系数作为区域内群体异质性的测量指标,一是考虑到其在团体层面的群体异质性研究中受到广泛的应用(Budescu & Budescu,2012;刘嘉,许燕,2006);二是因为 Blau 系数适用于类别异质性,本研究中的群体异质性指标全部都是类别异质性,满足其使用条件。接下来会对这些指标进行具体说明。

从数据获取难易和实用性角度,本研究共考察了五种群体异质性指标,分别是性别异质性(sex/gender diversity)、年龄异质性(age diversity)、行业异质性(industry diversity)、种族异质性(race/ethnic diversity)以及受教育程度异质性(education attainment diversity),这些群体异质性特征在过去的异质性研究中受到广泛关注,被认为足够稳定,适合作为群体的特征指标(van Knippenberg & Mell, 2016)。异质性变量用到的人口特征数据都来源于 2005 年美国社区调查(American Community Survey , ACS)①,美国社区调查是美国人口普查的补充,每年进行一次,提供美国各地区经济、社会、人口普查和住宅的权威数据。ACS 中性别数据被分为两类,分别是男性和女性。年龄数据分为 9 类,分别是 5 岁以下、5～17 岁、18～24 岁、25～34 岁、35～44 岁、45～54 岁、55～64 岁、65～74 岁、75 岁以上。行业数据分为 13 类,分别是:农业、林业、渔业、狩猎和采矿;建筑业;制造业;批发贸易业;零售业;运输、仓储和公用事业;信息业;金融和保险,房地产,租赁业;专业、科学、管理、行政和废物管理服务;教育服务,卫生保健和社会援助;艺术、娱乐、住宿和餐饮业;除公共管理外的其他行业;公共管理。受教育程度数据统计 25 岁以上的人口,分为五类,高中以下、高中或同等学力毕业、大学或副学士学位、学士学位、研究生学位。种族数据共分为 7 类,分别是纯种白人、纯种黑人或非裔美国人、印第安纳或阿拉斯加原住民、纯种亚裔、夏威夷或其他太平洋岛屿原住民、其他纯种族裔、多族裔混血。

调节变量为大五人格中的开放性,数据来自于 Rentfrow 等(2008)的研究,该数据是 1999 年 12 月至 2005 年 1 月一个在线人格测验评估项目的结果。该项目使用了 John 等于 1991 发布的大五人格量表来测量人格的五个维度(Srivastava et al, 2003)。这种在线调查数据的可靠性已经得到研究确认,网络数据相比传统的线下数据,不但在传统研究结论上保持一致,而且在被试的代表性问题、被试重复问题上效果甚至要优于传统的线下人格数据(Gosling et al. , 2004)。

因变量是区域创新能力。从数据易获得性,综合性指标和具有一定权威和连续性三个角度出发,最终选取美国信息技术与创新基金会(ITIF)以及梅肯研究院(Milken Institute)发布的两种指标,作为对美国各州区域创新能力的评估。美国信息技术与创新基金会发布的国家新经济指标(the state new economy index)侧重于对美国各种创新经济表现的测度与基准化分析来描绘区域和国家经济结构的状态(黄建榕,柳一超,2017),本研究选取其中的创新能力亚指标作为区域创新能力的评估标准。梅肯研究院公布的州科学和技术指数(state technology and science index)则提供了一个全国性的标准以评估各州是否有完整的创新生态系统将创新功能集成起来(朱美丽,2016),本研究选取其总指标作为区域创新能力的评估标准。分别考察区域异质性对于两种指标的影响,每种指标下还会选取不同年份的数据分别纳入考察,通过对不同指标,不同年份结果的比较,提高研究结论的说服力。本研究具体考察了 2005 年美国各州异质性与 2007 年、2008 年、2010

---

① 数据获取网址:https://factfinder. census. gov/faces/nav/jsf/pages/index. xhtml

年 ITIF 州创新能力（Atkinson & Correa, 2007；Atkinson & Andes, 2008；Atkinson & Andes, 2010）以及 2008 年、2010 年、2012 年 Milken 州技术与科学指数（DeVol, Charuworn, & Kim, 2008；DeVol, Klowden, & Yeo, 2011；Klowden & Wolfe, 2013）的关系。

控制变量有四个，分别是科研经费投入、科研人员投入、经济发展水平以及外资投入水平。大量研究证实了科研经费和人员投入对于区域创新能力的直接正面影响（张天泽,2017）。王宇新和姚梅（2015）以专利授予量作为技术创新能力的评估指标,基于广义空间两阶段最小二乘估计方法,利用空间滞后及空间误差混合回归模型对我国技术创新能力水平的差异进行实证分析,发现大学、大中型企业科研人员以及经费的投入是我国省域间技术创新能力差异的主要影响因素。科研经费投入采用的指标为科研经费占GDP 百分比,数据来自美国国家自然科学基金（NAS）的国家研发资源（National Patterns of R&D Resources）数据库①。科研人员投入采用的指标为科学、工程和健康博士学位持有者占劳动力的百分比,数据来自美国科学和工程指数（Science and Engineering Indicators）②,该指数是美国和国际科学和工程企业的主要信息来源。经济发展水平在很大程度通过影响经济因素来塑造创新环境的质量（DiRienzo & Das, 2015）,Furman 等（2002）认为经济发展水平,通常用人均 GDP 表示,决定一个国家将其知识基础转变为经济发展的能力。经济发展水平采用的指标为人均 GDP,数据来自于美国商务部（United States Department of Commerce）的区域经济核算板块③。外资投入指的是别国的投资者在本国投入资本或其他生产要素,获取或控制相应的企业经营管理权,以获得利润或稀缺生产要素为目的的投资活动（张天泽,2017）,Kokko（1994）认为 FDI 对于东道国的经济发展和技术进步有重要推动作用。外资投入采用的指标为外资主要控股企业雇员占总雇员人数的百分比,外资主要控股企业雇员数据来源于美国商务部的区域经济核算板块④,而总雇员人数的数据来源于美国社区调查⑤。本研究中控制变量的选取年份会根据创新指标的变化而调整,具体来说,ITIF 报告中各州创新能力指数是基于大约 1 年前数据,所以使用 1 年前的指标作为控制变量（如果 1 年前数据缺失,则用 2 年前统计数据代替）,而Milken 指数是基于大约 3 年前的数据,所以本研究也使用 3 年前数据作为控制变量。

3.2　分析过程

采用多元回归的调节效应模型来检验群体异质性与区域创新能力的关系,同时考察区域人格开放性的调节作用大小。

群体异质性与区域创新能力关系的回归模型可以用如下形式表达：

$$\text{State Innovative Capacity} = \alpha + \beta_1\,S + \beta_2\,A + \beta_3\,I + \beta_4\,R + \beta_5\,E + \beta_6\,R\&D +$$

---

① 数据获取网址：https://www.nsf.gov/statistics/natlpatterns/

② 数据获取网址：https://www.nsf.gov/statistics/2016/nsb20161/#/stateind

③ 数据获取网址：https://www.bea.gov/regional/index.htm

④ 数据获取网址 https://www.bea.gov/iTable/iTable.cfm? ReqID = 2&step = 1#reqid = 2&step = 1&isuri = 1&202 = 6&203 = 8&204 = 3&205 = 1&200 = 2&201 = 2&207 = 28,29,30,31,32,33,34,35,36,37&208 = 47&209 = 1

⑤ 数据获取网址：https://factfinder.census.gov/faces/nav/jsf/pages/index.xhtml

$$\beta_7 \text{ DOC} + \beta_8 \text{ GDP} + \beta_9 \text{ FDI} \tag{1}$$

调节变量的回归模型可以以如下形式表达：

$$\text{State Innovative Capacity} = \alpha + \beta_1 \text{ S} + \beta_2 \text{ A} + \beta_3 \text{ I} + \beta_4 \text{ R} + \beta_5 \text{ E} + \beta_6 \text{ Op} +$$
$$+ \beta_7 \text{ S} \times \text{Op} + \beta_8 \text{ A} \times \text{Op} + \beta_9 \text{ I} \times \text{Op} + \beta_{10} \text{ R} \times \text{Op} + \beta_{11} \text{ E} \times \text{Op} +$$
$$\beta_{12} \text{ R\&D} + \beta_{13} \text{ DOC} + \beta_{14} \text{ GDP} + \beta_{15} \text{ FDI} \tag{2}$$

上述式中，S 代表性别异质性（sex diversity）；A 代表年龄异质性（age diversity）；I 代表产业异质性（industry diversity）；R 代表种族异质性（race diversity）；E 代表受教育程度异质性（educational attainment diversity）；Op 代表区域开放性人格（openness to experience）；R&D 代表科研经费投入；DOC 代表科研人员投入；GDP 代表经济发展水平；FDI 代表外资投入水平。

参考方杰等（2015）的多元回归的调节效应检验方法，考察了区域人格开放性的调节模型。在分析调节作用的模型中，自变量和调节变量在交叉项之前都进行标准化，其目的是降低自变量和调节变量之间非本质的多重共线性。

结果显示，所有模型中各变量的变异性膨胀因素（VIF）几乎都在 5 以下，只有少部分控制变量的 VIF 略高于 5，因此避免了多重共线性问题。与此同时，各模型的残差分布良好，并且残差独立性指标 Durbin – Watson（U）检验结果并没有表明显著的内相关，通过对残差图的观察可以认为模型方差齐性，所有模型的前提假设基本满足。

4　研究结果

4.1　ITIF 模型

以 ITIF 创新能力为区域创新指标，表 1 给出各模型中主要变量的均值，标准差和 Spearman 相关系数，没有使用传统的 Pearson 系数的是因为 Shapiro – Wilk 检验表明本研究中存在多个变量非正态分布，不符合皮尔逊相关系数的使用前提。同时发现，对于 ITIF 创新指数，其与教育程度多样性、研发经费投入、研发人员投入以及开放性都有显著的强正相关关系，并且这几个变量之间至少存在中等程度的显著正相关。同时，受教育程度异质性与种族异质性具有强正相关。从相关分析结果来看，各变量之间存在多重共线性的可能性，尤其注意了回归模型中的 VIF 值，但正如文中提到的，并没有发现显著的多重共线性。

表 2 给出对于 ITIF 创新指数的多元回归模型结果。分别使用 2005 年的美国各州群体异质性指标对 2007 年、2008 年和 2010 年的 ITIF 区域创新能力进行回归分析。模型 1 检验了自变量，即五项群体异质性指标与 ITIF 区域创新能力的关系。结果表明，种族异质性与区域创新能力之间存在负相关关系，而受教育程度异质性则与区域创新能力之间存在正相关关系，两者全部通过 2007 年、2008 年及 2010 年三个回归模型中的显著性水平检验，结果比较稳健。模型 2 检验了人格开放性对主要假设关系的调节作用，结果显示，人格开放性与异质性的交互项仅在对 2008 年 ITIF 区域创新能力预测模型中显著，具体表现为开放性与性别异质性的交互项在 0.05 水平上显著，但是在其他模型中却没有发现这一效应。

表1　ITIF 模型各变量均值、标准差和 Spearman 相关性分析

模型	变量	均值	标准差	1	2	3	4	5	6	7	8	9	10	11
	ITIF07	8.492	3.186	1										
	S	0.4998	0.0002	-0.003	1									
	A	0.8792	0.0033	-0.446**	-0.130	1								
	I	0.8873	0.0069	0.083	0.387	-0.036	1							
	R	0.3303	0.1496	0.106	-0.427**	-0.187	0.238	1						
ITIF07 模型	E	0.7605	0.0148	0.676	-0.310	-0.390**	0.202	0.570**	1					
	R&D06	2.237	1.628	0.887**	-0.108	-0.414**	-0.110	0.071	0.602**	1				
	DOC06	0.412	0.176	0.818	-0.085	-0.354	-0.063	0.154	0.586**	0.771**	1			
	GDP06	4.716	0.847	0.433**	0.039	-0.423**	0.078	0.331*	0.477**	0.307*	0.462**	1		
	FDI06	3.545	1.212	0.227	-0.424**	-0.349*	-0.304*	0.269	0.425**	0.338*	0.295*	0.410**	1	
	Op	-0.065	0.894	0.533**	-0.095	-0.418**	0.183	0.172	0.561**	0.423**	0.436**	0.265	0.109	1
	ITIF08	8.417	3.543	1										
	S	0.4998	0.0002	-0.045	1									
	A	0.8729	0.0033	-0.456**	-0.130	1								
	I	0.8873	0.0069	0.071	0.387**	-0.036	1							
	R	0.3303	0.1496	0.120	-0.427**	-0.187	0.238	1						
ITIF08 模型	E	0.7605	0.0148	0.695**	-0.310	-0.390**	0.202	0.570**	1					
	R&D07	2.265	1.609	0.898**	-0.036	-0.410**	-0.027	0.046	0.535**	1				
	DOC06	0.412	0.176	0.815**	-0.085	-0.354*	-0.063	0.154	0.586**	0.801**	1			
	GDP07	4.745	0.887	0.356*	0.092	-0.413**	0.070	0.279*	0.448**	0.292*	0.483**	1		
	FDI07	3.685	1.243	0.307*	-0.435**	-0.288*	-0.319*	0.225	0.456**	0.285*	0.335*	0.390**	1	
	Op	-0.0.065	0.894	0.572**	-0.095	-0.418**	0.183	0.172	0.561**	0.479**	0.436**	0.258	0.124	1
	ITIF10	8.472	3.461	1										
	S	0.4998	0.0002	-0.009	1									
	A	0.8792	0.0033	-0.468**	-0.130	1								
	I	0.8873	0.0069	0.134	0.387**	-0.036	1							
	R	0.3303	0.1496	0.135	-0.427**	-0.187	0.238	1						
ITIF10 模型	E	0.7605	0.0148	0.691**	-0.310	-0.390**	0.202	0.570	1					
	R&D09	2.350	1.628	0.904**	-0.051	-0.365**	-0.026	0.064	0.527**	1				
	DOC08	0.423	0.184	0.815**	-0.083	-0.360	-0.034	0.188	0.614**	0.760	1			
	GDP09	4.571	0.907	0.405**	0.097	-0.307	0.098	0.217	0.422**	0.263	0.544**	1		
	FDI09	3.599	1.174	0.299**	-0.403**	-0.277	-0.342*	0.149	0.441**	0.258	0.360*	0.337*	1	
	Op	-0.065	0.894	0.570**	-0.095	-0.418**	0.183	0.172	0.561**	0.400**	0.470**	0.198	0.083	1

注:N =50; * 表示 p < 0.05; ** 表示 p < 0.01; *** 表示 p < 0.001(双侧检验),下同

表2 群体异质性与区域创新能力(ITIF)的多元回归模型:群体人格开放性的调节作用

变量	2007年区域创新能力回归模型				2008年区域创新能力回归模型				2009年区域创新能力回归模型			
	模型1		模型2		模型1		模型2		模型1		模型2	
	标准化β	p	标准化β	p	标准化β	p	标准化β	p	标准化β	p	标准化β	p
	-318.996	0.771	0.825	0.632	-419.332	0.535	1.680	0.242	-1009.01	0.165	1.560	0.304
S	0.031	0.753	0.066	0.560	0.041	0.617	0.121	0.173	0.113	0.187	0.162	0.071
A	-0.039	0.623	-0.022	0.819	-0.0026	0.695	0.025	0.731	-0.073	0.303	0.019	0.807
I	0.180	0.059	0.094	0.372	0.125	0.101	0.026	0.732	0.146	0.072	0.076	0.354
R	-0.258*	0.011	-0.194	0.075	-0.186*	0.025	-0.124	0.134	-0.252**	0.005	-0.186*	0.040
E	0.329**	0.008	0.234	0.106	0.297**	0.004	0.217*	0.049	0.344**	0.002	0.224	0.065
R&D	0.335*	0.018	0.208	0.185	0.518***	0.000	0.318**	0.010	0.532***	0.000	0.444***	0.001
DOC	0.336*	0.202	0.438**	0.009	0.272*	0.029	0.456***	0.001	0.185	0.158	0.232	0.104
GDP	0.123	0.208	0.155	0.191	-0.007	0.929	0.039	0.677	0.004	0.965	0.049	0.646
FDI	0.062	0.497	0.074	0.463	0.050	0.521	0.065	0.428	0.107	0.209	0.144	0.108
Op			0.129	0.197			0.125	0.109			0.195*	0.024
OpxS			0.166	0.170			0.216*	0.022			0.156	0.112
OpxA			-0.059	0.548			0.004	0.955			0.014	0.861
OpxI			0.048	0.607			0.046	0.514			0.072	0.340
OpxR			0.049	0.667			0.107	0.213			-0.028	0.774
OpxE			0.047	0.685			0.006	0.946			0.115	0.272
R方	0.808		0.840		0.870		0.908		0.850		0.894	
调整R方	0.765		0.769		0.841		0.867		0.817		0.847	
F	18.745***		11.865***		29.697***		22.353***		25.255***		19.122***	
N	50		50		50		50		50		50	

4.2 Milken模型

以Milken指数为区域创新指标,表3给出各模型中主要变量的均值、标准差和Spearman相关系数。同时发现,对于Milken创新指数,受教育程度多样性、研发经费投入、人力资源、GDP以及开放性都与其有显著的强正相关关系,与ITIF的情况十分类似,这几个变量之间至少存在中等程度的显著正相关。由于异质性指标仍是2005年的数据,所以受教育程度异质性与种族异质性具有强正相关这一点与ITIF的情况完全一致。同样,各变量之间存在多重共线性的可能性,但是在考察回归模型中的VIF值后,本研究并没有发现显著的多重共线性。

表4给出对于Milken创新指数的多元回归模型结果。分别使用2005年的美国各州群体异质性指标对2008年、2010年和2012年的Milken区域创新能力进行回归分析。同样的,模型1检验了自变量,即五项群体异质性指标与Milken区域创新能力的关系。结果与ITIF的完全相同,种族异质性与区域创新能力之间存在负相关关系,而受教育程度异质性则与区域创新能力之间存在正相关关系,两者全部通过2008年、2010年及2012年三个回归模型的显著性水平检验,结果比较稳健。模型2检验了人格开放性对主要假

设关系的调节作用,但是人格开放性与异质性的交互项仅在对 2008 年 *Milken* 区域创新能力预测模型中显著,具体表现为开放性与年龄异质性和产业异质性的交互项在 0.05 水平上显著,但是在其他模型中却没有发现这一效应。

表 3　*Milken* 模型各变量均值、标准差和 *Spearman* 相关性分析

模型	变量	均值	标准差	1	2	3	4	5	6	7	8	9	10	11
	*Milken*08	53.713	13.565	1										
	S	0.4998	0.0002	0.063	1									
	A	0.8729	0.0033	-0.449**	-0.130	1								
	I	0.8873	0.0069	0.129	0.387**	-0.036	1							
	R	0.3303	0.1496	0.139	-0.427**	-0.187	0.238	1						
*Milken*08 模型	E	0.7605	0.0148	0.702**	-0.310*	0.390**	0.202	0.570**	1					
	R&D05	2.212	1.566	0.844**	-0.113	-0.416**	-0.110	0.066	0.593**	1				
	DOC06	0.412	0.176	0.825**	-0.093	-0.354	-0.063	0.154	0.586	0.792**	1			
	GDP05	4.630	0.812	0.516**	0.001	-0.423**	0.020	0.337*	0.481**	0.307*	0.442**	1		
	FDI05	3.588	1.194	0.320*	-0.437*	0.348*	-0.310	0.266	0.460**	0.369**	0.354*	0.485**	1	
	Op	-0.065	0.894	0.503**	-0.89	-0.418**	0.183	0.172	0.561**	0.419**	0.436**	0.248	0.138	1
	*Milken*10	52.381	13.611	1										
	S	0.4998	0.0002	0.088	1									
	A	0.8729	0.0033	-0.502**	-0.130	1								
	I	0.8873	0.0069	0.144	0.387**	-0.036	1							
	R	0.3303	0.1496	0.127	-0.427**	-0.187	0.238	1						
*Milken*10 模型	E	0.7605	0.0148	0.661**	-0.310*	0.390**	0.202	0.570**	1					
	r&D07	2.265	1.609	0.838**	-0.044	-0.410**	-0.027	0.046	0.535**	1				
	DOC08	0.423	0.184	0.817**	-0.092	-0.360*	-0.034	0.188	0.614**	0.809**	1			
	GDP07	4.745	0.877	0.557**	0.096	-0.413*	0.070	0.279*	0.448**	0.292*	0.493**	1		
	FDI08	3.685	1.243	0.312*	-0.439**	0.228*	-0.319*	0.225	0.456**	0.285*	0.357*	0.390**	1	
	Op	-0.065	0.894	0.495**	-0.089	-0.418**	0.183	0.172	0.561**	0.479**	0.470**	0.258	0.124	1
	*Milken*12	52.854	14.564	1										
	S	0.4998	0.0002	0.026	1									
	A	0.8729	0.0033	-0.476**	-0.130	1								
	I	0.8873	0.0069	0.092	0.387**	-0.036	1							
	R	0.3303	0.1496	0.119	-0.427**	-0.187	0.238	1						
*Milken*12 模型	E	0.7605	0.0148	0.676**	-0.310*	0.390**	0.202	0.570*	1					
	R&D09	2.350	1.628	0.836**	-0.057	-0.365**	-0.026	0.064	0.527**	1				
	DOC10	0.462	0.193	0.821**	-0.095	-0.368**	-0.042	0.173	0.591**	0.763**	1			
	GDP09	4.571	0.907	0.546**	0.096	-0.307*	0.098	0.217	0.422**	0.263	0.548**	1		
	FDI09	3.599	1.174	0.354*	-0.406**	-0.277	-0.342*	0.149	0.441**	0.258	0.358*	0.337*	1	
	Op	-0.065	0.894	0.520**	-0.089	-0.418**	0.183	0.172	0.561**	0.400**	0.466**	0.198**	0.083	1

表4　群体异质性与区域创新能力(*Milken*)的多元回归模型:群体人格开放性的调节作用

变量	2008 年区域创新能力回归模型				2010 年区域创新能力回归模型				2012 年区域创新能力回归模型			
	模型 1		模型 2		模型 1		模型 2		模型 1		模型 2	
	标准化 β	p	标准化 β	p	标准化 β	p	标准化 β	p	标准化 β	p	标准化 β	p
	−5906.82	0.055	25.864 ***	0.001	−4763.28	0.122	23.693 **	0.002	−5677.2	0.089	21.995 **	0.005
S	0.178	0.068	0.041	0.692	0.152	0.119	0.059	0.591	0.164	0.094	0.079	0.461
A	−0.052	0.493	−0.150	0.094	−0.145	0.067	−0.215 *	0.025	−0.084	0.288	−0.130	0.176
I	0.113	0.218	0.059	0.540	0.123	0.174	0.058	0.557	0.071	0.434	−0.010	0.916
R	−0.254 *	0.101	−0.260 *	0.011	−0.260 **	0.009	−0.266 *	0.015	−0.260 *	0.011	−0.258 *	0.020
E	0.504 **	0.000	0.427 **	0.002	0.435 ***	0.001	0.393 **	0.007	0.499 ***	0.000	0.448 **	0.003
R&D	0.266 *	0.049	0.225	0.127	0.247	0.059	0.175	0.230	0.217	0.097	0.130	0.375
DOC	0.262	0.061	0.209	0.167	0.304 *	0.035	0.310	0.058	0.315 *	0.040	0.306	0.072
GDP	0.132	0.181	0.239 *	0.030	0.109	0.251	0.226	0.063	0.051	0.590	0.219	0.098
FDI	0.031	0.743	−0.051	0.609	0.042		−0.023	0.822	0.104	0.281	0.041	0.706
Op			0.122	0.179			0.070	0.474			0.128	0.209
OpxS			−0.139	0.209			−0.059	0.607			−0.067	0.567
OpxA			−0.228 *	0.015			−0.182	0.062			−0.177	0.077
OpxI			0.192 *	0.035			0.159	0.084			0.180	0.055
OpxR			−0.159	0.141			−0.06	0.591			−0.060	0.599
OpxE			−0.027	0.796			−0.087	0.459			−0.121	0.339
R 方	0.822		0.866		0.817		0.849		0.808		0.844	
调整 R 方	0.782		0.806		0.776		0.782		0.764		0.775	
F	20.506 ***		14.608 ***		19.830 ***		12.741 ***		18.653 ***		12.234 ***	
N	50		50		50		50		50		50	

4.3　综合结果

结合 ITIF 和 Milken 两种区域创新指标所建立的模型结果,本研究发现,在使用的两种区域创新能力评价体系中,受教育程度的异质性与种族异质性对于区域创新能力的影响显著存在,并且这种影响是持续和稳健的。该结果部分支持了 H1 和 H2 假设,种族异质性作为背景异质性的确对区域创新能力存在消极影响,而受教育程度异质性作为信息异质性也对区域创新能力存在积极作用。但同时,年龄、性别、行业异质性却与区域创新能力不存在显著关系,表明异质性分类理论在区域创新层面的解释力有限。人格开放性在群体异质性与区域创新能力模型中的调节作用并不显著,这一点推翻了 H1a 和 H2a 假设,与团体层面的研究结果出现矛盾。

虽然本研究的假设大多没有得到验证,但仍然发现两个重要的结论。第一,种族异质性对区域创新能力存在消极影响,这意味着,一个区域内的种族结构越复杂,种族越多元,该区域的区域创新能力可能越低;第二,本研究发现受教育程度异质性对区域创新能力有积极影响,说明了群体不同层次学历的均匀分布有利于区域的创新能力。

5　讨论

　　为了研究群体异质性与区域创新能力之间的关系,基于异质性与团队创新能力的相关研究成果,考察了五种常见群体异质性指标对美国 50 州区域创新能力的影响作用,并探讨了群体人格开放性在其中的调节作用。结果显示,团队创新研究中的结论在区域创新层面的解释力有所下降,说明团体创新研究与区域创新研究之间存在某种差异。尽管如此,本研究仍然得到两个比较重要的结论:一是种族异质性对区域创新能力的消极作用;二是受教育程度异质性对区域创新能力的积极影响。考察了团体层面群体异质性与创新结论在区域层面的适用性,并在一定程度上弥补了过去群体异质性与区域创新能力领域研究的缺失,对今后该领域的深入研究提供一定程度的经验和参考。

　　关于群体异质性在团体创新与区域创新作用上的差异,研究认为可能是由于团队创新到区域创新的过程中存在的其他因素导致的。从异质性与创新研究本身出发,异质性对于个体创造力与团体创新能力的作用也存在差异,大多数研究认为异质性情境对于个体创造力存在积极影响(Hennessey & Amabile, 2010; Leung & Chiu, 2010; Mostert, 1997),而在团体创新层面,群体异质性的影响通常被认为要模糊的多(van Knippenberg, 2017)。因为创造力发展成为创新能力,一共要经历创意生成(idea generation)、创意阐释(idea elaboration)、创意支持(idea championing)、创意实施(idea implementation)四阶段(Perry-Smith & Mannucci, 2017),个体创造力主要影响了创意生成阶段,而团体创新能力则是对四个阶段的综合考察,异质性可能影响到创意生成外的其他三阶段,以此来解释群体异质性在个体创造力与团体创新能力上的影响差异。从这个角度出发,团体创新能力到区域创新能力之间,也可能掺杂了包括政治、经济、文化等各方面的额外因素,群体异质性对这些因素也产生一定影响,因此使得异质性与区域创新的问题复杂化。这种猜测得到已有研究的部分支持,首先,群体异质性对社会凝聚力(Meer & Tolsma, 2014)和经济因素(Efendic & Pugh, 2018)的确存在影响,其次,与创新问题类似的是,这种影响也具有宏观与微观层面的差异。

　　本研究得到两个具有一定价值的结论。首先发现,受教育程度的异质性对区域创新能力有积极作用。有研究者可能质疑,受教育程度异质性对区域创新的积极作用可能是由于高学历人群的占比提高导致的,但在回归模型中纳入了科研人员投入,这个在一定程度上反应高学历占比的控制变量。结果显示,在纳入控制变量后,受教育程度异质性的积极作用依然显著,说明受教育程度异质性对区域创新能力的积极影响无法单凭高学历人群占比提高解释。本研究的一种猜想是,由于受教育程度往往与社会地位、家庭背景、社会资源分配问题联系在一起(Milner & Boudon, 1975; Teachman, 1987),所以,一方面受教育程度异质性越高可能代表着不同层次的人群分布相对均匀,这种均匀的社会结构可能有利于社会的稳定和经济发展,从而对区域创新能力产生积极影响;另一方面,受教育异质性程度越高还可能意味着教育等公共资源的分配更加均匀和公平,意味着更多的高等教育资源,这些因素都可能利于区域创新能力的提高。

本研究发现的另一个重要的结论是,种族异质性对区域创新能力的影响是消极的,这与之前学者的研究发现相同(DiRienzo & Das,2015;Zhan et al.,2015)。种族异质性所带来的消极作用不仅仅体现在区域创新能力上,在国家层面的经济研究发现,种族异质性对经济增长也存在负面影响(Alesina & La Ferrara,2005)。在社会凝聚力领域,虽然研究者认为在国家层面种族异质性对社会凝聚力的影响还比较模糊,但是美国相比其他国家而言,种族异质性对国家社会凝聚力的破坏是明显存在的(Meer & Tolsma,2014),研究者将其解释为美国独特的历史因素,包括20世纪的种族隔离和更早时期的黑奴问题,种族歧视至今在美国都是一个敏感的话题。对于种族异质性所存在的消极作用,一种比较流行的解释是,种族异质性的提高可能会增加种族对立,引发种族斗争,提高国家内部动乱的可能性(Fearon & Laitin,2003),继而影响到一系列经济和社会因素,阻碍区域的创新发展。

本研究的不足主要有两个方面:一方面研究对象是美国,正如文中提到的,美国在种族问题上具有特殊性,所以关于种族异质性的结论是否能从美国的研究中推广到其他国家,这一点仍然存疑;另一方面是各变量的选取问题,首先对于异质性测量的方法就有很多种,选取了社会科学中最常使用的 Blau 系数,但是不可否认,随着科学研究的发展和进步,现在已经出现更加合适、更为全面的异质性测量方法,例如,国内学者在对团队创新的研究中就提到团队异质性的平衡性测量方法(倪旭东,项小霞,姚春序,2016)。其次对于区域创新能力的评估,一方面由于现在依然处于各机构、智库百家争鸣的情况,没有一个绝对的衡量指标存在,虽然本研究同时对两种不同区域创新指标下的模型进行分析,以最大限度地减少因这个问题带来的结果偏差,但是这些指标究竟能在多大程度上反映区域的创新能力,仍存疑虑;另一方面由于本研究中区域创新能力评估标准采取的是综合性指标以及综合性指标下的亚指标,存在研究自变量、控制变量与指标体系重合的问题,这也是综合指标相对于单一指标存在的弊端,未来的研究可以尝试对单一指标、综合指标以及综合指标亚指标进行统一考察,以得到更加稳健的结果。最后,在控制变量的设置上,由于本研究最初并没有把关注点聚焦在受教育程度和种族异质性对区域创新的影响上,所以只选取影响区域创新能力最常见的几个变量作为控制,如果对受教育程度和种族异质性进行深入分析,的确可能存在其他,例如区域受教育年限以及黑人、拉丁裔占比等因素影响最终结果的解释,在后续对于这两种异质性与区域创新能力的进一步研究中,可以尝试对这些变量进行控制,来探讨其背后的内在机制。

未来群体异质性与区域创新的深入研究可以有两个方向:一是对美国以外的其他国家进行研究,探讨群体异质性在不同文化中对区域创新能力的影响差异,例如,如果有好的机遇与条件,可以在中国情境下探讨类似的问题,中美之间巨大的文化差异是否会起作用,是一个非常有趣的话题。同时,中国现在正处于经济转型的关键时期,许多行业都在强调创新驱动,在这种背景下,对中国的研究既可以弥补国内相关研究的缺失,也具有现实和长远的指导性意义。另一个方向就是对群体异质性的深入,一方面,采用更加全面,更加精准的异质性指标,另一方面,可以对诸如人格、态度这些更加深层次的异质性类型进行探索,当然其研究难度也会大大加深。

在现实层面,本研究的结论可以为区域创新的发展提供一定的思路。例如,虽然普遍认为社会的多元有益于区域创新能力,但是对此管理和行政部门还是需要谨慎考量,在扩大社会多元性的同时,一方面要利用好这种多元化所带来的创新价值,另一方面也要注意去监控和缓和多元化带来的社会矛盾,例如种族异质性提高可能带来的种族对立、种族矛盾的加剧问题。

参考文献

创新城市评价课题组,何平. (2009). 中国创新城市评价报告. 统计研究,26(8),3-9.

戴维·迈尔斯. (2016). 社会心理学,侯玉波,乐国安,张智勇,等译. 北京,人民邮电出版社.

方杰,温忠麟,梁东梅,等. (2015). 基于多元回归的调节效应分析. 心理科学,(3):715-720.

国家统计局社科文司"中国创新指数研究"课题组. (2014). 中国创新指数研究. 统计研究,31(11):24-28.

郭婧,苏秦. (2014). 团队异质性与产品创新模糊前端中的个人创造力. 管理学报,11(7):1046.

黄海艳,李乾文. (2011). 研发团队成员人格异质性与创新绩效:以交互记忆系统为中介变量. 情报杂志,30(4):186-191.

黄建榕,柳一超. (2017). 美国科技创新能力评价的做法与借鉴. 当代经济管理,39(10):88-93.

李华晶,张玉利. (2006). 高管团队特征与企业创新关系的实证研究--以科技型中小企业为例. 商业经济与管理,(5):9-13.

刘惠琴. (2008). 团队异质性、规模、阶段与类型对学科团队创新绩效的影响研究. 清华大学教育研究,29(4):83-90.

刘嘉,许燕. (2006). 团队异质性研究回顾与展望. 心理科学进展,14(4):636-640.

柳卸林,胡志坚. (2002). 中国区域创新能力的分布与成因. 科学学研究,20(5):550-556.

倪旭东,项小霞,姚春序. (2016). 团队异质性的平衡性对团队创造力的影响. 心理学报,48(5):556-565.

潘越,肖金利,戴亦一. (2017). 文化多样性与企业创新:基于方言视角的研究. 金融研究(10):146-161.

石峰,戴冬阳. (2013). 区域创新系统研究述评. 技术经济,32(1):40-43.

王宇新,姚梅. (2015). 空间效应下中国省域间技术创新能力影响因素的实证分析. 科学决策,(3):72-81.

王磊,李翠霞. (2016). 团队特征对高校科研团队个体创造力影响的跨层次研究——以团队知识整合能力为中介变量. 软科学,30(9):75-78.

王兴元,姬志恒. (2013). 跨学科创新团队知识异质性与绩效关系研究. 科研管理,34

（3）:14 - 22.

于晓宇,杜旭霞,李雪灵,等.（2013）.大都市圈文化异质性对企业创新行为的影响研究.科研管理,34(5):32 - 38.

朱美丽.（2016）.美国创新评价体系最新进展及启示(2005 年 - 2015 年).现代管理科学,（9）:36 - 38.

张平.（2006）.高层管理团队异质性与企业绩效关系研究.管理评论,18(5):54 - 61.

张天译.（2017）.中国区域创新能力比较研究.吉林:吉林大学.

中国科技发展战略研究小组,中国科学院大学中国创新创业管理研究中心.（2016）.中国区域创新能力评价报告 2016.北京:科学技术文献出版社.

Abrams, D. , Wetherell, M. , Cochrane, S. , et al. (1990). Knowing what to think by knowing who you are: Self - categorization and the nature of norm formation, conformity and group polarization *. British Journal of Social Psychology, 29(2):97 - 119.

Alam, K. , Mitra, A. , Rizvi, M. H. , et al. (1986). Selection of the Most Diverse Multinomial Population. American Journal of Mathematical and Management Sciences, 6(1 - 2): 65 - 86.

Alesina, A. , La Ferrara, E. (2005). Ethnic Diversity and Economic Performance. Journal of Economic Literature, 43(3):762 - 800.

Allison, P. (1978). Measures of Inequality. American Sociological Review, 43(6):865 - 880.

Atkinson, R. D. Correa, D. K. (2007). The 2007 State New Economy Index: Benchmarking Economic Transformation in the States. http://www. itif. org/files/2007_State_New_Economy_Index. pdf? _ga = 2. 52283306. 2008005672. 1524991896 - 1797030976. 1524991896.

Atkinson, R. D. , Andes, S. M. (2008). The 2008 state new economy index: Benchmarking economic transformation in the states. http://www. itif. org/files/2008_State_New_Economy_Index. pdf? _ga = 2. 98567965. 2008005672. 1524991896 - 1797030976. 1524991896.

Atkinson, R. D. Andes, S. M. (2010). The 2010 State New Economy Index. http://www. itif. org/files/2010 - state - new - economy - index. pdf? _ga = 2. 160244286. 2008005672. 1524991896 - 1797030976. 1524991896.

Bantel, K. A. , Jackson, S. E. (1989). Top management and innovations in banking: Does the composition of the top team make a difference? Strategic Management Journal, 10 (S1):107 - 124.

Blau, J. R. , Alba, R. D. (1982). Empowering Nets of Participation. Administrative Science Quarterly, 27(3):363.

Blau, P. M. (1977). A Macrosociological Theory of Social Structure. American Journal of Sociology, 83(1):26 - 54.

Bowers, C. A. , Pharmer, J. A. , Salas, E. (2000). When member homogeneity is needed in work teams: A meta - analysis. Small Group Research, 31(3):305 - 327.

Budescu, D. V. , Budescu, M. (2012). How to measure diversity when you must. Psychological Methods, 17(2):215 – 227.

Chao, A. , Chiu, C. – H. , Jost, L. (2014). Unifying Species Diversity, Phylogenetic Diversity, Functional Diversity, and Related Similarity and Differentiation Measures Through Hill Numbers. Annual Review of Ecology, Evolution, and Systematics, 45 (1):297 – 324.

Cooke, P. , Gomez Uranga, M. , Etxebarria, G. (1997). Regional innovation systems: Institutional and organisational dimensions. Research Policy, 26(4 – 5):475 – 491.

Cox, T. H. , Lobel, S. A. , McLeod, P. L. (1991). Effects of ethnic group cultural differences on cooperative and competitive behavior on a group task. Academy of Management Journal, 34(4):827 – 847.

DeVol, R. C. , Charuworn, A. Kim, S. (2008). State Technology and Science Index: Enduring Lessons for the Intangible Economy. Milken Institute. http://assets1b. milkeninstitute. org/assets/Publication/ResearchReport/PDF/StateTechScienceIndex. pdf.

DeVol, R. C. , Klowden, K. , Yeo, B. (2011). State Technology and Science Index 2010: Enduring Lessons for the Intangible Economy. Milken Institute, Executive Summary, http://assets1c. milkeninstitute. org/assets/Publication/ResearchReport/PDF/STSI _ exec. pdf.

DiRienzo, C. , Das, J. (2015). Innovation and role of corruption and diversity: A cross – country study. International Journal of Cross Cultural Management, 15(1):51 – 72.

Doloreux, D. , Parto, S. (2005). Regional innovation systems: Current discourse and unresolved issues. Technology in Society, 27(2):133 – 153.

Efendic, A. , Pugh, G. (2018). The effect of ethnic diversity on income – an empirical investigation using survey data from a post – conflict environment. Economics: The Open – Access, Open – Assessment E – Journal, 12:1 – 34.

Fearon, J. D. , Laitin, D. D. (2003). Ethnicity, Insurgency, and Civil War. American Political Science Review, 97(1):75 – 90.

Feist, G. J. (1998). A meta – analysis of personality in scientific and artistic creativity. Personality and social psychology review, 2(4):290 – 309.

Festinger, L. (1954). A Theory of Social Comparison Processes. Human Relations, 7(2): 117 – 140.

Furman, J. L. , Porter, M. E. , Stern, S. (2002). The determinants of national innovative capacity. Research Policy, 31(6):899 – 933.

Gibbs, J. P. , Martin, W. T. (1962). Urbanization, Technology, and the Division of Labor: International Patterns. American Sociological Review, 27(5):667 – 677.

Gosling, S. D. , Vazire, S. , Srivastava, S. , et al. (2004). Should We Trust Web – Based Studies? A Comparative Analysis of Six Preconceptions About Internet Questionnaires. American Psychologist, 59(2):93 – 104.

Harrison, D. A., Klein, K. J. (2007). What's the difference? Diversity constructs as separation, variety, or disparity in organizations. Academy of Management Review, 32(4): 1199 – 1228.

Hennessey, B. A., Amabile, T. M. (2010). Creativity. Annual Review of Psychology, 61 (1):569 – 598.

Hirschman, A. O. (1964). The Paternity of an Index. The American Economic Review, 54 (5):761 – 762.

Hoever, I. J., Van Knippenberg, D., Van Ginkel, W. P., et al. (2012). Fostering team creativity: perspective taking as key to unlocking diversity's potential. Journal of Applied Psychology, 97(5):982.

Homan, A. C., Hollenbeck, J. R., Humphrey, S. E., et al. (2008). Facing Differences With an Open Mind: Openness to Experience, Salience of Intragroup Differences, and Performance of Diverse Work Groups. Academy of Management Journal, 51(6):1204 – 1222.

Hülsheger, U. R., Anderson, N., Salgado, J. F. (2009). Team – Level Predictors of Innovation at Work: A Comprehensive Meta – Analysis Spanning Three Decades of Research. Journal of Applied Psychology, 94(5):1128 – 1145.

Jehn, K. A., Northcraft, G. B., Neale, M. A. (1999). Why Differences Make a Difference: A Field Study of Diversity, Conflict, and Performance in Workgroups. Administrative Science Quarterly, 44(4):741 – 763.

Kearney, E., Gebert, D., Voelpel, S. C. (2009). When and how diversity benefits teams: The importance of team members' need for cognition. Academy of Management journal, 52(3):581 – 598.

Klowden, K., Wolfe, M. (2013). State Technology and Science Index 2012. ? Enduring Lessons for the Intangible Economy/Milken Institute. http://assets1b. milkeninstitute. org/assets/Publication/ResearchReport/PDF/STSI2013. pdf.

Kokko, A. (1994). Technology, market characteristics, and spillovers. Journal of Development Economics, 43(2):279 – 293.

Kosman, E. (2014). Measuring diversity: from individuals to populations. European Journal of Plant Pathology, 138(3):467 – 486.

Kristinsson, K., Candi, M., Smundsson, R. J. (2016). The Relationship between Founder Team Diversity and Innovation Performance: The Moderating Role of Causation Logic. Long Range Planning, 49(4):464 – 476.

Leung, A. K., Maddux, W. W., Galinsky, A. D., et al. (2008). Multicultural experience enhances creativity: The when and how. American Psychologist, 63(3):169 – 181.

Leung, A. K. yee, Chiu, C. Y. (2010). Multicultural Experience, Idea Receptiveness, and Creativity. Journal of Cross – Cultural Psychology, 41(5):723 –741.

Li, X. (2009). China's regional innovation capacity in transition: An empirical approach. Research Policy, 38(2):338 –357.

MacArthur, R. H. (1965). Patterns of species diversity. Biological Reviews, 40(4):510 –533.

McCrae, R. R., Costa, P. T. (1987). Validation of the five – factor model of personality across instruments and observers. Journal of Personality and Social Psychology, 52(1): 81 –90.

McGlynn, R. P., Tubbs, D. D., Holzhausen, K. G. (1995). Hypothesis Generation in Groups Constrained by Evidence. Journal of Experimental Social Psychology, 31(1):64 –81.

Meer, T. van der, Tolsma, J. (2014). Ethnic Diversity and Its Effects on Social Cohesion. Annual Review of Sociology, 40(1):459 –478.

Milliken, F. J., Martins, L. L. (1996). Searching for common threads: Understanding the multiple effects of diversity in organizational groups. Academy of Management Review, 21 (2):402 –433.

Milner, M., Boudon, R. (1975). Education, Opportunity, and Social Inequality: Changing Prospects in Western Society. Social Forces, 54(2):494.

Mostert, S. G. L. S. I. (1997). Creativity and Sex Composition: An Experimental Illustration. European Journal of Work and Organizational Psychology, 6(2):175 –182.

Myers, D. G., Bishop, G. D. (1970). Discussion Effects on Racial Attitudes. Science, 169 (3947):778 –779.

Obschonka, M., Silbereisen, R. K., Schmitt – Rodermund, E. (2010). Entrepreneurial intention as developmental outcome. Journal of Vocational Behavior, 77(1):63 –72.

Perry – Smith, J. E., Mannucci, P. V. (2017). From Creativity to Innovation: The Social Network Drivers of the Four Phases of the Idea Journey. Academy of Management Review, 42(1):53 –79.

Rentfrow, P. J., Gosling, S. D., Potter, J. (2008). A Theory of the Emergence, Persistence, and Expression of Geographic Variation in Psychological Characteristics. Perspectives on Psychological Science, 3(5):339 –369.

Riddel, M., Schwer, R. K. (2003). Regional Innovative Capacity with Endogenous Employment: Empirical Evidence from the U. S. The Review of Regional Studies, 33(1):73 –84.

Schilpzand, M. C., Herold, D. M., Shalley, C. E. (2011). Members' Openness to Experience and Teams' Creative Performance. Small Group Research, 42(1):55 –76.

Shannon, C. E. (1948). A Mathematical Theory of Communication. Bell System Technical Journal, 27(3):379 –423.

Simpson, E. H. (1949). Measurement of diversity. Nature, 163, 688.

Srivastava, S. , John, O. P. , Gosling, S. D. , et al. (2003). Development of personality in early and middle adulthood: Set like plaster or persistent change? Journal of Personality and Social Psychology, 84(5):1041 –1053.

Stirling, A. (2007). A general framework for analysing diversity in science, technology and society. Journal of The Royal Society Interface, 4(15):707 –719.

Stoner, J. A. F. (1961). A comparison of individual and group decisions involving risk. Massachusetts Institute of Technology.

Sun, H. , Teh, P. – L. , Ho, K. , et al. (2017). Team Diversity, Learning, and Innovation: A Mediation Model. Journal of Computer Information Systems, 57(1):22 –30.

Tang, C. , Naumann, S. E. (2016). Team diversity, mood, and team creativity: The role of team knowledge sharing in Chinese R D teams. Journal of Management Organization, 22 (3):420 –434.

Teachman, J. D. (1980). Analysis of Population Diversity. Sociological Methods Research, 8(3):341 –362.

Teachman, J. D. (1987). Family Background, Educational Resources, and Educational Attainment. American Sociological Review, 52(4):548.

Tuomisto, H. (2010). A consistent terminology for quantifying species diversity? Yes, it does exist. Oecologia, 164(4):853 –860.

van Ginkel, W. P. , van Knippenberg, D. (2009). Knowledge about the distribution of information and group decision making: when and why does it work. Organizational Behavior and Human Decision Processes, 108(2):218 –229.

van Ginkel, W. P. , van Knippenberg, D. (2012). Group leadership and shared task representations in decision making groups. The Leadership Quarterly, 23(1):94 –106.

van Knippenberg, D. (2017). Team Innovation. Annual Review of Organizational Psychology and Organizational Behavior, 4(1):211 –233.

van Knippenberg, D. , De Dreu, C. K. W. , Homan, A. C. (2004). Work Group Diversity and Group Performance: An Integrative Model and Research Agenda. Journal of Applied Psychology, 89(6):1008 –1022.

van Knippenberg, D. , Mell, J. N. (2016). Past, present, and potential future of team diversity research: From compositional diversity to emergent diversity. Organizational Behavior and Human Decision Processes, 136(4):135 –145.

van Knippenberg, D. , Schippers, M. C. (2007). Work Group Diversity. Annual Review of Psychology, 58(1):515 –541.

Webber, S. S. , Donahue, L. M. (2001). Impact of highly and less job – related diversity on work group cohesion and performance: a meta – analysis. Journal of Management, 27 (2):141 –162.

Whittaker, R. H. (1972). Evolution and Measurement of Species Diversity. International Association for Plant Taxonomy, 21(2):213 –251.

Williams, K. Y., O'Reilly, C. A. (1998). Demography and Diversity in Organizations: a review of 40 years of research. Reasearch in Organization Behavior. 20:77 – 140.

Woodman, R. W., Sawyer, J. E., Griffin, R. W. (1993). Toward a theory of organizational creativity. Academy of Management Review, 18(2):293 – 321.

Zhan, S., Bendapudi, N., Hong, Y. (2015). Re – examining diversity as a double – edged sword for innovation process. Journal of Organizational Behavior, 36(7):1026 – 1049.

Regional Innovative Capacity: The effect of group heterogeneity

Bin Hong[1]   Kaisheng Lai[2]   Hao Chen[3]

(1. *School of Management, Lanzhou University, Lanzhou*,730000; 2. *School of Communication and Design, Sun Yat – Sen University, Guangzhou*,510000; 3. *Department of Social Psychology, Nankai University, Tianjin*,300350)

Abstract: Innovation is the main driving force in today's world to promote national development and social progress. At the same time, with the globalization and opening up of society, the heterogeneity of regional population is expanding. Although the impact of group heterogeneity on innovation has attracted a lot of attention at the individual and group level, there are not many relevant researches at the regional level. Using 50 American States as samples, this paper examines the effects of five group heterogeneities, including gender, age, industry, race and education attainment, on regional innovative capacity with two regional innovation indicators. Also, this paper explores the moderating effect of openness to experience. The results show that race heterogeneity has a negative impact on regional innovative capacity, while the heterogeneity of educational attainment plays a positive role, and the moderating role of openness to experience is not significant. This study is an attempt to expand the research results of heterogeneity and group innovation to the regional level. At the same time, it also makes up for the lack of research on group heterogeneity and regional innovation capacity, which has certain practical and enlightening significance.

Keywords: group heterogeneity, regional innovative capacity, openness to experience

观点固着、评价顾虑和孵化间隔对合作创新的影响[①]

周　详　碧碧·德力达别克　翟宏堃

（南开大学 社会心理学系，天津，300350）

摘　要　本研究聚焦合作创新的社会影响和认知加工过程，采用小组创意生成、固着与评价顾虑诱发和任务转化的研究范式，通过系列实验探究合作性观点固着、评价顾虑和孵化间隔对团体合作创新生产力的影响。研究表明，在合作创新小组观点产生的互动过程中，观点固着、评价顾虑可导致观点数量和类别的生产力赤字，而不影响观点的新颖性；合作团体中的观点固着和评价顾虑在创意生成的数量方面存在交互作用。相比无评价顾虑的情况，有评价顾虑时，固着对合作创新想法数量生产力的影响较弱。孵化间隔有利于降低固着及提高创新生产力，在孵化间隔中加入认知任务进行任务转换效果会更好。

关键词　固着；评价顾虑；孵化间隔；合作创新

1　引言

合作创新是组织中的常见现象（Markman，2016），指以群体为单位，群体成员将所掌握的创新资源和信息进行有效汇聚，通过人员与资源的广泛交互，实现群体内和群体间的深度合作与创新（Sawyer & Dezutter，2009；Hennessey & Amabile，2010；陈劲和阳银娟，2012）。当代群体创造力理论主要关注创造性群体绩效的认知因素、社会因素和动机因素，高水平的群体创造力需要有效的互动过程、最佳的群体构成、群体体验以及支持创新和心理安全等便利背景，促进合作创新的研究也围绕以上因素展开，研究者发现用计算机支持下的电子头脑风暴和个人书写头脑风暴（brain‐writing）等方式可以消除社会性抑制，降低对合作创新绩效的不良影响，面对面与电子或书写会议的交替进行是促进合作创新的理想选择（Paulus & Kenworthy，2017）。Korde 和 Paulus（2017）提出了个体与群体创新交替进行的混合式头脑风暴是合作创新的有效模式，周详（2018）比较了合作学习群体中互动小组和名义小组在创新观点产生任务中的表现，建议在合作学习等群体活动中通过策略选择和规则设置促进集体智慧发挥作用。此外，许多与创新过程相关的因素可以同时具有促进和抑制的双重效果，例如群体互动、新思想接触、消极情绪、多样性、约

① 基金项目：国家社会科学基金项目（12BSH053），天津市哲学社会科学研究规划重点项目（TJJX16‐001）和天津市教委社会科学重大项目（2018JWZD41）。

束、断层线和群际互动等都会阻碍和促进创造力,这一双重作用增加了合作创新研究的复杂性。

对合作创新的研究较多集中于团队创造力的研究上,学者将团队创造力的定义为:汇聚观点和整体观点两类。汇聚观点注重"个体特征",认为其核心要素是个体创造力,个体创造力的函数就是团队创造力。团队创造力主要受个体创造力影响,此外,还受团队过程、规模、特性和内外环境的影响(Crossan & Apaydin, 2010;张景焕等,2016)以及任务的影响(Lu & Akinola,2017)。整体观点注重"群体特征",认为团队创造力是团队层面的属性且是其所专有的(王黎萤,陈劲,2010)。团队创造力的维度划分主要有新颖性、有用性、适宜性、原创性、流畅性、灵活性等。一般情况下,研究者们会在其中选择一个或者几个重要的因子进行组合分析。例如,Mathieu 等(2014)采取测量流畅性和灵活性;吴梦和白新文(2012)选择了原创性、适宜性和流畅性;Van Knippenberg 等(2007)选取了新颖性和有用性作为团队创造力的维度;李艳和杨百寅(2016)提出从创意实施角度考察创造力。

Anderson 等(2014)对于团队创造力影响因素分为团队特征、过程、领导和任务特征四类:团队特征主要指团队成员的人口统计学特征因素;团队过程指团队成员间不断交互的行为,旨在将团队的努力顺利输出的过程;团队领导指团队领导的风格,也是重要的前因变量;团队任务特征主要指团队任务的难易程度、紧迫程度等方面。国内学者还注意到多元文化经验、信任等因素对创造力的影响(杨阳,万明钢,2012;贡喆,刘昌,2017),以及团体创造力与个体创造力转化的条件(罗玲玲,2007)。

已有团队创新与合作创新的研究尚存不足,仍需要更多深入研究。首先,相对组织视角,过程视角的研究还有待加强,群体创新过程视角的研究是创新能力评估与提升的关键。其次,已有研究分散在团队创新过程各个环节,虽然一定程度上证实了团队过程的重要性,但没有形成理论体系,无法明确指出合作创新评估与心理干预的核心要素。对各因素综合作用机理的研究成为重要的研究方向。第三,创新气氛是影响合作创新的重要因素,但是其本身也是一个综合概念,其影响机理有待探寻。第四,以往研究多以问卷方式进行研究,忽略具体情境中交互作用的作用机理研究。最后,大量的团队创新与合作能力评估与提升研究则由国外学者做出,国内研究以验证性居多。因此,当代中国社会情境下,有针对性的质性和量化研究还有待深入。

本研究聚焦合作创新的社会影响和认知加工过程,采用小组创意生成、观点固着与评价顾虑诱发和任务转化的研究范式,通过系列实验探究认知固着、评价顾虑和孵化间隔对团队创造力的影响。

以往研究对一组参与者一起完成任务(实际团体)所产生的想法总数与同等数量的个体单独完成任务(名义团体)所产生的想法总数(不含重复想法)做比较,发现实际团体比名义团体所产生的想法少,在实际团体与名义团体之间存在"生产力赤字"(productivity deficit),其原因可以用多种社会因素和认知因素来解释。例如,生产阻塞、认知超载、工作记忆、固着、部分线索抑制、输出干扰、社会比较、评价顾虑等,其中,固着和评价顾虑是较为重要的两个因素。固着(fixation)指"阻止或妨碍成功完成各种认知操作的现象,涉及记忆、解决问题和产生创造性想法"(Dodds & Smith,1999)。Kohn 和 Smith

（2011）认为固着是由于以往经验或不适当的解决途径导致的无法顺利进行问题解决或记忆检索，个体最近经验、领域知识暴露于刺激中都有可能导致固着。固着通常指最初被实验心理学文献所描述的一种效应（Adamson，1952），即个人可能无意识地将注意力放在某个对象或任务的某些方面，同时忽视了其他方面。围绕固着现象，研究者相继开展了防御性固着、功能固着、设计固着和合作性观点固着等方面的探索，弗洛伊德认为固着是一种精神分析的防御机制，指当个体需要没有得到满足或被过度满足时，个体就会停滞在一个早期的精神发展阶段。Duncker（1945）将功能固着描述为在问题解决过程中发生的妨碍用新的方式使用对象的一种心理阻塞现象。设计固着指盲目遵守限制概念设计输出的一套思想或概念，或过度依赖先前存在的设计的特征等现象（Youmans & Arciszewski，2014）。Smith（2011）认为合作性观点固着由团体其他成员想法引起，是社会互动的结果，在团队中看到或者听到他人的想法也会限制个体贡献自己的想法，虽然暴露在其他人的想法中也有益处，比如可能令人受到启发，但是同时也存在不利的一面，个体在团队中听到其他成员的想法后，可能会过多关注或局限在这一类别的想法中，如果这类想法是有缺陷的，那就会导致意想不到的后果。如果一个创意生成小组会议的主要目的是产生尽可能多的不同想法，那么固着将会导致团队的生产力下降。团队创意生成中的固着理论上与个体创造性问题解决过程中的固着十分相似，当一个刺激被引入时，个体的思绪会固着在该刺激上。固着发生在个体创造性问题解决和团队创意生成中的差别在于固着刺激的来源：个体单独解决问题时，固着的诱发刺激可能来自一个示例，或者个体以往的经验，而在团队创意生成中，固着的诱发刺激则是来自于其他成员贡献的想法。孵化效应（incubation effects）是克服固着的一种方法，已有研究发现孵化间隔不仅允许个体对洞察问题产生"新鲜视角"和新的解决方案（Segal，2004），而且允许个体在记忆检索中进行新尝试，解决问题和记忆检索的理论机制非常相似，孵化间隔可以提供时间或空间上下文变化，允许对不同项目进行编码与采样（Smith & Vela，1991）。Paulus 等（2006）在研究休息对个人书面头脑风暴的影响时也发现孵化效应。此外，Lu 等（2017）的研究发现，在需要发散思维或聚合思维的创造力任务中，不断的任务切换可以通过减少认知固着来提高创造性。评价顾虑（evaluation apprehension）是指在团队中，由于担心来自其他团队成员的负面评价，从而导致个体贡献较少的想法。本研究赞同 Kohn 和 Smith（2011）的观点，认为合作创新中的固着是在合作团体中由他人观点诱发的对某些想法的过多关注和限制，从而导致任务完成受阻。评价顾虑和固着均为来自他人影响的重要变量，是涉及情绪与认知双加工机制的社会性因素，对探索合作创新的复杂机制具有特殊意义，因此，本研究拟考察观点固着在合作创新中的表现，探索固着与评价顾虑的交互作用，对比不同形式的孵化间隔对消除观点固着的影响，以便为合作创新的基础研究与实践应用提供支持。

2　实验一

实验一通过获得团体与个体创意生成的相关数据，评估不同实验设置（如，名义组与实际组，有或无评价顾虑）对创意数量、类别、新颖性的影响，探索合作创新中的固着，以及固着与评价顾虑的交互作用。名义组要求被试单独完成一个创意生成任务,然后随机将两名被试的实验数据分为一组,组成名义团体;实际组要求两个被试为一组共同完成一个创意生成任务。通过实验指导语,对名义组和实际组中各有一半的被试启动评价顾虑。预期被试在名义组条件下产生的创意要比实际组条件多,在无评价顾虑条件下产生的创意要比有评价顾虑条件多。

2.1 方法

2.1.1 被试

创意想法生成任务与大学有关,招募178名在校大学生被试参加实验,获得有效数据160份,被试被随机分到四个实验情境中的一种。年龄范围为19～23岁,男女各半,之前均未参加过类似实验,实验后获得少量报酬。

2.1.2 任务与材料

创意想法生成话题为"请列出能改善你所就读大学的方法",同类话题已用于其他创造力研究(Marsh et al.,1997;Paulus et al.,2006;Putman & Paulus,2009;Baruah & Paulus,2011)。运用微信平台作为被试进行实验和提交创意的工具。

2.1.3 设计与程序

采用2(观点固着:实际组和名义组)×2(评价顾虑:有和无)实验设计,被试被随机分配到四个实验条件中的一个,实验条件分别为无评价顾虑–名义组、无评价顾虑–实际组、有评价顾虑–名义组和有评价顾虑–实际组。

在实际组情境下,被试以两人为一个小组共同完成创意生成任务,在微信群中一起向主试提交各自的创意,实际组成员暴露于他人观点之中,会产生由他人观点引发的固着,即有固着组。在名义组情境下,被试单独进行创意生成任务,在微信界面单独向主试提交自己的创意,名义组成员未暴露于他人观点之中,不会产生由他人观点引发的固着,即无固着组。在有评价顾虑情境下,被试被告知实验结束后,其他被试对他们的创意进行评价。在无评价顾虑情境下,被试被告知他们创意没有优劣之分,他们的创意不会受到任何评价。

实验开始前给被试发送实验指导语和实验任务———一个创意生成话题("请列出能改善你所就读大学的方法"),之后在接下来的20分钟内,被试通过微信将他们的想法随时发送给主试,完成任务期间不会收到来自主试的沟通或反馈。实际组情境下,被试可以看到小组成员提供的想法。

2.1.4 数据处理

对于四种实验条件,实验者结合已有研究和现有数据将生成的每个想法归入30种类别。在被试提交条目包含两个想法的罕见情况下,对该条目进行适当地划分和分类(例如,"修复人行道和给宿舍装空调"将被编码为分别属于"改进"和"宿舍"类别的两个想法),数据分析中不包含重复或非严肃的想法。

创建名义组时,将来自名义组条件的两名参与者的数据随机分配为一组,其想法按时间顺序排列。对于实际组和名义组,被其他参与者重复的任何想法均进行删除。160名被试共生成2159个想法,分属于30个类别。想法新颖性则根据如下公式进行计算:类别 X 的新颖性分数 = (想法总数/落在类别 X 下的想法数)/(想法总数/100)(Kohn，2010)。因此，若该类别下的想法越少，新颖性分数越高。

2.2 结果与分析

2.2.1 独立样本 T 检验

（1）无评价顾虑时实际组与名义组的比较

采用独立样本 T 检验分析无评价顾虑－名义组与无评价顾虑－实际组想法的数量、类别、新颖性是否存在显著性差异，研究结果见表 1，数量和类别的 t 值分别为 2.595 和 2.806，显著性水平均小于 0.05，无评价顾虑－名义组和无评价顾虑－实际组想法的数量和类别都存在显著性差异，进一步均值比较可得，无评价顾虑－名义组想法数量和类别显著大于无评价顾虑－实际组。新颖性的 t 值显著性水平大于 0.05，无评价顾虑－名义组和无评价顾虑－实际组的新颖性不存在显著性差异。说明无评价顾虑时，合作创新实际组和名义组相比其完成任务受阻较大，在所提供想法的数量与类别上存在固着，导致生产力赤字，而新颖性上不存在此现象。

表 1 无评价顾虑时名义组与实际组想法的数量、类别和新颖性

	组别	M	SD	t
数量	无评价顾虑－名义组	36.05	4.54	2.595*
	无评价顾虑－实际组	29.85	9.68	
类别	无评价顾虑－名义组	16.35	2.03	2.806**
	无评价顾虑－实际组	13.75	3.61	
新颖性	无评价顾虑－名义组	1.48	0.40	0.298
	无评价顾虑－实际组	1.43	0.65	

注：$*p < 0.05$，$**p < 0.01$，$***p < 0.001$，$n = 20$，下同

（2）有评价顾虑时实际组与名义组的比较

采用独立样本 T 检验分析有评价顾虑－名义组和有评价顾虑－实际组想法的数量、类别、新颖性是否存在显著性差异，研究结果见表 2，数量、类别和新颖性的 t 值显著性水平均大于 0.05，有评价顾虑－名义组和有评价顾虑－实际组想法的数量、类别、新颖性都不存在显著性差异。说明有评价顾虑时，合作创新实际组与名义组完成任务受阻情况相同，合作创新实际组的生产力赤字受到掩蔽。

表 2 有评价顾虑时名义组与实际组想法的数量、类别和新颖性

	组别	M	SD	t
数量	无评价顾虑－名义组	20.05	4.16	-0.922
	有评价顾虑－实际组	22.00	8.49	
类别	有评价顾虑－名义组	11.90	2.34	0.626
	有评价顾虑－实际组	11.40	2.70	
新颖性	有评价顾虑－名义组	1.26	0.40	0.101
	有评价顾虑－实际组	1.25	0.35	

（3）实际组有、无评价顾虑时的比较

采用独立样本 T 检验分析无评价顾虑 - 实际组和有评价顾虑 - 实际组想法的数量、类别、新颖性是否存在显著性差异,研究结果见表3,数量和类别的 t 值分别为2.727和2.330,显著性均小于0.05,无评价顾虑 - 实际组与有评价顾虑 - 实际组的数量和类别都存在显著性差异,进一步进行均值比较得知,无评价顾虑 - 实际组想法的数量和类别显著大于有评价顾虑 - 实际组。新颖性的 t 值显著性水平大于0.05,无评价顾虑 - 实际组和有评价顾虑 - 实际组的新颖性不存在显著性差异。说明对合作创新实际组而言,有评价顾虑时想法的数量与类别生产力比无评价顾虑时少,在新颖性上不存在此现象。

表3　有无评价顾虑时实际组想法的数量、类别和新颖性

	组别	M	SD	t
数量	无评价顾虑 - 实际组	29.85	9.68	2.727 *
	有评价顾虑 - 实际组	22.00	8.49	
类别	无评价顾虑 - 实际组	13.75	3.61	2.330 *
	有评价顾虑 - 实际组	11.40	2.70	
新颖性	无评价顾虑 - 实际组	1.43	0.65	1.075
	有评价顾虑 - 实际组	1.25	0.35	

（4）名义组有、无评价顾虑时的比较

采用独立样本 T 检验分析无评价顾虑 - 名义组和有评价顾虑 - 名义组想法的数量、类别、新颖性是否存在显著性差异,研究结果见表4,数量和类别的 t 值分别为11.625和6.424,显著性水平均小于0.001,无评价顾虑 - 名义组与有评价顾虑 - 名义组的数量和类别都存在显著性差异,进一步进行均值比较得知,无评价顾虑 - 名义组想法的数量和类别显著大于有评价顾虑 - 名义组。新颖性的 t 值显著性水平大于0.05,无评价顾虑 - 名义组与有评价顾虑 - 名义组的新颖性不存在显著性差异。说明对名义组而言,有评价顾虑时想法的数量与类别生产力比无评价顾虑时少,在新颖性上不存在此现象。

表4　有无评价顾虑时名义组想法的数量、类别和新颖性

	组别	M	SD	t
数量	无评价顾虑 - 名义组	36.05	4.54	11.625 ***
	有评价顾虑 - 名义组	20.05	4.16	
类别	无评价顾虑 - 名义组	16.35	2.03	6.424 ***
	有评价顾虑 - 名义组	11.90	2.34	
新颖性	无评价顾虑 - 名义组	1.48	0.40	1.697
	有评价顾虑 - 名义组	1.26	0.40	

（5）实际组有评价顾虑时与名义组无评价顾虑时的比较

采用独立样本 T 检验分析无评价顾虑 - 名义组与有评价顾虑 - 实际组想法的数量、类别、新颖性是否存在显著性差异,研究结果见表5,数量和类别的 t 值分别为6.527和6.545,显著性水平均小于0.001,无评价顾虑 - 名义组与有评价顾虑 - 实际组的数量和

类别均存在显著性差异,进一步进行均值比较得知,无评价顾虑 – 名义组数量和类别显著大于有评价顾虑 – 实际组。新颖性的 t 值显著性水平大于 0.05,无评价顾虑 – 名义组与有评价顾虑 – 实际组的新颖性不存在显著性差异。说明评价顾虑和固着对合作创新实际组想法的数量与类别生产力起到较大抑制作用,在想法的新颖性上不存在此现象。

表 5　无评价顾虑 – 名义组与有评价顾虑 – 实际组想法的数量、类别和新颖性

	组别	M	SD	t
数量	无评价顾虑 – 名义组	36.05	4.54	6.527***
	有评价顾虑 – 实际组	22.00	8.49	
类别	无评价顾虑 – 名义组	16.35	2.03	6.545***
	有评价顾虑 – 实际组	11.40	2.70	
新颖性	无评价顾虑 – 名义组	1.48	0.40	1.918
	有评价顾虑 – 实际组	1.25	0.35	

(6)名义组有评价顾虑时与实际组无评价顾虑时的比较

采用独立样本 T 检验分析无评价顾虑 – 实际组与有评价顾虑 – 名义组想法的数量、类别、新颖性是否存在显著性差异,研究结果见表 6,数量的 t 值为 4.161,显著性小于 0.001,无评价顾虑 – 实际组与有评价顾虑 – 名义组想法的数量存在显著性差异,进一步进行均值比较得知,无评价顾虑 – 实际组数量显著大于有评价顾虑 – 名义组。类别和新颖性的 t 值显著性水平均大于 0.05,无评价顾虑 – 实际组与有评价顾虑 – 名义组的类别和新颖性均不存在显著性差异。说明名义组想法的数量在有评价顾虑时比合作创新实际组在无评价顾虑时少,评价顾虑对想法数量生产力的抑制作用比固着大,在类别与新颖性上不存在此现象。

表 6　无评价顾虑 – 实际组与有评价顾虑 – 名义组想法的数量、类别和新颖性

	组别	M	SD	t
数量	无评价顾虑 – 实际组	29.85	9.68	4.161***
	有评价顾虑 – 名义组	20.05	4.16	
类别	无评价顾虑 – 实际组	13.75	3.61	1.923
	有评价顾虑 – 名义组	11.90	2.34	
新颖性	无评价顾虑 – 实际组	1.43	0.65	0.966
	有评价顾虑 – 名义组	1.26	0.40	

以上结果显示,无评价顾虑时,合作创新实际组在所提供想法的数量与类别上存在固着,导致生产力赤字;有评价顾虑时,合作创新实际组的固着和生产力赤字受到掩蔽,实际组与名义组想法的数量与类别生产力均比无评价顾虑时少;固着和评价顾虑对合作创新实际组想法的数量与类别生产力起到较大抑制作用,在想法的新颖性上不存在此现象;名义组想法的数量在有评价顾虑时比合作创新实际组在无评价顾虑时少,评价顾虑对想法数量的抑制生产力作用比固着大,在类别与新颖性上不存在此现象。

2.2.2 方差分析

(1)评价顾虑与固着对想法数量的影响

对不同评价顾虑和固着条件下被试想法的数量是否存在显著性差异进行方差分析,结果见表7和表8。表8中整体模型的 F 值为21.392,显著性小于0.001,达到显著水平。其中,评价顾虑的 F 值为55.876,显著性小于0.001,评价顾虑的主效应达显著水平。评价顾虑与固着的交互效应的 F 值为6.525,显著性小于0.05,评价顾虑与固着的交互效应达显著水平,存在交互作用。固着的 F 值的显著性大于0.05,固着的主效应未达显著水平。

表7 评价顾虑和固着条件下被试想法的数量

组别	无评价顾虑		有评价顾虑		合计	
	M	SD	M	SD	M	SD
名义组	36.05	4.54	20.05	4.16	28.05	9.17
实际组	29.85	9.68	22.00	8.49	25.93	9.83

表8 评价顾虑和固着条件下被试想法数量的方差分析

变异来源	III 类平方和	自由度	均方	F	显著性
校正的模型	3266.538a	3	1088.846	21.392	0.000
截距	58266.013	1	58266.013	1144.701	0.000
评价顾虑	2844.113	1	2844.113	55.876	0.000
固着	90.313	1	90.313	1.774	0.187
评价顾虑 * 固着	332.113	1	332.113	6.525	0.013
误差	3868.450	76	50.901		
总计	65401.000	80			
校正后的总变异	7134.988	79			

(2)评价顾虑与固着对想法类别的影响

对不同评价顾虑和固着条件下被试想法的类别是否存在显著性差异进行索方差分析,结果见表9和表10。表10中整体模型的 F 值为13.417,显著性小于0.001,达到显著水平。其中,评价顾虑的 F 值30.886,显著性小于0.001,评价顾虑的主效应达到显著水平。固着的 F 值为6.419,显著性小于0.05,固着的主效应达显著水平。评价顾虑与固着交互作用的 F 值的显著性大于0.05,评价顾虑与固着之间的交互作用不显著。

表9 评价顾虑和固着条件下被试想法的类别统计

组别	无评价顾虑		有评价顾虑		合计	
	M	SD	M	SD	M	SD
名义组	16.35	2.03	11.90	2.34	14.13	3.12
实际组	13.75	3.61	11.40	2.70	12.58	3.37

表 10　评价顾虑和固着条件下被试想法类别的方差分析

变异来源	III 类平方和	自由度	均方	F	显著性
校正的模型	301.300a	3	100.433	13.417	0.000
截距	14257.800	1	14257.800	1904.716	0.000
评价顾虑	231.200	1	231.200	30.886	0.000
固着	48.050	1	48.050	6.419	0.013
评价顾虑 * 固着	22.050	1	22.050	2.946	0.090
误差	568.900	76	7.486		
总计	15128.000	80			
校正后的总变异	870.200	79			

（3）评价顾虑与固着对想法新颖性的影响

对不同评价顾虑和固着条件下被试想法的新颖性是否存在显著性差异进行方差分析，结果见表 11 和表 12。表 12 中整体模型的 F 值为 1.231，显著性大于 0.05，未达显著水平，说明不同评价顾虑和固着条件下想法的新颖性不存在显著性差异。

表 11　评价顾虑和固着条件下被试想法的新颖性统计

组别	无评价顾虑		有评价顾虑		合计	
	M	SD	M	SD	M	SD
名义组	1.48	0.40	1.26	0.40	1.37	0.41
实际组	1.43	0.65	1.25	0.35	1.34	0.52

表 12　评价顾虑和固着条件下被试想法新颖性的方差分析

变异来源	III 类平方和	自由度	均方	F	显著性
校正的模型	0.794a	3	0.265	1.231	0.304
截距	146.583	1	146.583	681.402	0.000
评价顾虑	0.767	1	0.767	3.566	0.063
固着	0.020	1	0.020	0.091	0.763
评价顾虑 * 固着	0.007	1	0.007	0.035	0.852
误差	16.349	76	0.215		
总计	163.727	80			
校正后的总变异	17.143	79			

以上结果显示，固着与评价顾虑在想法的数量生产力方面存在交互作用，无评价顾虑时，合作性观点固着导致创新团体在生成想法的数量方面表现欠佳，不及个体单独完成任务时的表现；有评价顾虑时，合作性观点固着则导致创新团体在生成想法的数量方面的表现与个体单独完成任务时的表现都欠佳，且差异不显著。相比无评价顾虑的情况，有评价顾虑时，固着对合作创新想法数量生产力的影响较弱。

3 实验二

实验二旨在探索创意生成中消除固着的方法。在创造性问题解决和记忆检索中,已经使用孵化间隔来缓解固着(Browne & Cruse,1988;Smith & Blankenship,1989)。创意生成期间的休息可能会让个人或团体在会谈期间的表现更有成效,Paulus 等(2006)的早期研究发现孵化间隔可以提高生产力,但在实验设置时对控制和实验组没有给出等效的初始想法时间,可能会影响其结果分析,实验二试图改进此种方法学的不足。此外,孵化的遗忘固着假说认为孵化间隔有助于其去除固着,从而促进解决问题(Smith & Blankenship,1991)。以往研究还发现,在两个任务之间来回切换能够提高个体创造力,切换任务令被试以"新视角"去看待问题(Jackson,Modupe,& Malia,2017)。因此,本研究预期在进行创意生成任务中发生固着的情况下,孵化间隔将有利于提高合作创新的生产率并减轻固着,孵化间隔进行认知任务更有助于消除固着。

3.1 方法

3.1.1 被试

创意想法生成任务与大学有关,共招募80名在校大学生被试参加实验,年龄范围为19~23岁,男女各半,之前均未参加过实验一和其他类似实验,实验后获得少量报酬。

3.1.2 任务与材料

创意想法生成话题为"请列出能改善你所就读大学的方法",同类话题已用于其他创造力研究(Marsh et al.,1997;Paulus et al.,2006;Putman & Paulus,2009;Baruah & Paulus,2011)。微信平台作为被试进行实验和提交创意的工具。

3.1.3 程序

将被试随机分到以下四种条件的小组:对照组,固着-立即,固着-放松,固着-任务,每组20个被试。在3个固着条件中,参与者单独完成创意生成任务,在创意生成过程的1分钟、3分钟、5分钟和7分钟处会收到主试呈现的示例,并告知参与者该示例是来自其他被试的想法。这些示例的想法来自于实验一中想法数最多的四个类别,每个类别呈现一种想法。此外还有3个备用想法,若前一个想法已经被被试提出,则使用备用想法,以此来启动合作创新中观点固着的发生。对照组条件下的参与者不会收到主试呈现的任何想法。在对照组和固着-立即条件下,要求参与者连续20分钟执行创意生成任务,中间不间断。在固着-放松条件下,要求参与者在10分钟后停止执行创意生成任务,转而去完成另一个尽可能多将成语补充完整的任务。在固着-任务条件下,要求参与者在10分钟后停止执行创意生成任务,转而去完成一系列认知任务。5分钟后,要求这两组被试继续执行之前的创意生成任务,并要求不能提交任何以前生成过的想法。10分钟后,第二次创意生成任务结束。

3.1.4 数据处理

收集被试在实验前10分钟和最后10分钟产生的每个想法并归入实验一中使用的30个类别之一,处理方法同实验一。为验证给予被试的示例想法对固着发生的启动,实验二中引入了一致性分析,即考察被试有多少想法落在跟示例想法同样的类别下,个体

的一致性分数 = 该个体示例类别下的想法数/该个体想法总数(Kohn,2010)。实验二将被试的表现分为前 10 分钟与后 10 分钟进行分析。

3.2 结果与分析

对前 10 分钟内不同分组被试产生想法的数量、类别、新颖性、一致性进行方差分析,结果见表 13,不同分组被试产生想法的数量方面边缘显著,$p = 0.076$;不同分组被试产生想法的一致性方面存在显著性差异,$p = 0.000$。

表 13 前 10 分钟各组想法数量、类别、新颖性、一致性方差分析

		平方和	自由度	均方	F	显著性
数量	群组之间	22.5	3	7.500	2.382	0.076
	在群组内	239.3	76	3.149		
	统计	261.8	79			
类别	群组之间	2.44	3	0.813	0.343	0.794
	在群组内	180.05	76	2.369		
	统计	182.49	79			
新颖性	群组之间	3.53	3	1.178	1.693	0.176
	在群组内	52.88	76	0.696		
	统计	56.41	79			
一致性	群组之间	1.269	3	0.423	28.78***	0.000
	在群组内	1.117	76	0.015		
	统计	2.386	79			

注:$^*p < 0.05$,$^{**}p < 0.01$,$^{***}p < 0.001$,下同。

事后多重比较的结果如表 14 所示,表明对照组与固着组在产生想法的一致性方面存在显著性差异,p 值均小于 0.001。说明存在合作创新中的观点固着。

表 14 前 10 分钟各组想法数量、一致性事后多重比较

	I	J	MD	p
数量	对照组	固着 – 立即	1.20	0.150
		固着 – 放松	1.05	0.249
		固着 – 任务	1.35	0.085
	固着 – 立即	固着 – 放松	−0.15	0.993
		固着 – 任务	0.15	0.993
	固着 – 放松	固着 – 任务	0.30	0.950
一致性	对照组	固着 – 立即	0.29	0.000
		固着 – 放松	0.27	0.000
		固着 – 任务	0.31	0.000

I	J	MD	p
固着－立即	固着－放松	−0.02	0.925
	固着－任务	0.01	0.979
固着－放松	固着－任务	0.04	0.743

对后 10 分钟内不同分组被试产生想法的数量、类别、新颖性、一致性进行方差分析,结果见表 15,不同分组被试产生想法的数量、类别、一致性方面存在显著差异,p 值均小于 0.001。

表 15 后 10 分钟各组想法数量、类别、新颖性、一致性方差分析

		平方和	自由度	均方	F	显著性
数量	群组之间	111.8	3	37.28	17.91***	0.000
	在群组内	158.2	76	2.08		
	统计	270.0	79			
类别	群组之间	49.2	3	16.400	10.42***	0.000
	在群组内	119.6	76	1.574		
	统计	168.8	79			
新颖性	群组之间	0.55	3	0.184	0.291	0.832
	在群组内	47.95	76	0.631		
	统计	48.50	79			
一致性	群组之间	0.664	3	0.221	15.49***	0.000
	在群组内	1.086	76	0.014		
	统计	1.751	79			

事后多重比较的结果如表 16 所示,在产生想法的数量方面,对照组与固着－放松组之间存在显著性差异,$p = 0.038$;对照组与固着－任务组之间存在显著性差异,$p = 0.000$;固着－立即与固着－放松、固着－任务之间存在显著性差异,p 值均小于 0.000;固着－放松与固着－任务组之间差异显著,$p = 0.035$。在产生想法的类别方面,对照组与固着－任务组之间存在显著性差异,$p = 0.008$;固着－立即与固着－放松、固着－任务之间存在显著性差异,p 值分别为 0.002 和 0.000;固着－放松与固着－任务组之间差异显著,$p = 0.045$。在产生想法的一致性方面,对照组与固着－放松组之间存在显著性差异,$p = 0.013$;与固着－任务组之间存在显著性差异,$p = 0.000$;固着－立即与固着－放松、固着－任务之间存在显著性差异,p 值分别为 0.018 和 0.000;固着－放松与固着－任务之间存在显著性差异,$p = 0.041$。

表 16 后 10 分钟各组想法数量、类别、一致性事后多重比较

	I	J	MD	p
数量	对照组	固着 – 立即	− 0.85	0.253
		固着 – 放松	1.25	0.038
		固着 – 任务	2.25	0.000
	固着 – 立即	固着 – 放松	2.10	0.000
		固着 – 任务	3.10	0.000
	固着 – 放松	固着 – 任务	1.00	0.035
类别	对照组	固着 – 立即	− 0.8	0.191
		固着 – 放松	0.7	0.298
		固着 – 任务	1.3	0.008
	固着 – 立即	固着 – 放松	1.5	0.002
		固着 – 任务	2.1	0.000
	固着 – 放松	固着 – 任务	0.5	0.045
一致性	对照组	固着 – 立即	− 0.01	0.999
		固着 – 放松	− 0.12	0.013
		固着 – 任务	− 0.22	0.000
	固着 – 立即	固着 – 放松	− 0.11	0.018
		固着 – 任务	− 0.22	0.000
	固着 – 放松	固着 – 任务	− 0.10	0.041

对全 20 分钟内不同分组的被试产生想法的数量、类别、新颖性、一致性进行方差分析,结果如表 17 所示,不同分组的被试产生想法的数量、类别、一致性方面存在显著差异,p 值均小于 0.01。

表 17 全 20 分钟各组数量、类别、新颖性、一致性方差分析

组别		平方和	自由度	均方	F	显著性
数量	群组之间	172.1	3	57.38	8.886 ***	0.000
	在群组内	490.8	76	6.46		
	统计	662.9	79			
类别	群组之间	78.9	3	26.283	5.822 **	0.001
	在群组内	343.1	76	4.514		
	统计	422.0	79			
新颖性	群组之间	1.454	3	0.485	1.326	0.272
	在群组内	27.789	76	0.366		
	统计	29.243	79			
一致性	群组之间	0.340	3	0.113	22.68 ***	0.000
	在群组内	0.379	76	0.005		
	统计	0.719	79			

事后多重比较的结果如表 18 所示,在产生想法的数量方面,对照组与固着 – 放松组之间存在显著性差异,$p = 0.027$;与固着 – 任务组之间存在显著性差异,$p = 0.000$;固着 – 立即与固着 – 任务之间存在显著性差异,$p = 0.001$;固着 – 放松与固着 – 任务组之间差异显著,$p = 0.044$。在产生想法的类别方面,固着 – 立即与固着 – 放松之间边缘显著,$p = 0.053$;与固着 – 任务之间存在显著性差异,$p = 0.001$;固着 – 放松与固着 – 任务组之间差异显著,$p = 0.050$。在产生想法的一致性方面,对照组与固着 – 立即组之间存在显著性差异,$p = 0.000$;与固着 – 放松组之间存在显著性差异,$p = 0.003$;固着 – 立即与固着 – 放松、固着 – 任务之间存在显著性差异,p 值均小于 0.001;固着 – 放松与固着 – 任务组之间差异边缘显著,$p = 0.061$。

表 18　全 20 分钟各组想法数量、类别、一致性事后多重比较

	I	J	MD	p
数量	对照组	固着 – 立即	0.35	0.972
		固着 – 放松	2.30	0.027
		固着 – 任务	3.60	0.000
	固着 – 立即	固着 – 放松	1.95	0.081
		固着 – 任务	3.25	0.001
	固着 – 放松	固着 – 任务	1.30	0.044
类别	对照组	固着 – 立即	− 1.20	0.288
		固着 – 放松	0.55	0.846
		固着 – 任务	1.55	0.105
	固着 – 立即	固着 – 放松	1.75	0.053
		固着 – 任务	2.75	0.001
	0.050	固着 – 放松	固着 – 任务	1.00
一致性	对照组	固着 – 立即	0.18	0.000
		固着 – 放松	0.08	0.003
		固着 – 任务	0.05	0.147
	固着 – 立即	固着 – 放松	− 0.10	0.000
		固着 – 任务	− 0.13	0.000
	固着 – 放松	固着 – 任务	− 0.03	0.061

4　讨论

回顾了关于合作创新、固着、评价顾虑和孵化间隔的文献,由此假设合作团体在执行创意生成任务时会发生观点固着,而生成创意过程中固着的存在导致生产力赤字,固着与评价顾虑对生产力赤字的发生存在交互作用,通过孵化间隔可以缓解创意生成中的固着,孵化间隔过程中的不同活动对固着的缓解作用不同。为验证这些假设进行两个实验,目标在于:观察创意生成过程中个人和团体之间的表现差异;检查孵化间隔期进行不

同活动对缓解创意生成中的固着的影响差异。预期会观察到与之前研究类似的合作创新中的生产力赤字现象,以及团体交流想法会引起固着,并会限制团体成员产生想法所涵盖的类别,参与者趋向于令其想法与所接触的想法相一致,某种程度上,令参与者暂时脱离合作创新的休息与孵化间隔可以消除固着产生积极影响,孵化间隔期间进行其他认知任务效果更好。

4.1 观点固着和评价顾虑的影响

本研究的目标之一是在前人研究的基础上进一步探索合作团体创意生成活动过程中生产力赤字的发生,以及作为生产力赤字重要影响因素的固着和评价顾虑对生产力赤字的综合作用。根据两个实验的累积结果,证实了创意生成过程中生产力赤字的发生以及固着与评价顾虑的影响。在合作创新小组的社会互动过程中,交流想法会导致成员产生比各自独立完成时更少的想法,探索的想法类别也会减少,转而去探索和其他成员同样的类别;由于顾忌可能会受到团队其他成员的评价,个体也会倾向于提供更少的想法,或者提供和其他人类似的想法,不论是源自他人评价的评价顾虑还是源自他人观点的固着,都是导致生产力赤字的重要影响因素,也是涉及情绪与认知双加工机制的社会性因素。

实验一观察到与前人研究一致的生产力赤字(Gallupe et al.,1991;Mullen et al.,1991),研究表明,实际团队比名义团队生成的想法数量更少,涉及类别也更少,值得注意的是,生产力赤字一直被认为只是所产生的想法数量的差异,本研究中名义组产生比实际组更多类别的想法,说明生产力赤字也可存在于合作参与者所探索的想法类别上。

有研究发现,在参与者被提示他们在团队中的表现将与团队其他成员做比较时,就能发生评价顾虑(Diehl & Stroebe,1987)。本研究以提示存在评价的指导语启动了被试的评价顾虑,名义组在无评价顾虑时比有评价顾虑时产生了更多的想法,涉及更多的类别。说明实际团体在进行创意生成过程中发生想法的交换,暴露于其他人想法之中导致团队成员之间彼此寻求一致,从而限制他们去探索更多领域。当存在评价时,由于担心来自其他人的可能评价,参与者会倾向于较少贡献自己的想法,并贡献更多与其他人相一致的想法。

固着与评价顾虑在生成想法的数量方面存在交互作用,相比无评价顾虑的情况,有评价顾虑时,固着对合作创新想法数量生产力的影响较弱。有评价顾虑时实际组和名义组在想法数量、类别、新颖性方面没有差异,一个可能的解释是在实际组中被试怀有自己想法会被团队成员所评价的顾虑,因此会更多地提出和对方类似的想法,虽然保证了想法数量没有减少,但是为了寻求一致,所涉及的类别会比没有评价顾虑的实际组更少。

此外,实验一中向参与者呈现的示例想法来自于创意生成任务中的最典型的想法类别,未能探索典型与非典型以及新颖与非新颖示例想法混合情况下被试与示例保持一致性的状况,已有研究(Agogué et al.,2014)显示出样例类型对固着的影响,未来本领域也可进一步研究该一致性如何受到所分享想法的类型的影响。

4.2 孵化间隔的作用

实验二的目的是通过控制被试接收到的想法,进一步研究合作创新中的固着效应,并评估孵化间隔对合作创新的影响。

与预期相符,实验二前 10 分钟内固着条件下的三个组与对照组在所呈现的示例想法上表现出更高的一致性,说明示例想法成功诱发了固着的发生。暴露于他人的想法并没有限制被试产生的想法数量,一个可能的解释是暴露于他人的想法并不会导致所探索的数量的变化,相反,暴露导致一个人花费更多的时间或资源在所列举的类别中产生更多想法。

对后 10 分钟内四组被试的表现作比较,固着 - 放松和固着 - 任务组比固着 - 立即组产生更多的想法,涉及更多的类别,一致性分数更低,说明孵化间隔确实对被试产生想法的数量和类别起了积极影响,与学者之前的研究一致(Penaloza & Calvillo,2012)。而固着 - 放松和固着 - 任务组之间表现差异,说明在孵化间隔进行认知任务能更有效的消除固着,促进合作创新。

对于四个小组在 20 分钟创意生成任务中的整体表现作比较,对照组和固着 - 立即组之间除一致性分数以外,其表现没有明显差异,说明示例想法确实诱发了被试的观点固着。实验二中呈现的示例想法只有四条,而对于现实生活中的实际团体,来自其他团体成员的想法数量往往更多,涉及的类别也比较广泛,这可能是对照组与固着 - 立即组之间在想法数量、类别上差异不显著的一个重要原因。

5 结论与展望

本研究聚焦合作创新的社会影响和认知加工过程,采用小组创意生成、固着与评价顾虑诱发和任务转化的研究范式,通过系列实验探究合作性观点固着、评价顾虑和孵化间隔对团体合作创新生产力的影响,结果显示,观点固着和评价顾虑会导致创新团体的想法出现生产力赤字,其中,无评价顾虑时,合作创新实际组在所提供想法的数量与类别上存在固着,导致生产力赤字;有评价顾虑时,合作创新实际组的固着和生产力赤字受到掩蔽,实际组与名义组想法的数量与类别生产力均比无评价顾虑时少;固着和评价顾虑对合作创新实际组想法的数量与类别生产力起到较大抑制作用,在想法的新颖性上不存在此现象;名义组想法的数量在有评价顾虑时比合作创新实际组在无评价顾虑时少,评价顾虑对想法数量的抑制生产力作用比固着大,在类别与新颖性上不存在此现象。合作团体中的观点固着和评价顾虑在创意生成的数量方面存在交互作用,相比无评价顾虑的情况,有评价顾虑时,固着对合作创新想法数量生产力的影响较弱。孵化间隔有利于降低固着及提高创新生产力,在孵化间隔中加入认知任务进行任务转换效果会更好。

本研究还存在一些局限性。首先,实验二使用两人小组,而大多数组织进行的都是两人以上的合作团体创意生成活动,目前还无法解释合作水平如何随着团体规模的增加而变化,大群体的存在如何影响孵化效应,下一步将是研究较大群体的固着。此外,本研究没有考察孵化间隔的时间长短对合作团队成员在创意生成活动后期表现的影响,不知道更长时间的间隔会不会对消除固着的效果更好,休息间隔足够长的情况下,进行认知任务会不会反而因为认知资源的过度占用而导致生产力下降。以上都是未来的研究需要探索的内容。

　　未来有关合作创新的研究可以围绕以下方面进一步展开工作:第一,在探索"人－机－网络多重混合系统下的合作创新"方面未深入展开,可进一步分析计算机支持的协同工作(CSCW)和信息技术的应用,运用计算机技术初步探索"人－机－网络多重混合系统下的合作创新",需要通过更为广泛的跨学科合作进行深入研究,以便更大程度超越单纯运用个体智力、人工智能和一般网络社群做出的有限贡献。第二,计算机技术支持下的合作创新研究与应用必定会成为未来发展的主要趋势,对于基础研究,可依据复杂适应性系统理论,建立基于多主体模型并对合作创新过程进行计算机模拟,合作创新机制研究与工具的设计则需要心理学提供理论,计算机科学提供多学科的共同支持,未来的计算机合作创新工具应逐渐实现软件化、简洁化和低成本化。第三,基于系统分析的视角纳入社会文化对合作创新的作用,未来可通过对于创新理解和创新扩散的研究,探索出创新过程的文化与内在驱动机制,并建立创新行为影响过程模型。第四,借助基于动态评估的经验取样法(experience wampling method)探讨日常创造力的过程与情境机制。最后,大量的团队创新与合作能力评估与提升研究由国外学者做出,国内研究以验证性居多,当代中国社会情境下,有针对性的质性和量化研究还有待深入。

参考文献

陈劲,阳银娟. (2012). 协同创新的理论基础与内涵. 科学学研究,2:161－164.

贡喆,刘昌,沈汪兵,等. (2017). 信任对创造力的影响:激发、抑制以及倒 u 假设. 心理科学进展,25(3):463－474.

李艳,杨百寅. (2016). 创意实施——创新研究未来走向. 心理科学进展,24(4):643－653.

罗玲玲. (2007). 论团体创造力与个体创造力转化的条件. 理论界,4:151－152.

吴梦,白新文. (2012). 动机性信息加工理论及其在工业与组织心理学中的应用. 心理科学进展,20(11):1889－1898.

杨阳,万明钢. (2012). 创造力研究新进展:多元文化经验对创造力的影响. 当代教育与文化,4(5):86－91.

张景焕,刘欣,任菲菲,等. (2016). 团队多样性与组织支持对团队创造力的影响. 心理学报,48(12):1551－1560.

周详,张泽宇,曾晖. (2018). 长期合作学习小组中的集体智慧及其影响因素研究. 心理与行为研究,16(2):231－237.

Anderson, N., Potonik, K., Zhou, J. (2014). Innovation and creativity in organizations: a state－of－the－science review and prospective commentary. Journal of Management, 40(5):1297－1333.

Adamson, R. E. (1952). Functional fixedness as related to problem solving: A repetition of three experiments. Journal of Experimental Psychology, 44:288－291.

Agogué, M., Kazakc i, A., Hatchuel, A., et al. (2014). The impact of type of examples on originality: explaining fixation and stimulation effects. The Journal of Creative Behavior, 48(1):1 – 12.

Browne, B. A. , Cruse, D. F. (1988). The incubation effect: Illusion or illumination? Human Performance, 1(3):177 – 185.

Cooper, W. H. , Gallupe, B. R. , Pollard, S. , et al. (1998). Some liberating effects of anonymous electronic brainstorming. Small Group Research, 29(2):147 – 178.

Crossan, M. M. , Apaydin, M. (2010). A multi – dimensional framework of organizational innovation: a systematic review of the literature. Journal of Management Studies, 47(6): 1154 – 1191.

Diehl, M. , Stroebe, W. (1987) Productivity loss in brainstorming groups: Toward the solution of a riddle. Journal of Personality and Social Psychology, 53(3):497 – 509.

Dodds, R. A. & Smith, S. M. (1999). Fixation. In Runco, M. , Pritzker, S (Eds), Encyclopedia of Creativity. London, UK: Academic Press:725 – 729.

Hennessey, B. A. , Amabile, T. M. (2010). Creativity. Annual Review of Psychology, 61: 569 – 598.

Kohn, N. W. , Smith, S. M. (2010). Collaborative fixation: effects of others' ideas on brainstorming. Applied Cognitive Psychology, 25(3):359 – 371.

Korde, R. , Paulus, P. B. (2017). Alternating individual and group idea generation: Finding the elusive synergy. Journal of Experimental Social Psychology, 70:177 – 190.

Lu, J. G. , Akinola, M. , Mason, M. F. (2017). "Switching On" creativity: Task switching can increase creativity by reducing cognitive fixation. Organizational Behavior and Human Decision Processes, 139:63 – 75.

Markman, A. B. (2016). Open innovation: Academic and practical perspectives on the journey from idea to market. New York: Oxford University Press.

Marsh, R. L. , Landau, J. D. , Hicks, J. L. (1997). Contributions of inadequate source monitoring to unconscious plagiarism during idea generation. Journal of Experimental Psychology: Learning, Memory, and Cognition, 23:886 – 897.

Mathieu, J. E. , Tannenbaum, S. I. , Donsbach, J. S. , et al. (2014). A review and integration of team composition models: moving toward a dynamic and temporal framework. Journal of Management: Official Journal of the Southern Management Association, 40 (1):130 – 160.

Mullen, B. , Johnson, C. , Salas, E. (1991). Productivity loss in brainstorming groups: A meta – analytic integration. Basic and applied social psychology, 12(1):3 – 23.

Paulus, P. B. Nakui, T. Putman, V. L. , et al. (2006). Effects of task instructions and brief breaks on brainstorming. Group Dynamics: Theory, Research, and Practice, 10: 206 – 219.

Penaloza, A. A. , Calvillo, D. P. (2012). Incubation provides relief from artificial fixation in problem solving. Creativity Research Journal, 24:338 – 344.

Putman, V. L., Paulus, P. B. (2009). Brainstorming, brainstorming rules and decision making. Journal of Creative Behavior, 43(1):29 – 40.

Baruah, J., Paulus, P. B. (2011). Category assignment and relatedness in the group ideation process. Journal of Experimental Social Psychology, 47(6):1070 – 1077.

Paulus, P. B., Kenworthy, J. B. (2017). Group and intergroup creativity. In the Oxford Handbook of Group and Organizational Learning.

Runco, M. A., Hao, N., Acar, S., et al. (2016). The social "cost" of working in groups and impact on values and creativity. Creativity: Theory, Research, and Application, 3: 256 – 270.

Segal, E. (2004). Incubation in insight problem solving. Creativity Research Journal, 16: 141 – 149.

Sawyer, R. K., Dezutter, S. (2009). Distributed creativity: how collective creations emerge from collaboration. Psychology of Aesthetics Creativity the Arts, 3(2):81 – 92.

Smith, S. M., Blankenship, S. E. (1989). Incubation effects. Bulletin of the Psychonomic Society, 27(4):311 – 314.

Smith, S. M., Blankenship, S. E. (1991). Incubation and the persistence of fixation in problem solving. The American journal of psychology, 104:61 – 87.

Smith, S. M., Linsey, J. (2011). A three – pronged approach for overcoming design fixation. The Journal of Creative Behavior, 45(2):83 – 91.

Smith, S. M., Vela, E. (1991). Incubated reminiscence effects. Memory Cognition, 19(2): 168 – 176.

Van Knippenberg, D. V., Schippers, M. C. (2007). Work group diversity. Annual Review of Psychology, 58(1):515.

Youmans, R. J., Arciszewski, T. (2014). Design fixation: Classifications and modern methods of prevention. AI EDAM, 28(2):129 – 137.

The influence of Idea Fixation, Evaluation Apprehension and Incubation Intervals on Collective Creativity

Xiang Zhou   Bibi Delidabieke   Hongkun Zhai

(*Department of Social Psychology, Nankai University, Tianjin, 300350*)

Abstract: This study focuses on the social factors and cognitive processes that influence collective creativity, using the research paradigm of group idea generation, inducing fixation and evaluation apprehension, and task switching to explore the impact of fixation, evaluation apprehension and incubation intervals on collective creativity through two experiments. The results show that in the interactive process of generating ideas in the collaborative team, fixation and evaluation apprehension can lead to productivity deficits in the number and categories of ideas, without affecting the novelty of ideas; fixation and evaluation apprehension have an interaction in the number of ideas. Compared with the situation without evaluation apprehension, when there is evaluation apprehension, fixation has a weaker impact on the productivity of ideas; incubation intervals are beneficial to reduce fixation and improve the collaborative innovation productivity, and it is better to add cognitive tasks to the incubation intervals by using task switching.

Keywords: fixation; evaluation apprehension; incubation intervals; collective creativity

第四部分

创造力与社会文化

创造性思维的社会文化基础①

沈汪兵　袁　媛

（1. 河海大学 公共管理学院，南京，211100；2. 南京特殊教育师范学院康复科学学院，南京，210038）

摘　要　创造性思维作为创造性的内核，是个体在一定社会文化背景上产生新颖独特且实用观点或产品的思维形式。本研究基于社会文化的三层次模型分别从文化观念、文化活动或经历以及文化工具三个层面，围绕人性价值观、中庸取向、海外旅居、多语种学习，以及文化工具所涵盖的文化符号、规则和实物五个方面阐述了社会文化对创造性思维的影响。未来研究有必要在此基础上继续从文化与社会因素的依存性、个体差异控制、文化和创造性思维的类型差异以及多重研究取向协作等四方面深入进行。

关键词　创造性思维；社会文化；文化活动；价值观；中庸取向

1　引言

创造力（creativity）又称创造性，具有新颖性（novelty）和适用性（usefulness），是个体在一定社会背景上产生新颖且有价值观点或产品的能力（Fink et al. , 2010；Flaherty, 2005；Sternberg Lubart, 1996）。创造性思维不仅是人区别于动物的重要特征，而且是个体创造性的内核和心理基础，包含聚合思维和发散思维两种形式。作为人类思维的最高形式，它不仅在科学发现（Chein Weisberg, 2014；Luo Knoblich, 2007）与创造发明活动（罗俊龙等, 2012）中起着关键作用，而且是推动人类社会进步与技术革新的原动力，甚至被誉为人类文明的源泉（Dietrich & Kanso, 2010）。

心理产生于一定时空和历史文化环境，饱受社会文化的滋养并反映特定的社会文化价值。就此而言，任何个体创造性的发挥均受制于社会文化。关注和揭示人的心理和行为的文化特性是社会心理学的重要使命。心理学家早在20世纪70年代就开始关注社会文化对创造性的影响。例如，心理学家Simonton（1975）指出"创造性即使不是全部，至少也大部分属于社会文化现象"。Csikszentmihalyi（1988）发展了创造性系统模型，认为创造是一个只有在个人、文化、社会相互作用中才能观察到的过程。对创造性的研究要同时重视个体的自身因素和影响创造性的外部因素（施建农, 2012）。其中，外部的社会文化因素构成了创造性的外部基础，即社会文化基础。Amabile（1983）在《创造性的社会心理

---

① 本文首次发表于《心理科学进展》，2015年第7期。

学》中更是旗帜鲜明地指出,社会心理学必须通过定义那些影响创造性的社会文化和环境变量来挖掘产生创造的根源。

社会文化作为一种习惯,往往是那些已成为人们生活环境中天经地义和理所当然的东西(王泽峻,1992)。学术界倾向于将其视为生物在发展中累积的跟自身生活相关的知识或经验,是生活在一定地域内的人们的思想信念、生活与行为方式以及物质实体的总和(侯玉波,朱滢,2002)。针对文化的具体内涵,不同学者见解各异,其中以 Schein (2010)的文化三层次模型影响最为广泛。该模型主张文化包括物质文化或称为人工制品(如字画、兵马俑、瓷器等)、外显价值文化(诸如中学生行为规范的各类社会规范或规章制度等),以及潜在根基性假设(basic underlying assumptions)。潜在根基性假设类似荣格的集体无意识,如东亚的集体主义文化、欧美的个人主义文化和我国的中庸文化(Niu,2012;Niu Kaufman,2013;Niu Sternberg,2001,2003;Zha et al.,2006)等。这三者之中,仅有物质文化可见,价值观和潜在根基性假设均不可见,都只能通过行为予以反映。

人是被某一特定文化环境铸造的。文化的强大足以通过无所不在的各种途径潜移默化地对生活于其中的人的思维模式、行为活动方式、道德标准、价值观念等打上特有的印记,并且会逐渐积累而形成独特的文化深层结构——潜在根基性假设(王泽峻,1992)。换言之,社会文化能在上述三个文化层面潜移默化地影响着人类的心理活动(侯玉波,朱滢,2002),并形成了人类心理活动的客观基础。基于此,本文将主要从社会文化的三个层面分别来探讨三个不同层面的文化,即思想观念层面的文化观念、行为层面的文化活动,以及物质层面的文化工具或器物对创造性思维的影响。开展创造性社会文化基础的探讨具有重要价值,不仅是对文化强国方针的心理学回应,而且在学科内有助于深刻地理解心理与文化作用的机理(Leung Chiu,2010;Niu Sternberg,2001,2003),并对提升个体创造性和促进社会创新都有着重要的意义。

2 观念文化影响创造性思维

从个体发展角度而言,文化是一种超个体的社会存在,它不以个人意志和生命历程的改变而消亡。一个刚出生的人,还不是现成的、严格意义上的人,实际上只是个灵长动物。当他呱呱坠地时,便处在先于他而存在的社会文化之中,并受其熏陶和影响(王泽峻,1992)。文化观念主要以内隐强制性方式影响着个体思维或创造性思维。在文化共同体中的人们一方面很难清晰觉察到来自文化的影响,另一方面又难以避免或排除它的作用。文化观念中最核心的要素是群体共享的人性或道德价值观、文化传统或文化取向、风俗习惯以及历史典故等。

价值观作为人类的共同理念、信仰和相对稳定与持久的信念,在心理和文化观念建构中扮演着最重要的作用。观念文化既然是某一文化共同体所有,那么它对个体心理活动的影响自然是既具有普遍的文化共性,又具有文化差异或相对性。例如,有研究列举如下案例:"假设体育馆里面有两根 15 厘米长的管筒,作为足球门柱被镶嵌在地板上。一次乒乓球比赛中,球意外地跳进了其中一个未盖好盖的门柱管内。管的内径比乒乓球的直径略大,乒乓球一直掉落到管底。人们如何在耗时最短和工具有限的情况下安全取到球?"该问题最便捷的解决方案是撒泡尿到门柱管内让球自动浮出。但研究显示,很少有人能想到该答案(Fogler Leblanc,2005)。这主要是"不能在公共场所随便大小便"价值观的思维瓶颈所致。

不同文化背景下的人性或道德价值观促使人们形成了不同创造性思维模式。已有研究显示,中西方文化的人性看法都是多元的,均涉及性善论、性恶论、不善不恶论、又善又恶论。不同的是,中国文化以性善论为主,而西方文化以性恶论为主(罗鸣春,黄希庭,苏丹,2010;王登峰,崔红,2007,2008)。性善论导致中国文化中的人性远离人的生物属性而比较接近人性修养终点(即天人合一);性恶论则使西方文化中的人性紧靠人的生物属性,远离人性修养终点。性善论假设迫使中国人需要努力做人,而西方人则生来就是人。因而,中国文化中的人对个人言行都需要道德评价,只有言行符合道德标准,个体才具备做人资格。如此"做人"的苛求导致中国文化中的人难以平静分析自己言行,并更加注重他人的道德评价;相反,性恶论假设将人性起点与人的生物属性平行,让人生来是人。于是,人的言行只需自然表达,无论是否符合伦理道德规范甚至法律制度都会被视为天性,也不会产生"不是人"之忧虑。这导致西方情境下的人们可以心平气和地分析自己的言行;同时,这种虽上不着天,但能着地的为人处境促使他们逐渐养成了开放豁达、外向冒险的民族性格(王登峰,崔红,2008)。中西方文化中两种截然不同的主流人性价值观或认识论对个体创造性思维有着显著影响。刘昌、沈汪兵和罗劲(2014)借助脑事件相关电位技术,基于创造性思维的前额叶激活度理论,探讨了个体品德或道德人格对创造性思维的影响,研究发现,个体品德或道德人格测验得分越低,其创造性思维成绩也显著越低;反之亦反。同时,龚琦(2013)联合多种品德评估技术和创造性思维测验系统探讨了个体品德对其正、负创造性思维的影响,发现外显道德人格测验成绩与负创造性(negative creativity)思维测验得分有显著的负相关,即高品德者的负创造性得分低;低品德者的负创造性得分高。内隐道德人格测验得分与一般创造性思维成绩显著正相关。这表明,中国文化背景下的个体品德与其创造性之间具有正向关联。

自"9·11 事件"之后,也有部分西方学者相继探讨了道德与创造性的关系。Walczyk等(2008)率先对该问题进行实证探讨,他们使用 18 个需要使用谎言才能解决的难题来评估个体的品德,并借助专门的创造性思维测验来评估个体创造性。研究显示,不管是谎言自身的创造性还是谎言数量都与发散思维测验测得的创造性思维成绩显著正相关。谎言作为一种负面道德行为,其使用频次越多,意味着个体的道德水平相对可能越低。尤其是个体颇费心机"刻意"去编造谎言时,该行为就更能反映品德不良。因此,该研究表明个体道德水平越低,其创造性越高。许多研究(Beaussart,Andrews,& Kaufman,2013;Gino Ariely,2012;Lee Dow,2011)得到类似结果。例如,Gino 和 Ariely(2012)借助更具生态性的行为实验评估了个体欺骗行为,并基于系列实验发现创造性意向(creative mindset,使用随机呈现单词形成语法合理句,并用邓肯蜡烛问题评估创造性意向的启动效果)和创造性人格(由创造性人格问卷评估并通过远距离联想测验验证——高创造性人格被试解决更多远距离联想问题)都导致各类不诚实或欺骗行为,且高创造性者因更有能力为不道德行为辩护而产生了显著更多的不良行为。Lee 和 Dow(2011)采用经典替代用途任务测量个体创造性,即要求被试尽可能多地写出砖头和铅笔的用途,将作为恶意度指标的恶意用途频数除以流畅性指标的替代用途总数的比值,其比值视为负创造性的指标来探讨负创造性与攻击性、敌意、同情、尽责性和开放性等人格特质的关系,并发现男性较女性表现出更强的负创造性;高攻击性和低尽责性被试表现出更强的负创造性。

中庸价值取向是继主流的性善论价值观(王登峰,崔红,2008)后中华民族的另一传统文化核心价值体系。在几千年的历史演进和文化变迁中,汉武帝时期开始盛行的儒家思想(Wu Albanese,2010)深刻影响着中华民族的价值取向。随着汉代及其后世君主对儒术的推崇,尤其是八股文盛行后,儒家思想大行其道,造就了儒家思想精髓——中庸思想对当代国人思维方式和为人处世的深远影响,并已融入民族性格和国民社会心理当中(侯玉波,朱滢,2002),已成为中华民族根深蒂固的文化价值导向,潜移默化地支配着人们的创造性行为(Yao,et al.,2010;杜旌,冉曼曼,曹平,2014)。Yao 等(2010)对360名不同行业员工的调查显示,员工自我感知的创造性与上级评定的创新行为之间有着显著的正相关,但中庸取向量表得分与自我感知的创造性或上级评定的创新行为之间并无显著关联。基于人口学变量、自变量主效应和交互效应的三层级式回归分析显示,自我感知的创造性得分与中庸取向得分的交互效应对上级评定的创新行为有显著预测力。正如其所假设的,中庸取向得分高者自我感知创造性的得分与上级评定的创新行为之间无显著关联;中庸取向得分低者自我感知创造性的得分与上级评定的创新行为之间有显著关联。杜旌等(2014)从情境变异性角度进一步探讨了中庸价值取向对员工创新行为的影响,发现当员工具有高创新认知需求时,中庸价值取向对员工创新行为具有显著促进作用;当团队中存在高同事消极约束时,中庸价值取向对员工创新行为有显著消极作用。该结果表明,中庸取向对员工创新行为的调节性质因情景性质改变而变化,不具有普遍的情境免疫力。

上述研究表明,不同文化中人们所持有的人性认识论或价值观等可能是文化观念影响创造性思维的重要途径。文化观念对人们创造性思维的影响,不仅体现在具体的创造性思维活动上,而且体现在创造性内涵的界定方面。就创造性内涵而言,西方文化强调自由、想象、变革(unconventionality)和好奇(inquisitiveness)(Lan Kaufman,2012;Sternberg,1985);印度文化更加注重"社会性和社会责任""领导力(leadership)""变革性人格(unconventional personality)"和"耐性(persistence)"等方面(Panda Yadava,2005)。正如中国人创造性内涵或内隐概念研究所揭示的,中国文化中的创造性含有浓厚的社会和道德价值,强调创造性的实现和发挥需要符合社会价值标准(Niu Sternberg,2006;岳晓东,2001),且将其核心特征定义为"善",主要包括道德上的善、对社会的贡献以及新旧知识的联通能力(Lan Kaufman,2012;Niu Sternberg,2002;Rudowicz Yue,2000)。我国心理学家查子秀(1994)也曾指出,"培养良好品德是培养创造性的一种重要条件"。Erez 和 Nouri(2010)指出,个人主义文化中,独创性更具价值;而集体主义文化中,合适性和可行性则更有价值。这些使得中国文化背景下品德高尚的人可能会因一贯恪守道德规范而能在创造性思维活动中自然释放(具备美德品性,无需耗费精力和资源来抑制无关干扰或诱惑)更多创造性或在创造性成果的评鉴方面迎合了道德价值标准而被视为具有更高的创造性。

文化观念的其他内容也影响创造性思维。即使没有明显价值属性的历史典故也会对个体创造性产生显著影响。Chen 等(2004)曾经考察了东西方文化中的历史典故对中美两国大学生创造性思维的影响。他们给 152 名中国大学生和 118 名美国大学生呈现 6 个创造性问题(物体称重问题、迷路辨别路线问题、蜡烛问题、水罐问题、双绳问题等)并要求被试在一定时间内解决。结果发现,只有物体称重问题和迷路辨别路线问题中美大学生的成绩有显著差异,其他四类作为参照的创造性问题,两组被试的解题成绩无明显差异。其中,70% 以上的中国大学生成功解决了物体称重问题,而只有 10% 的美国大学生解决了该问题;70% 以上的美国大学生成功解决了迷路辨别路线问题,但只有 25% 的中国大学生解决了该问题。他们通过被试的解题策略报告和调查发现,美国大学生迷路辨别路线问题的成功解决主要得益于头脑中的历史典故——格林童话故事里面的"Hansel and Gretel"寓言;中国大学生物体称重问题的解决主要得益于知识系统中曹冲称象的典故。该研究表明,个体所处文化中的历史典故对个体创造性思维会产生显著影响。

上述研究表明,无论是具有明显的价值色彩的社会道德观或人性观,还是不具有明显价值色彩的历史典故等文化观念都会对个体创造性产生显著影响。文化观念对个体创造性思维的影响不仅具有文化的普遍性,而且具有文化相对性。某些人类共有的文化观念可能对所有不同文化中的个体创造性思维都会产生相似影响,但某些文化中独有的文化观念可能只对不同文化中的个体创造性思维施以显著影响或说是对不同文化群体中的创造性思维有着不同的影响。观念文化对个体创造性思维效应的好坏可能在一定程度上取决于创造性思维的内在需求和自身特点,不存在所谓的"文化贵贱论"或"文化优劣论",也不支持 Kim(2010)"亚洲地区的一些国家,像中国、韩国,崇尚的儒学文化不利于创造力的发展"的观点。

3 实践文化影响创造性思维

随着人类社会网络化的快速发展和全球化进程的加剧,各国的商业往来频繁,移民、跨国留学、多语言学习等文化迁徙和交流活动日渐频繁。俗话有言,入乡随俗。人们到不同的地方首先需要适应当地的文化,并接受着该文化的洗礼、熏陶和滋养。文化对他们的影响是潜移默化和非强制性的。人们逐渐在这种新旧文化对抗、冲突和整合过程中获得新的思维模式。换言之,文化活动对人们思维及其思维方式会产生显著影响。时下典型和常见的文化活动主要有海外旅居、国际移民、种族通婚和多语种学习等。这里主要围绕海外旅居和种族通婚以及多语种学习对创造性思维的影响进行阐述。

海外旅居包括出国留学和海外旅行,均是典型的文化交流活动,能够较清楚和直观反映出国前后人类行为文化层面的差异。目前越来越多的国家开始重视海外旅居,尤其是出国留学,并格外重视其在个体创造性思维培养和事业发展方面的重要意义,进而催生诸多留学活动与创造性思维关系的研究。Maddux 和 Galinsky(2009)通过 5 个系列实验联合顿悟测验、远距离联想测验以及创造性观点生成等多种任务探讨了美国和欧洲的商业管理者与大学生不同样本的海外旅居经历对其创造性思维的影响,稳定观测到海外旅居经历或旅居文化认同与适应启动能有效促进旅居者的创造性思维。研究显示,海外旅居时间与创造性思维测验得分显著正相关,启动海外旅居经历能暂时性地增强旅居者的创造性思维,且旅居者的旅居文化或所启动文化的适应度能有效调节两者的关联性。Yi 等(2013)最近发现留学经验也能促进个体艺术创造性。鉴于先前海外旅居时间的不可靠性(如,某些被试经常旅居国外,故以某次旅居时间为评估参数并不可信),de Bloom 等(2014)采用追踪性前测后测实验设计考察了人们短期旅居对个体创造性思维的影响,发现仅两周的旅居经历都能显著促进个体创造性思维的流畅性。类似,Fee 和 Gray(2012)发现有 1 年移民经历者的创造性思维流畅性得分显著高于无移民经历者,为多元文化经历促进创造性思维提供时间维度的新证据。这些研究表明,无论长期还是短期的多元文化经历均能显著促进个体创造性,且以认知流畅性的提升最明显。

　　基于动态建构主义取向的文化框架转换模型,Leung 和 Chiu(2010)以 65 名欧洲裔的美国大学生为被试,使用文化启动范式证明了多元文化经验能显著提高创造性思维。在研究中,他们把 65 名欧洲裔的美国大学生被试随机分为 5 组,并分别给前三组被试呈现代表中国文化(如故宫、旗袍、冰糖葫芦等)、美国文化(白宫、牛仔裤、肯德基等)和融合中美文化特征的图片(大米、汉堡)、音乐和影视资料,用以启动被试对于中国、美国和中美融合文化的感知。给第四组被试交替呈现代表中国、美国文化各个方面的图片、音频、视频资料(例如,首先呈现一组美国的代表性建筑后,紧接着给被试呈现中国的代表性建筑)。总学习时间为 45 分钟,其中 20 分钟播放目标文化幻灯片(含目标文化特色的背景音乐),10 分钟播放目标文化特色音乐,另 15 分钟播放反映目标文化特色的电影预告。对于最后一组被试则不呈现任何内容,5~7 天之后再让控制组外的其他四组被试返回参加故事创作的创造性复测。结果表明,中美文化交替呈现和融合呈现组中的被试改写的灰姑娘故事比其他组的创造性更高,而其他三组被试的成绩则没有明显的差异。Cheng,Leung 和 Wu(2011)采用类似操控方式考察了新加坡和中国台湾被试在与己有关或无关的单或双文化暴露(dual cultural exposure)下的创造性思维的差异,发现与己有关的双文化暴露能非常显著促进个体创造性。Lee,Therriault 和 Linderholm(2012)进一步探讨了海外旅居、计划出国和未曾计划且未出国的大学生在多元文化启动条件下创造性思维的差异,发现,海外旅居者的创造性思维无论在文化普遍,还是文化特异性测量指标上均显著高于其他两类被试,支持 Maddux,Adam 和 Galinsky(2010)"只有海外旅居者回忆或启动曾经历过的文化时,这种多元文化经历才能易化观点流畅性和克服顿悟学习中的功能固着"的结论。这些结果表明,多元文化经历对创造性思维的影响可能主要是促使个体能更多从多个角度看待或思考问题。

　　Saad 等(2012)从文化冲突与适应角度指出,并非所有多元文化活动都能促进旅居者的创造性,只有那些有效整合多元文化者才能在随后的心理或行为活动中展现出更高创造性。基于此,他们让高文化整合性的中国旅美大学生在单文化(monocultural)或双文化(bicultural)情境完成创造性思维任务,并发现双重文化整合性得分越高,个体在双文化情境下的创造性思维成绩越好,且表现出卓越的观点流畅性;但单文化的创造性测量上未有类似效应。Viki 和 Williiams（2014）考察了混种族个体同一性整合（identity integration）与三类创造性测量之间的关系，研究发现，无论是聚合思维的远距离联想测验成绩还是发散思维的非常用途测验（UUT）和样例生成任务（exemplar generation task，EGT）都与同一性整合测验得分高度正相关，且排除家庭多元文化整合性因素的调节效应后，各创造性测验与被试的同一性整合测验成绩仍显著正相关。为排除父母受教育水平和人格因素的影响，Chang 等（2014）探讨了中国台湾 700 多名来自双重国籍家庭（binational family）和单国籍家庭 7 至 9 年级中学生的创造性差异，发现经济地位相当的两类人群的创造性思维差异显著，双重国籍家庭中学生的流畅性、灵活性和原创性测验成绩均显著高于单国籍者，且在排除家庭背景和人格的影响后，该差异仍稳定存在。这些结果说明，人们即使自己没有出国，只要是混种族者，自我和家庭多元文化同一性整合程度也会促进其创造性思维表现。Tadmor 等（2012）从团体水平进一步考察具有多元文化经历的个体对团体及其组织搭档创造性思维的促进作用，并发现具有广泛文化背景团体展现的多元文化创造性增益大于个人所展现的这种增益的总和。

多元文化经验能增强个体觉察、加工和组织文化信息的能力，进而提高创造性。Leung 等（2008）发现，多元文化经验不仅提高了顿悟学习、远距离联想和观念产生（idea generation）等创造性水平，而且也提高了非常规知识的提取和借助不熟悉文化产生新观念等创造性的水平。多元文化环境有助于个体以不同方式编码信息，学习其他文化中新的观念、脚本和思维方式，并建立观念间的多重联结（Maddux et al., 2010）；在问题解决情境中，个体能从不同文化中自动提取观念信息，并以新颖方式将其整合。整合不同文化中看似互无关的观念能够促进创造性观念的扩展。需注意的是，多元文化经验对创造力表达的影响是有条件的（衣新发等，2011）。多元文化经历对创造性的积极效应总体上受到个体的认知闭合需求（need for cognitive closure）（Leung et al., 2008）、人格开放性（Leung & Chiu, 2008, 2010; Leung et al., 2008）、同一性识别和整合程度（Tadmor, Galinsky, & Maddux, 2012; Tadmor & Satterstrom, et al., 2012; Viki & Williams, 2014）、文化的自我关联性（Cheng Leung, 2013; Cheng et al., 2011）及其诱发情绪（Cheng et al., 2011）的调节。其中，多元文化对创造性的促进效应会因个体认知闭合需求的提高而削弱，因个体人格开放性程度（Leung & Chiu, 2008; Leung et al., 2008）、文化的自我关联性（Cheng & Leung, 2013; Cheng et al., 2011）及其所诱发正性情绪（Cheng et al., 2011; de Bloom et al., 2014）的增强而增强。

多语种学习是目前深受关注的一个文化影响创造性的方式（因为言语习得通常伴随着国家或地区社会文化价值观的认同）。许多研究者探讨了多语种学习对创造性思维的影响及其作用机制。Ricciardelli（1992b）率先对 1965—1992 年期间发表的 25 篇研究作元分析，发现约有 80% 支持双语或多语种学习能提高个体创造性思维，并在其随后实证研究（Ricciardelli, 1992a）确证了该结论，同时还观察到高水平双语者在创造性思维流畅性、想象力和语言流畅性测验上的得分均显著高于单语者或水平较低的双语者。除 Yi 等（2013）未发现双语学习对个体艺术创造性思维的促进效应外，大多数研究（Cushen & Wiley, 2011; Hommel et al., 2011; Kharkhurin, 2009; Lee & Kim, 2011; Leikin, 2013）

都报告了多语种或语言学习对创造性思维或其某些维度的促进效应。

总体而言,当前多语种学习和创造性关系的研究主要从下述三方面展开:第一,个体所习得语种和语言数量或时间是否影响创造性的增益,即个体所学习的语言或语种越多或越早,其创造性增益是否也越大(Cushen & Wiley, 2011;Lee & Kim, 2011;Leikin, 2013;Srivastava, 1991)。例如,Srivastava(1991)对比分析了 11 ~ 18 岁的三语者、双语者和单语者创造性思维的差异,并发现三语者的创造性得分显著高于双语和单语者。与此不同,Leikin(2013)从言语习得时间角度探讨了 3.8 岁左右学前儿童多语种学习对其常规创造性(picture multiple solution 任务测得)和数学创造性发展的影响。对 13 名双语幼儿园双语学习者(1 岁入学)、10 名单语幼儿园双语学习者(1.9 岁入学)和 14 名单语幼儿园单语学习者(2.5 岁入学)的测评结果显示,早期双语学习经历和某些形式的双语教育有助于提高个体的常规创造性和数学创造性。研究结果显示,双语幼儿园的双语学习者在 1 年后常规创造性的原创性得分和创造性总分均显著高于单语幼儿园的单语学习者,但两者创造性思维流畅性和灵活性得分无显著差异。无论是来自单语还是双语幼儿园的双语学习者的数学创造性任务上的原创性得分和创造性总分均高于单语幼儿园的单语学习者,且双语幼儿园双语学习者的数学创造性思维任务流畅性和灵活性得分均显著高于单语幼儿园的单语学习者。Cushen 和 Wiley(2011)比较了成年大学生的二语习得年龄对个体创造性思维的影响,研究将 166 名美国大学本科生分成 3 组:母语为英语的单语者、国外出生且 6 ~ 7 岁时已熟练运用英语的二语习得年龄较早的双语者、生于美国或国外且 7 岁后才习得流利的英语的二语习得年龄较晚的双语者,并采用经典的蜡烛顿悟问题来评估个体创造性思维。研究发现,二语习得年龄早双语者的创造性思维测验成绩最高,二语习得年龄晚双语者次之,单语者成绩最低。这些结果支持 Kharkurin(2007,2008)的实证发现,表明双语或多语种学习能够显著提升个体创造性思维;且二语习得年龄越早,其对个体的创造性思维的提升效果越明显。

第二,研究者从文化和语言交互层面探讨了社会文化性质(如,自由民主或种族主义文化)及其情境下的语言学习活动对个体创造性思维的影响(Kharkhurin, 2010b;Kharkhurin & Samadpouri, 2008)。Kharkhurin(2010b)从文化和语言交互影响角度重新分析了先前两项研究(Kharkhurin, 2008, 2009)的结果。其研究中,单语者为本土的美国人(英语)和伊朗人(波斯语),双语者为生活在美国的俄语 - 英语者和生活在阿拉伯联合酋长国的波斯语 - 英语者,两类双语者的言语习得年龄和二语水平相当。旅居者国家(美国,伊朗)和被试类型(双语者,单语者)的混合方差分析结果显示,旅居者国家与被试类型的交互效应十分显著,在创造性思维两个指标(类似观点流畅性的能反映创造性观点数目的 GC 指标和类似观点原创性的能反映观点新颖程度的 IC 指标)上,美国双语者较之美国单语者的 GC 得分显著更优,伊朗双语者较之伊朗单语者的 IC 得分显著更高。这表明不同社会文化背景下的双语者和单语者在创造性思维测验不同维度上表现出不同优势,并不存在绝对的孕育创造性思维的绝对优良文化或庸劣文化,不支持创造性思维培育的文化优劣观。

最后,人们探讨了多语种或语言学习是否对不同类型创造性思维具有同等贡献的问题(Hommel et al., 2011；Kharkhurin, 2010a；Yi et al., 2013)。Kharkhurin(2010a)探讨了旅美的俄语–英语双语大学生和美国本土单语大学生在言语与非言语创造性思维的差异。研究发现双语者在非言语创造性思维方面表现出显著优势,而单语者在言语创造性思维表现出优势。又如,Hommel 等(2011)从创造性思维的聚合性和发散性角度探讨了不同熟练程度双语者的双语学习对其聚合思维和发散思维的影响。研究发现,双语娴熟者的远距离联想测验成绩显著优于较低熟练程度的双语者,但后者的替代用途测验成绩均在创造性思维流畅性、原创性、精致性以及灵活性维度上的得分均有高于双语娴熟者的趋势,且两者的流畅性得分差异显著。该结果表明,双语娴熟者双语学习使得其聚合思维增益显著,但低熟练程度双语者的双语学习能促进其发散思维的提升。Carringer(1974)对西班牙语–英语双语者和西班牙语单语者的比较研究揭示,双语者的图形发散思维的流畅性、灵活性和原创性以及言语发散思维的流畅性、灵活性和原创性得分均不同程度地高于单语者,经统计检验发现双语者和单语者的言语灵活性和言语原创性以及图形原创性与流畅性得分均存在显著差异。这些结果表明,双语或多语种学习虽然能对创造性思维产生促进效应,但其对不同类型创造性思维的促进作用大小不一。

4　器物文化影响创造性思维

　　文化工具是人们在日常经验活动中使用的抽象或实在载体与物品。它们既可以是文字或标签等象征性符号,也可以是诸如人民币和陶瓷这些实物物件。总体上,文化工具侧重实物层面,主要包括符号系统、规则系统和实物工具。它们都是各自所诞生时代精神的客观再现,反映着当时的社会需求,并逐渐成为社会文化的一部分而影响着后世。例如,我们国家古代作为防御外敌入侵工事而修建的长城,现在已经成为一种文化符号深深影响着中国人的创造性思维。国家和中国银行在筛选第四版人民币设计方案时就有意识或无意识偏向于某些带有万里长城图案的人民币样板。除此之外,长城作为文化工具或符号影响人们艺术设计还体现在国家机关场所以长城为原型的各类贴画与壁雕,以及以"长城"命名的酒类(如长城葡萄酒)、食品或其他工艺品等。这些都反映了"长城"作为中国人享有的文化符号深深影响着人们的包括艺术设计与创作在内的创造性思维活动。又如,中国国家英文名的创作和选用也体现了文化工具——陶瓷的文化影响。中国心理学会创办了中国心理学的第一本国际刊物——PsyCh。很明显,此名中处处透露着文化符号或工具的影子。例如,名中"Psy"取自于 psychology 的前三个字母,"Ch"有双重含义。它不仅是 psychology 的第四、五个字母,而且更倾向是"China"或"Chinese"的前两个字母①,其大写则是强调"泱泱中华"。刊名总体则取意于 psych(心理)一词。上述例证都说明古代文化器物逐渐演变成文化符号并在日常生活和各类事务中内隐或无意识地影响着人们的创造性思维或创造性产品的偏好。

　　八股文(eight – legged essay, ELE)是深深影响明清时代与后世中国人创造性思维的典型文化规则系统(Elman, 2009；Gong, 2012；Suen, 2005),它不仅是中国古代便于检

---

① http://onlinelibrary.wiley.com/journal/10.1002/(ISSN)2046 – 0260.

测的标准化的论说文体,而且是中国明清时代科举考试——中国封建社会最主要的人才和官员选拔制度的主要文体。它的"标准化"与"客观性"虽为公平选拔人才提供了可能,但通常又是戕害作者创造性与个性的杀手。许多学者探讨了八股文对中国明清时代文学创作、社会创造以及当代中国人创造性思维的影响(Suen, 2005;Wu & Albanese, 2010;吴承学, 2000)。例如,有学者认为八股文对于文学创作的影响,基本上是消极的。顾炎武认为,八股文严重影响和束缚了士人的创造,使文体每况愈下;同时股文严重影响了明代文学的创新精神,并且对明代作家、诗人而言,八股文对于古文的影响是一种不自觉的影响(吴承学, 2000)。除阐述八股文或科举制对艺术创新的负面影响外,Suen (2005)进一步探讨了八股文诞生前后中国科学与技术创新,尤其是医学创新的发展情况。其研究显示,科举制诞生前包括扁鹊、淳于意、张仲景和华佗在内的 8 人中有 5 人将医学作为第一职业选择,另 3 人对行医和医政管理也有同等兴趣,无人将医学视为最后不得已而为之的职业归宿;科举诞生早期除朱震亨将医学视为最后不得已的职业归宿外,包括孙思邈在内的其他 4 人都是将医学视为人生第一职业选择且无人对行医与医政管理有同等兴趣;科举盛行的明清时代 8 人中除叶天士将行医视为人生的第一职业选择外,包括李时珍和王清任在内的 7 人都是将医学视为人生职业最后不得已的归宿。该研究充分显示,包括李时珍在内的医学创造性人才,其创造性思维的发挥都曾不同程度受到八股文或科举制度在内文化规则系统的影响。Suen(2005)认为,现在虽无法直接检验未曾受到八股文影响的明清中国的科学和技术创新要比饱受八股文影响的明清进步,但从逻辑分析表明,当时若无那些不屑于科举者,中国明清时代仅有的那些科技创新也将不复存在。Gong(2012)进一步阐述了八股文及其依存的儒道经典对当代中国创新的诸多负面影响,例如,它们使得中国现代的研究人员缺乏好奇心或研究兴趣(Suen, 2005;Wu & Albanese, 2010),研究机构缺乏合作意识,无论个人还是组织都热衷于小规模自给自足的科研模式等。

北京举办的 2008 年奥运会是国家充分体现综合国力与文化实力以及展示创造性的盛会。确实,也赢得国际上包括时任国际奥委会主席罗格 Roger 的广泛称赞。已有研究显示,北京奥运会的会徽和吉祥物等标志设计以及开幕式所释放出的创新元素和蕴含的创造性思维令全世界尤为震惊(Niu, 2012)。Serpe(2012)认为北京奥运会开幕式的创造性雄居所有奥运会开幕式创新性榜首。细致分析可知,演出时创造性奇观展现的内在灵感和外在形式多是源于中国传统文化精髓或其文化工具(Niu, 2012)。最典型的是,北京奥运会的会徽、吉祥物、体育图标、主新闻中心景观、开幕式文艺演出以及国外代表团的服装、外国运动员的文身等都融入大量的汉字、篆刻、书法及印章等传统中国文化元素。这些中国数千年的传统文化使得古老的汉字跨越数千年时空,充盈着旺盛的活力和艺术魅力,霎时成为全场最时尚的前沿元素(周庆生, 2009)。会徽展现的是奥运会举办国第一印象,其创新设计要求尤为严格。"舞动的北京"会徽,总体上形似人形"京"字的中国印,由汉语拼音和毛笔书法写就的"Beijing"与"2008",以及奥运五环标志构成。外形上,它将肖形印、中国字和五环徽有机地结合起来,不仅体现了传统中国玺、图章和朱记的工具文化,而且其原型更是先秦的肖形印;内涵上,它以舞动和人形体现北京奥运精神——

人文奥运和活力北京,将奥运会办成一场"同一个梦想,同一个世界"和谐交际舞会。汉语拼音与毛笔书法均系中国特色,是中国文化瑰宝。就吉祥物而言,五个福娃的称呼除了是北京欢迎您的谐音外,其造型分别是中国传统和文化中的吉祥和喜庆物,有明显的中国特色,分别是鲤鱼、大熊猫、敦煌壁画中的火焰纹样(象征奥林匹克圣火)、藏羚羊、北京传统的沙燕风筝或者北京雨燕,不仅融合了现代文化——奥林匹克圣火,容纳了古代文化——鲤鱼跳龙门,汇聚了国际(奥林匹克圣火)、国家(大熊猫)和奥运会举办地的多层面文化(燕),充分彰显"同一个世界,同一个梦想"理念。在文化内涵上,五个福娃的原型和头饰蕴含着分别和海洋、森林、火、大地与天空的联系,构成了中国传统文化中的"五行"①(谢时光,2009)。奥运体育项目的图标更是以篆字笔画为基本形式,融合了中国古代甲骨文、金文等文字的象形意趣和现代图形的简化特征,创造高超。举办场所"鸟巢"和"水立方"的命名灵感源于《逍遥游》中的鲲鹏寓言:"北海有鱼,其名为鲲。鲲之大,不知其几千里也。化而为鸟,其名为鹏。鹏之背,不知其几千里也。怒而飞,其翼若垂天之云。是鸟也,海运则将徙于南冥。南冥者,天池也"。鸟巢,鞍形(马鞍乃中国首创)建筑,取意庄子寓言中的鲲鹏;鸟巢旁的"水立方"则是"天池",两者同时承载"筑巢引凤"和"泱泱大国"的隐含义(胡和平,2010)。开幕式演出的理念设计出自孔子以"礼乐"治天下之主张,演出及其道具更是使用大量中国传统文化理念和工具。例如,缶、烟火(火药)、日晷、太极、《千里江山图》、活字印刷、传统戏剧、汉字,以及茶叶等诸多典型的文化器物或文化符号(胡和平,2010;邢金善,2008;周庆生,2009)。除了中国传统文化工具会对当代人的创造性思维产生影响外,其他国家也有类似发现。就奥运会标志和舞台编排设计这个高度富有创造性的活动而言,2004年希腊雅典奥运会所使用的奥运会吉祥物分别是雅典娜和费沃斯,且都是以希腊陶土雕塑玩偶"达伊达拉"为原型设计的。

此外,文化工具对个体创造性思维的影响在其他建筑或艺术设计以及日常行为(如筷子使用对利手的培养以及创造性思维或其潜能开发的影响等)中也十分常见。例如,周林、查子秀和施建农(1995)在对中德超常和常态儿童图形创造性思维的比较研究中发现,中国儿童连续3年的图形创造性思维测验的成绩均明显高于德国儿童,并且以该测验和其他子测验进行比较,发现中国儿童在该测验上的得分最高。他们认为,中国学生出色的成绩可能与中国汉字的使用有关。因为儿童图形创造性思维的测评工具主要是考察被试对图形的形状、图形中是否具有水平或者垂直线,以及图形上是否有小黑点等属性的认知,这与中国的汉字非常接近。综上可知,个体所处社会的文化物质形态或文化工具对当事者或后世者的创造性思维有着不同程度的显著影响。

5 总结与展望

文化从来都无法脱离社会情景而存在或施加影响。因此,从社会文化的综合角度,系统阐述了社会文化核心层的文化观念、中间层面的文化活动以及外显物质层面的文化

---

① 五个福娃与五行的对应关系为:贝贝—水,晶晶—木,欢欢—火,迎迎—土,妮妮—金。

工具对创造性思维的影响。研究显示,文化观念中的人性或道德价值观与诸如中庸等文化价值取向对个体创造性有显著影响,并且这些影响在一定程度上受社会情景的调节,并表明现有研究不支持创造性思维培育的文化贵贱论;文化活动方面主要从全球化加剧时代的文化混搭现象,主要是海外旅居与移民、种族通婚以及多语种学习三个方面阐述了多元文化经历或多元文化学习对创造性思维的影响,提示多元文化经历或海外留学有助于个体创造性思维的促进,但也受到诸如个体认知闭合需求、多元文化整合性、人格开放性以及文化的自我关联性等因素的调节;文化工具方面主要从文化符号系统、规则系统以及实物工具三个方面,充分结合中国实际就中国传统文化工具对现代北京奥运会标志的创新设计和演出的创造性编排进行阐述,揭示文化工具会显著影响个体或群体的创造性思维,甚至出现时间跨越性。结合当前研究实际,未来该方向的研究还可以从以下方面深入:

首先,未来研究需在实验设计方面强化个体差异控制,探讨社会文化对创造性思维的稳定影响与机制。如同 de Bloom 等(2014)指出的,目前社会文化对创造性思维的研究很少对个体差异进行严密控制,这无疑大大降低了结论的可靠性。因此,未来研究有必要对个体差异和其他额外变量进行控制,并在联合大规模被试的问卷测试和严密的实验室研究来检测社会文化对个体或团体创造性思维的稳定影响极其效应大小的基础上,致力于挖掘社会文化调控个体或团体创造性思维内在机制的深入研究。

其次,未来研究需重视文化和创造性的类型差异,探讨不同文化包括区域文化、组织文化和民族文化对不同类型创造性思维的影响,并在此基础上需要肃清个体创造性和团体创造性的差异。正如文中所总结到的,社会文化对不同类型创造性思维有着不同的影响,目前大多数研究主要是探讨社会文化对言语创造性思维的影响,且以替代用途测验或非常用途测验评估发散思维和以远距离联想任务或经典顿悟问题解决任务评估聚合思维为主。未来一方面可以借助多种测量方式评估创造性思维,并在此基础上借助结构方程等潜变量分析进行模型建构研究;另一方面有必要探讨不同类型的社会文化对图形创造性思维、创造性人格、团体创造性以及艺术创造性的影响,检测社会文化影响是否存在创造性思维的领域特异性。

再次,提高对社会环境和教育影响的关注,尽可能阐明社会文化因素中社会环境和文化因素各自的影响,并将文化因素与教育做合理区分,不可以忽视教育在创造性思维培养和促进中的作用。目前研究基本上未曾对教育和社会因素进行适当的处理,而是将两类不同文化中被试的包括个体差异在内的所有额外变量都纳入到文化差异之中,无疑这种研究方式所获得的研究结论是需谨慎对待的。诸如家庭环境(谷传华,陈会昌,许晶晶,2003)、父母教养方式(谷传华等,2012)或组织氛围(Isaksen & Akkermans, 2012)在内的社会或教育因素都是对个体或团体创造性思维有影响的,未来研究需要在探讨文化或社会文化的影响时合理地将社会或教育的影响适当控制起来。当然,正如前文所言,文化总是依附于社会情景的,无法脱离社会环境而独立起作用。同时亦可看出,目前研究内容主要是从文化差异角度来探讨创造性思维的社会文化基础的,未来应当适当加强从社会情境角度来开展这方面的研究。

最后，注重多重研究取向和多学科的联合与合作，从包括神经机制研究在内的多个层面来探讨社会文化对创造性思维及其培养的影响。新兴的文化动态建构主义取向（侯玉波，张梦，2012；Briley，Wyer，& Li，2014）和文化–基因协同进化论（culture – gene co – evolutionary theory）（Chiao & Blizinsky，2010）则为这方面的合作研究提供有益的启示。例如，张景焕团队发现儿茶酚氧位甲基转移酶（COMT）和多巴胺受体基因（DRD2）的多个等位基因都与个体发散思维或创造性潜能密切相关（Zhang，Zhang，& Zhang，2014）。多学科或跨学科研究者可以共同围绕，诸如多长时间的多元文化经历或多语种学习就会影响创造性思维并出现稳定的神经标记物，并从发育神经科学视角来检测与探讨不同发展阶段个体是否存在差异，进而为早期教育和天才教育提供科学依据。组织心理学或管理学则可以从组织或团体层面来探讨多元文化效应对团体创造性的贡献大小及其性质，为组织创新寻找科学的切入点。

参考文献

杜旌，冉曼曼，曹平. (2014). 中庸价值取向对员工变革行为的情景依存作用. 心理学报，46(1):113 – 124.

Fogler, S. H., Leblanc, S. E. (2005). 创造性问题求解的策略. 欧阳绛，译. 北京：中央编译出版社.

龚琦. (2013). 负创造力与道德人格的关系研究. 南京：南京师范大学

谷传华，陈会昌，许晶晶. (2003). 中国近现代社会创造性人物早期的家庭环境与父母教养方式. 心理发展与教育，(4):17 – 22.

谷传华，范翠英，张冬静，等. (2012). 父母养育方式、人格对儿童社会创造性和社会喜好的影响. 中国特殊教育，(11):78 – 83.

侯玉波，张梦. (2012). 文化"动态建构"的理论和依据. 西南大学学报（社科版），38(4):83 – 89.

侯玉波，朱滢. (2002). 文化对中国人思维方式的影响. 心理学报，34(1):107 – 112.

胡和平. (2010). 盛世华章——论 2008 年北京奥运会开幕式文艺表演. 湖南工业大学学报（社会科学版），15(01):135 – 144.

刘昌，沈汪兵，罗劲. (2014). 创造性与道德的正向关联：来自认知神经科学的研究证据. 南京师大学报（社会科学版），(4):104 – 115.

罗俊龙，覃义贵，李文福，等. (2012). 创造发明中顿悟的原型启发脑机制. 心理科学进展，20(4):504 – 513.

罗鸣春，黄希庭，苏丹. (2010). 儒家文化对当前中国心理健康服务实践的影响. 心理科学进展，18(9):1481 – 1488.

施建农，陈宁，杜翔云，等. (2012). 创造力心理学与杰出人才培养. 中国科学院院刊，27(S1):164 – 173.

王登峰，崔红. (2007). 人格结构的中西方差异与中国人的人格特点. 心理科学进展，15(2):196 – 202.

王登峰, 崔红. (2008). 心理社会行为的中西方差异:"性善 - 性恶文化"假设. 西南大学学报(社会科学版), 34(1):1 - 7.

王泽峻. (1992). 文化环境及其对人的影响. 北京师范大学学报(社会科学版),(1):102 - 105.

吴承学. (2000). 简论八股文对文学创作与文人心态的影响. 文艺理论研究, 6:79 - 85.

谢时光. (2009). 从北京奥运会的中国元素看中华"五行"的色彩文化. 美术大观, (1):116 - 117.

邢金善. (2008). 中国玉文化与奥林匹克精神的融合——从北京奥运会会徽, 奖牌用玉说起. 体育文化导刊, (6):48 - 50.

衣新发, 林崇德, 蔡曙山, 等. (2011). 留学经验与艺术创造力. 心理科学, (01):190 - 195.

岳晓东. (2001). 中国大学生对创造力特征及创造力人才之内隐概念认知:北京、广州、香港和台北四地的调查. 心理学报, 33(2):148 - 154.

查子秀. (1994). 超常儿童心理与教育研究 15 年. 心理学报, 26(4):337 - 346.

周林, 查子秀, 施建农. (1995). 5、7 年级儿童的图形创造性思维(FGA)测验的比较研究. 心理发展与教育, (1):19 - 23.

周庆生. (2009). 北京奥运会中的中国汉字元素. 云南师范大学学报: 哲学社会科学版, 41(5):57 - 66.

Amabile, T. M. (1983). The social psychology of creativity. New York: Springer - Verlag.

Beaussart, M. L., Andrews, C. J., Kaufman, J. C. (2013). Creative liars: The relationship between creativity and integrity. Thinking Skills and Creativity, 9:129 - 134.

Briley, D., Wyer, R. S., Li, E. (2014). A dynamic view of cultural influence: A review. Journal of Consumer Psychology, 24:557 - 571.

Carringer, D. C. (1974). Creative thinking abilities of Mexican youth: The relationship of bilingualism. Journal of Cross - Cultural Psychology, 5(4):492 - 504.

Chang, J. H., Hsu, C. C., Shih, N. H., et al. (2014). Multicultural families and creative children. Journal of Cross - Cultural Psychology, 45(8):1288 - 1296.

Chein, J. M., Weisberg, R. W. (2014). Working memory and insight in verbal problems: analysis of compound remote associates. Memory Cognition, 42(1):67 - 83.

Chen, Z., Mo, L., Honomichl, R. (2004). Having the memory of an elephant: Long - term retrieval and the use of analogues in problem solving. Journal of Experimental Psychology: General, 133(3):415 - 433.

Cheng, C. Y., Leung, A. K. - y. (2013). Revisiting the multicultural experience - creativity Link: The effects of perceived cultural distance and comparison mind - set. Social Psychological and Personality Science, 4:475 - 482.

Cheng, C. Y., Leung, A. K. y., Wu, T. Y. (2011). Going beyond the multicultural experience—creativity Link: The mediating role of emotions. Journal of Social Issues, 67(4):

806 – 824.

Chiao, J. Y. Blizinsky, K. D. (2010). Culture – gener coevolution of individualism – collectivism and the serotonin transporter gene. Proceedings of the Royal Society B: Biological Sciences, 277:529 – 537.

Csikszentmihalyi, M. (1988). Society, culture, and person: A systems view of creativity. In R. J. Sternberg (Ed.), The nature of creativity. New York: Cambridge University Press.

Cushen, P. J., Wiley, J. (2011). Aha! Voila! Eureka! Bilingualism and insightful problem solving. Learning and Individual Differences, 21(4):458 – 462.

de Bloom, J., Ritter, S., Kühnel, J., et al. (2014). Vacation from work: A 'ticket to creativity': The effects of recreational travel on cognitive flexibility and originality. Tourism Management, 44:164 – 171.

Dietrich, A., Kanso, R. (2010). A review of EEG, ERP, and neuroimaging studies of creativity and insight. Psychological Bulletin, 136(5):822 – 848.

Elman, B. A. (2009). Eight – Legged Essay Berkshire encyclopedia of China. Princeton: Berkshire Publishing Group LLC:695 – 698.

Erez, M., Nouri, R. (2010). Creativity: The Influence of Cultural, Social, and Work Contexts. Management and Organization Review, 6(3):351 – 370.

Fee, A., Gray, S. J. (2012). The expatriate – creativity hypothesis: a longitudinal field test. Human Relations, 65(12):1515 – 1538.

Fink, A., Grabner, R. H., Gebauer, D., et al. (2010). Enhancing creativity by means of cognitive stimulation: Evidence from an fMRI study. Neuroimage, 52(4):1687 – 1695.

Flaherty, A. W. (2005). Frontotemporal and dopaminergic control of idea generation and creative drive. Journal of Comparative Neurology, 493(1):147 – 153.

Gino, F., Ariely, D. (2012). The dark side of creativity: Original thinkers can be more dishonest. Journal of Personality and Social Psychology, 102(3):445 – 459.

Gong, P. (2012). Cultural history holds back Chinese research. Nature, 481(7382):411.

Hommel, B., Colzato, L. S., Fischer, R., et al. (2011). Bilingualism and creativity: benefits in convergent thinking come with losses in divergent thinking. Frontiers in Psychology, 2:1 – 5.

Isaksen, S. G. Akkermans, H. J. (2012). Creative climate: A leadership lever for innovation. The Journal of Creative Behavior, 45(3):161 – 187.

Kharkhurin, A. V. (2007). The role of cross – linguistic and cross – cultural experiences in bilinguals' divergent thinking. Cognitive aspects of bilingualism: Springer:175 – 210.

Kharkhurin, A. V. (2008). The effect of linguistic proficiency, age of second language acquisition, and length of exposure to a new cultural environment on bilinguals' divergent thinking. Bilingualism: Language and Cognition, 11(2):225 – 243.

Kharkhurin, A. V. (2009). The role of bilingualism in creative performance on divergent thinking and Invented Alien Creatures tests. The Journal of Creative Behavior, 43(1):59 -71.

Kharkhurin, A. V. (2010a). Bilingual verbal and nonverbal creative behavior. International Journal of Bilingualism, 14(2):211 -226.

Kharkhurin, A. V. (2010b). Sociocultural differences in the relationship between bilingualism and creative potential. Journal of Cross - Cultural Psychology, 41(5 -6):776 -783.

Kharkhurin, A. V., Samadpouri, M. S. N. (2008). The impact of culture on the creative potential of American, Russian, and Iranian college students. Creativity Research Journal, 20(4):404 -411.

Kim, K. H. (2010). Measurements, causes, and effects of creativity. Psychology of Aesthetics, Creativity, and the Arts, 4(3):131 -135.

Lan, L., Kaufman, J. C. (2012). American and Chinese similarities and differences in defining and valuing creative products. The Journal of Creative Behavior, 46(4):285 -306.

Lee, C. S., Therriault, D. J., Linderholm, T. (2012). On the cognitive benefits of cultural experience: Exploring the relationship between studying abroad and creative thinking. Applied Cognitive Psychology, 26(5):768 -778.

Lee, H., Kim, K. H. (2011). Can speaking more languages enhance your creativity? Relationship between bilingualism and creative potential among Korean American students with multicultural link. Personality and Individual Differences, 50(8):1186 -1190.

Lee, S. A., Dow, G. T. (2011). Malevolent creativity: Does personality influence malicious divergent thinking? Creativity Research Journal, 23(2):73 -82.

Leikin, M. (2013). The effect of bilingualism on creativity: Developmental and educational perspectives. International journal of bilingualism, 17(4):431 -447.

Leung, A. K. y., Chiu, C. y. (2008). Interactive Effects of Multicultural Experiences and Openness to Experience on Creative Potential. Creativity Research Journal, 20(4):376 -382.

Leung, A. K. y., Chiu, C. y. (2010). Multicultural experience, idea receptiveness, and creativity. Journal of Cross - Cultural Psychology. 41(5 -6):723 -741.

Leung, A. K. y., Maddux, W. W., Galinsky, A. D., et al. (2008). Multicultural experience enhances creativity: the when and how. American Psychologist, 63(3):169.

Luo, J., Knoblich, G. (2007). Studying insight problem solving with neuroscientific methods. Methods, 42(1):77 -86.

Maddux, W. W., Adam, H., Galinsky, A. D. (2010). When in Rome . . . Learn Why the Romans Do What They Do: How Multicultural Learning Experiences Facilitate Creativity. Personality and Social Psychology Bulletin, 36(6):731 -741.

Maddux, W. W., Galinsky, A. D. (2009). Cultural borders and mental barriers: Relationship between living abroad and creativity. Journal of Personality and Social Psychology, 96(5):1047 – 1061.

Niu, W. (2012). Confucian Ideology and Creativity. The Journal of Creative Behavior, 46 (4):274 – 284.

Niu, W., Kaufman, J. C. (2013). Creativity of Chinese and American cultures: A synthetic analysis. The Journal of Creative Behavior, 47(1):77 – 87.

Niu, W., Sternberg, R. (2002). Contemporary studies on the concept of creativity: The East and the West. The Journal of Creative Behavior, 36(4):269 – 288.

Niu, W., Sternberg, R. J. (2001). Cultural influences on artistic creativity and its evaluation. International Journal of Psychology, 36(4):225 – 241.

Niu, W., Sternberg, R. J. (2003). Societal and school influences on student creativity: The case of China. Psychology in the Schools, 40(1):103 – 114.

Niu, W., Sternberg, R. J. (2006). The philosophical roots of Western and Eastern conceptions of creativity. Journal of Theoretical and Philosophical Psychology, 26(1 – 2):18 – 38.

Panda, M., Yadava, R. (2005). Implicit creativity theories in India: An exploration. Psychological studies, 50(1):32 – 39.

Ricciardelli, L. A. (1992a). Bilingualism and cognitive development in relation to threshold theory. Journal of Psycholinguistic Research, 21(4):301 – 316.

Ricciardelli, L. A. (1992b). Creativity and Bilingualism. The Journal of Creative Behavior, 26(4), 242 – 254.

Roger, E. (2008). Zhang Yimou's gold medal. Chicago Sun – Times. Retrieved from http://blogs. sun – times. com/ebert/2008/08/zhang_gold_medal. html.

Rudowicz, E., Yue, X. D. (2000). Concepts of creativity: Similarities and differences among mainland, Hong Kong and Taiwanese Chinese. The Journal of Creative Behavior, 34(3):175 – 192.

Saad, C. S., Damian, R. I., Benet – Martínez, V., et al. (2012). Multiculturalism and Creativity: Effects of Cultural Context, Bicultural Identity, and Ideational Fluency. Social Psychological and Personality Science. 4(3):369 – 375.

Schein, E. H. (2010). Organizational culture and leadership (Vol. 2): John Wiley Sons.

Serpe, G. (2012). The five best Olympics opening ceremonies, everr—Look out, London 2012. Retrieved from Http://www. eonline. com/news/333044/the – five – best – olympics – opening – ceremonies – ever – look – out – london – 2012.

Simonton, D. K. (1975). Sociocultural context of individual creativity: a transhistorical time – series analysis. Journal of Personality and Social Psychology, 32(6):1119 – 1133.

Srivastava, B. (1991). Creativity and linguistic proficiency. Psycho – Lingua, 21(2):105 – 109.

Sternberg, R. J. (1985). Implicit theories of intelligence, creativity, and wisdom. Journal of Personality and Social Psychology, 49(3):607 – 627.

Sternberg, R. J. , Lubart, T. I. (1996). Investing in creativity. American Psychologist, 51 (7):677 – 688.

Suen, H. K. (2005). The hidden cost of education fever: Consequences of the Kwago – driven education fever in ancient China. In J. – g. Lee (Ed.), Education fever in Korea, Education fever in the world: Analysese and policies (299 – 334). Seoul: Ha – woo Publishing Co.

Tadmor, C. T. , Galinsky, A. D. , Maddux, W. W. (2012). Getting the most out of living abroad: biculturalism and integrative complexity as key drivers of creative and professional success. Journal of personality and social psychology, 103(3):520 – 542.

Tadmor, C. T. , Satterstrom, P. , Jang, S. , et al. (2012). Beyond Individual Creativity: The Superadditive Benefits of Multicultural Experience for Collective Creativity in Culturally Diverse Teams. Journal of Cross – Cultural Psychology, 43(3):384 – 392.

Viki, T. G. , Williams, M. L. J. (2014). The Role of Identity Integration in Enhancing Creativity Among Mixed – Race Individuals. The Journal of Creative Behavior, 48(3): 198 – 208.

Walczyk, J. J. , Runco, M. A. , Tripp, S. M. , et al. (2008). The Creativity of Lying: Divergent Thinking and Ideational Correlates of the Resolution of Social Dilemmas. Creativity Research Journal, 20(3):328 – 342.

Wu, J. J. , Albanese, D. (2010). Asian creativity, chapter one: Creativity across three Chinese societies. Thinking Skills and Creativity, 5(3):150 – 154.

Yao, X. , Yang, Q. , Dong, N. , et al. (2010). Moderating effect of Zhong Yong on the relationship between creativity and innovation behaviour. Asian Journal of Social Psychology, 13(1):53 – 57.

Yi, X. , Hu, W. , Scheithauer, H. ,et al. (2013). Cultural and bilingual influences on artistic creativity performances: Comparison of German and Chinese students. Creativity Research Journal, 25(1):97 – 108.

Zha, P. , Walczyk, J. J. , Griffith – Ross, D. A. , et al. (2006). The impact of culture and individualism – collectivism on the creative potential and achievement of American and Chinese adults. Creativity Research Journal, 18(3):355 – 366.

Zhang, S. , Zhang, M. , Zhang, J. H. (2014). Association of COMT and COMT – DRD2 interaction with creative potential. Frontiers in Human Neuroscience, 8, Article 216. doi: 10. 3389/fnhum. 2014. 00216.

Sociocultural Basis underlying Creative Thinking

Wangbing Shen[1]   Yuan Yuan[2]

(1. *School of Public Administration, Hohai University, Nanjing*, 211100; 2. *Nanjing Normal University of Special Education, Nanjing*, 210038)

Abstract: As the inner core of human wisdom and creativity, creative thinking is a thinking mode that generates both novel and appropriate viewpoints or products. Guided by the model of "three levels of culture", the present work focused on the cultural values and underlying assumptions, cultural communications or multicultural experience, as well as cultural artifacts, and mainly examined the influences of human nature viewpoints, Zhong Yong orientation, oversea living, multilingual learning, and cultural artifacts such as cultural signs, rules and implements on human creative thinking. Results showed that socioculture underwrite human creative thinking regardless of conscious levels. Study in future should pay more attention to the independence of social factors and its relevant culture, the control of individual differences, the variety of culture and creativity types, as well as multiple approach.

Keywords: creative thinking; socioculture; cultural activity; value view; Zhong Yong orientation

语言与思维方式对中国人创造力的影响①

周治金　赵庆柏

（华中师范大学 心理学院,武汉,430079）

摘　要　语言与思维方式是否影响中国人的创造力,一直是学术界研究关注的问题。首先,从文化心理学角度来看,中庸思维是中国人典型的思维方式。以达"和"为目的的中庸思想属于中庸信念或价值观,而普通大众视折中主义、和稀泥为中庸思维,这属于中庸思维的内隐观。真正的中庸思维是"执两端而允中",具有整合思维的特性。实验中启动"亦 A 亦 B"式中庸思维,显著地提高了创造性解决"市场信息整合问题"的成绩,促进了远程联想(RAT)测验的成绩。EEG 研究进一步表明,启动"亦 A 亦 B"式中庸思维后,被试解决 RAT 测验任务时的 theta、alpha 和 beta 功率,均显著低于启动"非 A 非 B"式中庸思维条件,这表明启动整合式中庸思维易化了解决 RAT 认知过程。其次,语言是思维的外衣,网络语言、汉语古诗词和汉语幽默语是语言创造的产物,实验揭示其理解加工与创造性问题解决具有类似的认知过程,并且对相应语言的使用能显著促进创造性问题解决的成绩。总的来说,中庸思维所代表的思维方式以及语言加工的创造性认知都有利于促进创造性思维。

关键词　中庸思维;幽默语加工;网络语言加工;诗歌欣赏;创造性思维

中国古代对人类科技发展做出很多重要贡献,但为什么科学和工业革命没有在近代的中国发生? 这是著名的李约瑟难题,这个问题关乎中西方认识方式和创造力差异。李约瑟主要从中西思维方式差异和中国古代的科举制度角度回答其问题。我们比较认同李约瑟的回答,思维方式的确是影响创造力的一个重要因素。那么,中西思维方式的主要差别在哪里? 最有影响的观点是,西方人以逻辑、分析式思维方式为主而东亚人以直觉、整体式思维方式为主(Nisbett et al. ,2001)。研究者通过从注意、知觉、概念分类、记忆、归因和决策等多个认知层面的实验研究发现,东亚人的认知方式具有整体性、情境性与联系性的特点。如果从逻辑上推演,整体性、情境性与联系性的认知方式,应该比分析、逻辑式的认知方式更有利于创造性思维。然而,二十多年来,基于中西创造力跨文化比较研究的发现是,中国青少年在一般创造力测验与艺术创造力、科技创造力等领域特殊创造力水平都低于西方青少年的创造力水平。跨文化研究的差异在不同层面的心理

① 本项目研究得到国家自然科学基金项目(编号:31471000)和中央高校基本科研业务费重大培育项目:我国青少年创造力发展研究(编号:CCNU18ZD005)资助。

因素都可能存在,如价值观差异、社会心理差异、人格与动机差异、认知方式差异,以及语言的差异。这里只针对思维方式与语言的某些特点,探讨它们对我国青少年创造力影响。

1　中庸思维及其心理学研究

从跨文化心理学角度,整体性–分析性思维方式是研究中西认知方式差异的较好概念框架,但是从文化心理的角度来看,中庸思维方式更能反映中国人的思维方式。

1.1　中国文化传统中的中庸思维

所谓中庸最早是指一种至上道德,其后演变为一种为人处世的价值观和思维方法,意指无过不及或恰到好处(冯友兰,1940)。中庸是中国人为人处世与解决问题的基本原则,其目标是达成和谐,从这种意义上来说,中庸是信念或价值观(杨中芳,赵志裕,1997;杨中芳,2009);但是,中庸也是人们认识世界,将世界一分为三的认识论,以及人们处理日常生活中人、事、物时采用"执两用中"的思维方式。例如,庞朴(1980,2000)提出,中庸不仅是儒家学派的伦理学说,更是他们对待整个世界的一种看法,是他们处理事物的基本原则或方法论。中庸有四种形态:第一式,A 而 B,如"温而厉""柔而立",是立足于 A 兼及 B;第二式,A 而不 A,如"威而不猛""乐而不淫",明里是 A 而防 A 的过度,暗中却是以 B 为参照来扯住 A,是 A 而 B 的反面说法;第三式,亦 A 亦 B,如"能文能武""亦庄亦谐",平等包含 A、B,是 A 而 B 式的扩展;第四式,不 A 不 B,如"不卑不亢""无偏无颇",是第三式的否定说法。其中,不 A 不 B 形式最利于表示中庸之"中",亦 A 亦 B 形式最足以表示中庸之"和"。

从心理学角度系统地研究中庸思维,当推杨中芳等人。他们提出,中庸思维是人们在处理日常生活事件时用以决定要如何选择、执行及纠正具体行动方案的指导方针,是一套"实践思维体系"。由于杨中芳等构建的中庸实践思维体系过于复杂,有一些研究者曾尝试将研究重点放在中庸思维的基本含义,即"执两端而允中"之上。例如,吴佳辉和林以正(2005)将研究集中在处理某一争议问题、产生不同意见时的思维方式和行事方式,以此考察中庸思维的特点。他们将中庸思维界定为"由多个角度来思考同一件事情,在详细地考虑不同看法之后,选择可以顾全自我与大局的行为方式",根据该中庸思维的界定,他们编制了包含"多方思考""整合性"及"和谐性"这三个维度的中庸思维问卷。

1.2　中庸思维的内隐观

中庸思维的核心是"执两端而允中",至于如何达到"中"的拿捏技艺上,李美枝(2010)区分了三种不同层次的"中庸之道":平庸人的拿捏(妥协、不彻底、无原则、和稀泥等)、善权变者的拿捏(两极思维、大局为重、合情合理、不走极端等)和"智慧"者的拿捏。这里所说的平庸人的拿捏遵循的是折中主义(不同于折中思维)。似乎从孔子提出"中庸"概念之后,大众对于"中庸"的理解就有"折中主义"——曾被孔子斥之为"乡愿""乱苗之莠"。时到今日,大众对中庸的理解中仍包含"折中主义"的含义。杨宜音(2014)甚至认为,几乎每个中国人都持有中庸内隐观,都曾经或正在置身于人人都"用"中庸的社会中。但随着时代的变迁,人们对中庸的认识在发生着改变。杨中芳等的调查显示,当今公众普遍将中庸等同于妥协、折中、平均、不彻底、庸碌、庸俗、无原则、和稀泥等等。而且,中庸在学术领域也经常被与折中主义、平均主义、不彻底主义、庸碌主义、庸俗主义、妥协主义,以及投降主义相提并论(冯友兰,1940)。尽管包括冯友兰在内的一些研究者曾做出澄清,中庸并非如此,但仍未能有效阻止中庸内涵的世俗化。这说明普通大众对中庸的这种理解,有其成长的"文化土壤",我们暂且称此种对中庸的理解为中庸思维的内隐观(理论)。

李明珠(2017)曾利用社交软件"QQ",对其个人好友进行"中庸思维"概念的简单调查。调查发现,人们对中庸思维的理解有两种:一种是"整合"含义,例如,综合两者观点以一种比较中立的观点代之、在利弊中权衡、看待事物都有两面性、辩证法、灵活处理、思维不僵化、适度不极端等;另一种是"折中"含义,例如,合二为一的中间道路、不争第一也不做最后、模棱两可、对任何事情都没有自己的看法与观点、不批判等。

总之,一些学者对中庸与中庸思维的理解,遵循其"原本含义",而普通大众则遵循其自己对中庸的理解即中庸思维的内隐观(理论)。应该注意的是,西方人对中庸的理解是从中庸的英文翻译——Doctrine of mean,或 midway 来理解它,不免偏离"中庸"的原义。而中庸思维的内隐观更接近中庸信念或价值观。

1.3 中庸思维与创造力的关系

关于中庸思维对创造力的影响是一个值得深入探究的问题。遗憾的是,目前有关两者关系的实证研究还很少。廖冰和董文强(2015)采用中庸思维量表(吴佳辉和林以正,2005)和员工创新行为量表,考察了中庸思维与员工创造力之间的关系,研究发现,知识员工中庸思维得分可以正向预测其创新行为。类似地,张光曦和古昕宇(2015)通过互联网调查不同企业员工中庸思维与其创新行为的关系,发现中庸思维与创新行为呈低正相关。

不过,也有研究发现中庸思维与创造力之间的关系为负相关或无相关。Yao 等(2010)研究发现,"中庸信念/价值量表"得分低的员工自我感知创造力与上级对其革新行为的评分之间呈显著正相关,而高中庸信念/价值的员工自我感知创造力与上级对其革新行为的评分之间无显著相关。Liu,Wang 和 Yang(2015)研究发现,美术专业学生在"中庸信念/价值量表"得分与其创造性人格得分之间存在显著负相关。

我们认为产生矛盾结果的原因可能是,研究者采用不同的中庸思维概念(对应的测量工具也不同)所致。关于中庸思维的测量主要有两种,其一是杨中芳等(1997)编写的"中庸信念/价值量表",以及黄金兰,林以正和杨中芳(2012)修订的"中庸信念/价值量表";其二是吴佳辉和林以正(2005)基于意见表达的背景编写《中庸思维量表》。这两类量表都是测量中庸思维,但是其测量的内涵并不相同。

综上所述,排除有关中庸价值观/信念与创造力关系的研究,迄今为止,国内关于中庸思维与创造力关系的有限几项研究,基本得到两者弱正相关的关系。但是,目前的研究都是将中庸思维看成是一种较稳定的思维方式或习惯。这种研究取向虽然有其价值,但是,中国人(或东亚人)的思维方式更具有情境性。一些跨文化的研究表明,相对于西方人,中国人(或东亚人)有更强的场依存性(Ji, Peng, & Nisbett, 2000),在知觉注意中对注意聚点之外的背景因素有更多的关注（Nisbett & Miyamoto，2005；Boduroglu，Shah，& Nisbett，2009），在归因中表现出更多的情境归因倾向等（Choi，Nisbett，& Norenzayan，1999；Morris & Peng，1994）。总之，中国人的心理与行为具有"情境性"的特点（杨中芳，2009）。因此，我们推测，在遇到矛盾情境时，指导中国人处事的中庸思维，依据不同情境和体验而施以不同的"中"与"和"。

研究基于庞朴（1980）观点，将采用"不 A 不 B"形式来解决问题的思维方式叫折中思维方式，将采用"亦 A 亦 B"形式来解决问题的思维方式叫整合思维方式。研究通过解决不同情境问题，启动大学生的折中思维或整合思维，从而考察不同形式的中庸思维对创造性思维的影响。

2　中庸思维对创造性思维的影响

2.1　中庸思维启动对市场信息整合问题解决的作用

通过情境故事分别启动折中思维或整合思维，例如，启动折中思维的"交通小事故"问题情境中，人物包括肇事司机和受损司机，事件是发生了一起交通小事故，双方都有私了的意愿，但是在双方应承担责任份额和经济损失数额上产生分歧，并且争执不下。最后提出一个问题："作为一个局外人，你如何解决此问题？"要求被试写出一个双方都能接受的解决方案。启动整合思维的问题情境相对复杂一些，例如"互联网时代的经营形式"问题情境中，两人拟合伙经营服装（销售）生意，但是一人想开实体店，另一人想开网店，两人讨论多次都未能达成一致意见。最后提出问题是"作为一个富有多年销售经验的成功人士，你怎么解决这个问题？"

在实验中，为了保证启动中庸思维的效果，第一道题为练习题，在被试回答完第一道题之后，为其呈现参考答案，让被试分析自己的解决方案与参考答案是否一致，如果一致，提示被试后面的问题可参考此种解题思路解决；如果不一致，让被试分析哪种方案更合适，并提示被试可参照参考答案的解题思路。随后被试阅读并且回答正式启动问题材料，最后完成市场信息整合问题，即利用 6 条有关市场的零碎信息，形成一个创意投资方案。结果发现，整合思维启动组被试创意投资方案的得分（$M = 3.47$，$SD = 0.97$）显著高于折中组思维启动组被试的得分（$M = 2.93$，$SD = 0.89$），$t(51) = 2.09$，$p = 0.042$，Cohen's $d = 0.58$。

实验 1 虽然发现了整合思维启动（相对于折中思维启动），更有利于被试创造性地解决市场信息整合类问题，但是启动整合思维能否促进一些典型的创造性思维形式，尚未可知。因此，实验 2 拟考察中庸思维启动对三种典型的创造性思维的影响。

2.2　中庸思维启动对三种典型的创造性思维的影响

通过问题情境启动折中思维与整合思维，考察中庸思维启动对被试完成发散思维测验、远程联想测验和顿悟问题解决的影响。

远程联想测验题 10 道，例如"婴儿、玻璃、实验"，要求被试想出与三个线索词都能建立语义联系的第四个目标词（如"试管"）。脑筋急转弯谜题 10 道，例如"什么人每天靠运气赚钱？"。物品多用途测验（alternative use task，AUT）任务，实验选用的是"玻璃在科学领域中的用途"（胡卫平,2014）。

实验时,被试阅读并完成第一道启动题,随后完成一项创造性思维任务。休息 2 分钟后,阅读并完成第二道启动题,随后再完成另一项创造性思维任务。以此类推,直到完成最后一项创造性思维任务。实验结果表明:折中思维启动组被试、整合思维启动组被试和对照组被试完成 RAT 题目的正确率差异显著 $F(2,79) = 5.23, p = 0.007, \eta p^2 = 0.117$。整合思维启动组被试解决 RAT 测验的正确率显著高于折中思维启动组被试和对照组被试解题的正确率,折中思维启动组被试和对照组被试解决 RAT 测验的正确率差异不显著。此外,三组被试在解决脑筋急转弯谜题的正确率差异不显著 $F(2,76) = 0.39, p = 0.68$；完成 AUT 测验的独创性、灵活性与流畅性成绩均未达到显著性差异,独创性 $F(2,80) = 0.59, p = 0.56$,灵活性 $F(2,80) = 0.99, p = 0.38$,流畅性 $F(2,80) = 1.41, p = 0.25$。

RAT 任务要求被试根据给定的三个线索词,激活其相关的语义,搜索三个词激活概念的交叉结点（即答案）。完成 RAT 任务时,需要被试在相关信息间建立联系、对相关信息进行整合,这两种认知加工过程与被试在解决整合思维问题情境时,在问题情境的有关信息间建立关联和将诸多一致与不一致的信息进行整合加工类似,因而,整合思维启动促进被试完成 RAT 任务的成绩。

2.3　中庸思维启动促进 RAT 测验的 EEG 研究

通过问题情境启动折中思维或整合思维,随后要求被试完成 RAT 测验任务,同时记录被试的行为数据和脑电数据,其后对 EEG 数据进行频域分析。在完成 RAT 测验任务中,脑电结果显示,在额叶和顶叶,整合思维启动条件下的 theta（4～8Hz）、alpha（8～12Hz）和 beta（12～30Hz）功率,均显著低于折中思维启动条件。

先前研究表明,前额叶皮层 theta 波与创造力任务过程中注意维持有关（Razumnikova, 2007）；额叶和顶叶的 alpha 波的增加,反映解题者内部加工活动是一种抑制或者是自上而下的活动（Fink & Benedek, 2014; Jensen & Tesche, 2002; Klimesch, 2012）；β 波一般反映了包括认知控制和注意等主动过程（Panagiotaropoulos, Vishal, & Logothetis, 2013）,顶叶 beta 活动增强与注意力加强以及结合能力的增强有关（Benedek et al., 2011; Agnoli et al., 2018）。

通常情况下,解决 RAT 过程中伴随着 alpha,beta 和 theta 功率的增加（Razumnikova, 2007）。但是实验研究表明,启动整合思维,激发被试深度的信息联结与信息整合加工,加快了解决 RAT 的时间,提高了解决 RAT 的成绩,易化了大脑对 RAT 加工过程。

3　汉语加工及其对创造性思维的影响

3.1　汉语网络新词加工中新颖信息整合过程及其对言语创造的影响

汉语的造字手段主要有"象形""指事""会意""形声"四种方法,形声字组合了表义的形符和表音的声符,具有简单高效的特点,现代汉语中形声字占 80% 左右。为了解决一音多字,以及单字指代能力有限的问题,采用两个汉字意义拼合（即两个概念的组合）就可以指代新事物。汉字的这种强大的拼合能力,为造词者提供了表现其创造力的机会。在过去几千年时间里,汉语新词是由官方的语言文字学家来负责完成的,但是在网络时代,屌丝们也可以在网络上造词。网络词汇包含,通过对汉字、字母、数字和符号等元素采用同音汉字假借、数字谐音代替、英语音译、拼音缩略、语义引申以及语义拼凑等方式组合而成。使用较多的是同音假借,例如,童鞋(同学)、杯具(悲剧)。显然,通过语义引申、双关和重组等方式形成的网络词汇,如"拍砖"和"白骨精"等,具有新的含义,属于典型的概念整合式词汇创新。有研究表明,英语网络语言中缩写形式较多见,在加工缩写形式的网络语言时,与加工第二语言的过程相似。那么汉语中多见的"杯具""猪脚"等同音假借网络词汇,其语义加工(词汇通达)过程如何呢?

我们采用事件相关电位(ERP)技术和语义违反范式,考察网络语言和标准汉语的语义加工差异。结果发现:(1)不管是网络语言还是标准汉语,相对于语义一致条件,语义不一致条件在400ms诱发了一个更负的负成分,但网络语言的经典N400差异波具有更晚的潜伏期和更长的持续时间。(2)溯源结果发现,网络语言和标准汉语的经典N400差异波的早期和晚期的定位均分别定位于丘脑和前扣带回,表明N400延迟效应是由个体对网络语言相对低的流利度所致,反映了认知冲突的延续。(3)在语义一致性条件下,网络语言比标准汉语诱发了一个更负的新颖N400和一个更正的晚期正成分(LPC)。分别定位于前扣带回和海马,二者分别反映了新颖网络含义的识别以及新颖语义信息的整合与新颖语义联结的形成。ERP结果支持了网络语言加工属于创造性思维过程。

网络语言具有创造性思维加工过程,那么其使用能否促进创造性思维呢?我们采用自编的网络词汇熟悉度问卷筛选高、低网络语言使用经验两组被试,采用网络词汇测验进一步确认分组的有效性,要求两组被试完成远距离联想测验、成语谜语选择任务和歇后语生成任务,比较两组被试在三种创造性任务得分上的差异。结果发现,高网络语言使用经验组在远距离联想测验、成语谜语选择任务和歇后语生成任务中均显著获得更高的得分,说明网络语言使用经验与个体的创造性任务得分存在正向关系。随后,采用学习-测验范式考察网络语言使用促进个体创造行为的因果关系。结果发现,在成语谜语选择任务中,实验组在网络词汇学习之后得分显著高于前测,而控制组前后测没有显著差异;在远距离联想测验和歇后语生成任务中,实验组前后测得分均无显著差异。研究结果表明网络语言使用能促进个体的言语创造性。

3.2 汉语古诗词创意的理解

英语重形合、汉语重意合是英汉两种语言在句法特征上的最主要区别之一。所谓形合是指主要靠语言本身的语法手段。英语句法特征是"形合",即注重语法形式和功能,句子要按照语法规则来组织句子。其主语和谓语要求在人称、数、时态、语态上保持一致,主句和从句之间要用关联词语衔接起来。英语结构紧凑严密,句子之间的排列、衔接、连贯遵循严格的逻辑。相对于英语,汉语不太受语法规范的制约,汉语表达意义时主要靠句子内部语义联系。因此对于汉语句子、段落与篇章的理解,不能仅看个别的字、词,需要从整体上把握,把它放在一定的语言环境、说话人的心态以及文化背景中去。汉语诗词是"意合"的经典语言表达形式,例如:

枯藤,老树,昏鸦。

小桥,流水,人家。

古道,西风,瘦马。

夕阳西下。

断肠人在天涯。

诗歌欣赏,作为诗歌创作的"逆过程",是读者充分利用自己知识经验,理解诗歌所描绘的客观事物(物象)特点,通过联想与映射构建诗歌意象,最终领悟诗歌深层意蕴的过程。诗歌意象构建是把握诗歌物象的核心人格特征、领悟诗歌意境的必由过程。我们通过三个实验探究汉语古代咏物诗欣赏中,情感线索与关键语义线索对诗歌意象构建的重要作用。

实验1 初步考察情感线索与关键语义线索对古诗意象和意境形成的影响,结果发现:情感类线索显著提高被试完成意象和意境任务上的得分;而关键语义线索没有促进被试完成意象和意境任务上的得分。另外,被试在意象任务上的得分与其在意境任务上的得分呈高显著正相关,所以实验2与实验3只考察被试欣赏古诗时意象构建的过程。

实验2 同时呈现有效或无效的情感线索与关键语义线索,进一步考察两类线索的有效性对构建诗歌意象的影响。结果发现:情感线索有效性的主效应显著,情感线索有效条件下,意象正确率显著高于无效情感线索条件下意象正确率。语义线索有效性的主效应不显著。两因素的交互作用显著,在情感线索有效时,有效语义线索条件下意象正确率高于无效语义线索条件下意象正确率;在情感线索无效时,有效语义线索条件与无效语义线索条件下意象正确率无显著差异。

实验3 利用眼动技术,进一步考察情感线索和语义信息对诗歌意象形成的作用。依据被试的报告会将诗歌欣赏分为三个阶段:诗歌语义理解、意象初步形成与意象完成。结果发现,在诗歌语义理解阶段,对诗歌语义信息停留时间百分比和注视次数百分比显著多于意象初步形成阶段与意象完成阶段,但是对诗歌关键语义信息与非关键语义信息的停留时间百分比和注视次数百分比无显著差异。在意象初步形成阶段与意象完成阶段,对适当情感线索词的停留时间百分比和注视次数百分比显著高于不适当情感线索词,此时被试构建正确意象。对适当情感线索词与对不适当情感线索词的停留时间百分比无显著差异时,被试构建了错误的意象。

3.3 幽默语加工对创造性思维的作用

西方学者认为,幽默感是一种重要的创造性人格特征,而且通过实验研究发现,产生幽默语(或漫画)或者欣赏幽默语(或漫画)都能够促进发散思维。顿悟是最经典的创造性思维形式,但是,目前关于幽默能否促进顿悟的实验研究却极少见,所以,我们通过三个实验考察幽默语加工对顿悟问题解决影响的认知神经机制。

实验1 考察幽默语加工对汉语成语谜题(顿悟问题)解决的影响。采用单因素三水平被试内设计,自变量设置了幽默语加工启动(认知 + 情绪)、不幽默语加工启动(认知)和非幽默语加工(无启动)三种条件。研究发现:幽默语加工启动条件下成语谜题解决正确率显著高于非幽默语加工启动条件下成语谜题解决正确率;幽默语加工启动条件下与不幽默语加工启动条件下成语谜题解决的正确率无显著差异。

实验 2　探究幽默语加工促进顿悟问题解决的认知机制。将被试分为两组,先让两组被试分别加工(阅读)幽默语或非幽默语,随后采用"物体种类符合度"任务测量被试的认知灵活性,最后要求被试解决汉语成语谜题。研究发现:幽默语加工启动组被试解决顿悟问题的正确率显著高于非幽默语加工组,说明幽默语加工与顿悟问题解决认知机制具有一定程度的相似性;认知灵活性在幽默语加工与顿悟问题解决之间起部分中介作用。

实验 3　利用事件相关电位技术探究幽默语加工促进顿悟问题解决的神经电生理机制。实验操纵幽默语加工启动与非幽默语加工启动两种条件,要求被试判断随后呈现的语境与关键词之间的语义关联是否新颖。实验材料构成三类语义关联:新颖语义关联(谜题型歇后语)、寻常语义关联和无语义关联;后两种语料的呈现形式与歇后语相似。实验重点考察被试加工谜题型歇后语过程中新颖语义联结形成的神经电生理机制。研究发现:新颖语义关联条件诱发的 N400 平均波幅显著大于寻常语义关联条件;启动类型和语义关联类型在 LPC 前半段(P500 - 700)平均波幅的交互作用显著;对新颖语义关联语料加工,幽默语启动条件的平均波幅显著小于非幽默语启动条件,对寻常语义关联语料加工,两种启动条件的平均波幅差异不显著;幽默语启动条件的 LPC 后半段(P700 - 1000)平均波幅显著小于非幽默语启动条件。研究表明,幽默语加工主要促进了顿悟问题解决中新颖语义的联结过程。

参考文献

冯友兰. (1940). 道中庸. 北京:中国广播电视出版社.

柯娓. (2016)汉语诗词意象形成的初步研究. 武汉:华中师范大学硕士论文.

李美枝. (2010). 中庸理念与研究方法的实践性思考. 本土心理学研究,97 - 110.

李明珠. (2017). 中庸思维对创新观念生成的作用机制及其神经基础. 武汉:华中师范大学.

庞朴. (1980). "中庸"平议. 中国社会科学,(1):75 - 100.

吴佳辉,林以正. (2005). 中庸思维量表的编制. 本土心理学研究,24:247 - 300.

吴洁清. (2018). 幽默对顿悟问题解决的影响及其神经机制. 武汉:华中师范大学.

杨中芳. (2009). 传统文化与社会科学结合之实例:中庸的社会心理学研究. 中国人民大学学报,3:53 - 60.

杨中芳. (2014). 中庸社会心理学研究的构念化:兼本辑导读. 中国社会心理学评论(第七辑). 北京:社会科学文献.1 - 15.

杨中芳,赵志裕. (1997). 中庸实践思维初探. 在第四届华人心理与行为科际学术研讨会上发表,台北,5:29 - 31.

赵庆柏,柯娓,童彪,等. (2017). 网络语言的创造性加工过程:新颖 N400 与 LPC. 心理学报,49(2):143 - 154.

Choi,I., Nisbett, R. E., Norenzayan, A. (1999). Causal attribution across cultures: Variation and universality. Psychological Bulletin, 125(1):47 - 63.

Ji, L. , Peng, K. , Nisbett, R. E. (2000). Culture, control, and perception of relationships in the environment. Journal of Personality and Social Psychology, 78(5):943 – 955.

Leung, A. K. , Liou, S. , Miron – Spektor, E. , et al. (2017). Middle ground approach to paradox: Within – and between – culture examination of the creative benefits of paradoxical frames. Journal of Personality Social Psychology.

Liao, B. , Dong, W. Q. (2015). The study for the relationship among gold – mean thinking, organizational harmony and innovation behavior of knowledge staff. ScienceTechnology Progress and Policy, (07):150 – 154.

Nisbett, R. E. , Peng, K. , Choi, l. , et al. (2001). Culture and systems of thought: holistic vs. analytic cognition. Psychological Review. 108:291 – 310.

Klimesch, W. (2012). Alpha – band oscillations, attention, and controlled access to stored information. Trends in Cognitive Sciences, 16(12):606 – 617. doi: 10. 1016/j. tics. 2012. 10. 007.

Panagiotaropoulos, T. I. , Vishal, K. , Logothetis, N. K. (2013). Desynchronization and rebound of beta oscillations during conscious and unconscious local neuronal processing in the macaque lateral prefrontal cortex. Frontiers in Psychology, 4(4):603.

Razumnikova, O. M. (2007). Creativity related cortex activity in the remote associates task. Brain Research Bulletin, 73(1):96 – 102.

Yi, X. , Hu, W. , Scheithauer, H. , Niu, W. (2013). Cultural and bilingual influences on artistic creativity performances: Comparison of German and Chinese students. Creativity Research Journal, 25(1):97 – 108.

The influence of language and thinking mode on Chinese creativity

Zhijin Zhou   Qingbai Zhao

(*School of Psychology, Central China Normal University, Wuhan*, 430079)

Abstract: whether language and mode of thinking influence Chinese creativity has always been the focus of research field. First of all, from the perspective of cultural psychology, Zhongyong thinking is a typical way of Chinese thinking mode. The belief and value of Zhongyong thinking is to achieve "he" (harmony); while common people regard Zhongyong thinking as eclectictism or trying to mediate differences at the sacrifice of principle, which is the implicit theory of Zhongyong thinking. Zhongyong thinking's true nature is to "holding the two ends while using the mean", and it has the characteristic of integrated thinking. In this study, after priming "both – A – and – B" Zhongyong thinking, participants' performances on the creative problem solving "Market information integrating task" and Remote association task (RAT) are significantly improved. EEG data further proves that participants who are primed "both – A – and – B" Zhongyong thinking have significantly lower theta, alpha and beta power during RAT compared to participants who are primed by "neither – A – nor – B" Zhongyong thinking. The results indicate that priming integrated Zhongyong thinking has simplified RAT cognitive process. Secondly, language is actually an external way of thinking, and Internet Slang, Chinese ancient poetry as well as Chinese humorous language all are verbal creative products. This study shows that comprehending creative language has similar cognitive process as creative problem solving, and the use of it could significantly improve performances in creative tasks. All in all, the creative cognition in Zhongyong thinking mode and its language process are beneficial for creative thinking.

Keywords: Zhongyong thinking; creative language; EEG; cultural psychology; creative thinking

历史测量学及其在唐宋杰出文学家研究中的应用①

衣新发¹   谌鹏飞²   赵为栋¹

（1.现代教学技术教育部重点实验室,陕西师范大学教师专业能力发展中心、北京师范大学中国基础教育质量监测协同创新中心陕西师范大学分中心,西安,710062；2.西安欧亚学院 人文教育学院,西安,710065）

摘　要　在国际创造力心理学研究领域,杰出人才的发展特点一般是通过历史测量学予以研究的。美国学者西蒙顿（D. K. Simonton）在该领域做了大量富有开创性的研究。本文内容的第一部分从西蒙顿的生平出发,介绍回顾历史测量学的发展、特征以及其在杰出人才创造力研究中的应用。进而,对这一方法的研究做以简要评述:其一,近年来历史测量学的研究表现出从选取大量杰出人物、量化杰出人物传记到选取单个杰出人物、量化杰出人物的创造性作品的发展趋势；其二,尽管历史测量学在杰出创造力的研究中有着广阔的应用空间,但是在创造性成就的评估、创造性过程的分析以及研究对象这三方面目前仍存在一些有待克服的问题。考察分析中国历史上高创造性成就人才的发展特征及成长经历,有助于揭示创新人才的成长规律,也为当代社会培养个体的创造力提供历史借鉴。第二部分将呈现我们课题组采用历史测量法所初步开展的研究。在这项研究中,以 92 名唐宋杰出文学家为研究对象,尝试探讨以下问题:其一,唐宋文学领域杰出人物的精神疾病与成长逆境对他们的创造力成就有何种预测作用；其二,在唐宋杰出文学家身上,是否可以验证在西方杰出人物中出现的精神疾病与成长逆境之间的“均衡”现象（“trade－off”theory）；其三,是否存在显著影响唐宋文学巨匠创造力成就发展的其他变量。结果发现:成长逆境是唐宋文学家取得创造力成就的核心影响因素；移民迁徙和宗教信仰对唐宋文学家的创造力成就具有显著影响,但在唐朝和宋朝的作用方式不同；在成长逆境与精神疾病两个变量对唐宋杰出文学家的创造力成就影响方面,并不存在“均衡”现象。

关键词　西蒙顿；历史测量学；发展特点；杰出创造力 ；唐宋杰出文学家

①　本文系国家自然科学基金项目（编号:31771234,31100755）,陕西师范大学首批“优秀青年学术骨干资助计划”（编号:16QNXXGG014）,2017 年度陕西省学前教育研究课题重大项目（编号:ZDKT1701）,高等学校学科创新引智计划（编号:B16031）和国家社会科学基金 2015 年度重大项目“语言、思维、文化层级的高阶认知研究”（编号:15ZDB017）阶段性成果。

1 引言

关注杰出人才的发展特点是推动创新人才教育的重要基础,该主题因此成为创造力心理学研究的核心主题之一。60 多年前,美国心理学家吉尔福特(Guilford)直接推动了创造力心理学在全美以更大规模开展研究的进程(Guilford,1950)。一般而言,创造力是个体能够产生出新颖且有价值产品或作品的能力(Sternberg Lubart,1991,1996)。历史测量学(historiometric methods)关注的正是杰出人才的发展特征及影响因素,是创造力研究领域中一种重要的研究取向。美国学者迪恩·凯斯·西蒙顿(Dean Keith Simonton)在历史测量学领域做了大量的研究,取得丰硕的成果。本文将通过对历史测量学的介绍,总结杰出人才的发展特点,并对该方法的研究优势和局限性做出简要评述,以期为该方法在国内杰出人才研究中的应用提供参考。与美国比起来,历史测量学在国内创造力研究领域的文献相对较少,且缺乏系统性(谷传华,陈会昌,许晶晶,2003;谷传华,陈会昌,2006;郑剑虹,潘峰,2014)。中华民族有着纵贯几千年的历史,那些闪烁于浩瀚历史长河中的杰出人才恰恰为历史测量学研究提供了丰富的素材。我们课题组对历史测量学的方法做了综述(衣新发,赵为栋,谌鹏飞,2017),并初步用于唐宋杰出文学家的研究(衣新发,谌鹏飞,赵为栋,2017),本文内容是对研究结果的简要介绍。

2 西蒙顿生平简介

迪安·基斯·西蒙顿(Dean Keith Simonton)是美国加利福尼亚大学戴维斯分校心理系的教授,杰出创造力、领导力和美学领域的专家,创造力研究历史测量学的奠基人。

1948 年 1 月 27 日,西蒙顿生于美国洛杉矶大都市区格伦代尔市。西蒙顿的父亲是一名从事航天设备生产的工人,但他很重视对西蒙顿的教育。在西蒙顿上幼儿园时,父亲给西蒙顿买了套百科全书,这套百科全书对西蒙顿日后研究杰出创造力产生了很大的影响。初中时,西蒙顿各科成绩非常优异,尤其是科学与社会研究这两门学科。初中毕业后,西蒙顿被洛杉矶最大的高中——约翰·H·弗朗西斯高中录取,并表现出对知识的强烈渴求:从阅读《西方世界的伟大著作》开始,制定自己的十年读书计划;担任学校"知识碗队"的队长,并在一次电视转播的比赛中率领"知识碗队"获取最后的胜利。

高中毕业后,西蒙顿选择去西方学院学习化学专业。大三时,在认真规划了自己的职业生涯后,他在专业上做出了一个重要的选择——从化学系转专业到心理学系,自此开始了他的心理学学术生涯:1969 年,西蒙顿考入哈佛大学攻读硕士,期间担任哈佛大学助教,1973 年,西蒙顿顺利拿到哈佛大学的心理学硕士学位并继续在哈佛大学攻读社会心理学博士。

1975 年博士毕业后,西蒙顿选择在加州大学戴维斯分校任教,从此开启了自己与心理学长达 40 多年的教研"缘分":1976—1980 年,他担任助理教授;1980 年,担任副教授;1985 年,担任教授;2004 年,担任特聘教授;2016 年,他担任特聘名誉教授。

在加州大学,西蒙顿很受学生们的欢迎,获得大部分的大学教学奖,其课程《天才,创造力和领导力》《心理学史》《社会心理学》均被学生评为 A +。在学术上,西蒙顿也成果颜丰:参与编写了近300多种出版物,他的文章还经常被《新闻周刊》(News Week)、《纽约时报》(New York Times)、《华盛顿邮报》(Washington Post)等主流媒体引用。近年来,西蒙顿的研究受到更多关注,他也逐渐出现在电视节目和广播电台中,这进一步扩大了其理论的影响力,使得西蒙顿的学术思想传至千家万户(以上资料均来源于 University of California, Davis, 2016)。

3 历史测量学研究方法的发展

历史测量学是创造力研究方法论的一个分支。西蒙顿作为当代历史测量学的奠基人,有着大量的历史测量学著述。他曾对历史测量学做出如下说明:历史上杰出的创造者们对人类的文明有着创造性的贡献,因此获得永久的名望,研究者通过量化这些杰出的创造者们的传记资料,并对他们的创造性产品进行内容分析,进而梳理出那些有助于他们取得重大成就的个人特质和社会环境。历史测量法在创造力领域具有重要的应用价值(Simonton, 1984c)。

历史测量学有着较长的历史,实际上它真正代表了对创造力进行科学研究的最古老方法(Sternberg, 1999,2005)。1835 年,比利时天文学家、气象学家、社会学家阿道夫·奎特里特(Adolphe Quetelet)在《人论》中报告了第一个历史测量学研究(Sternberg, 1999,2005)。该研究使用量化的方法考察了个体创造性在其一生中是如何波动的(Quetelet, 1969)。然而,这种方法在当时并未受到重视。

直到1869 年,被称为"历史测量学之父"的弗朗西斯·高尔顿(Francis Galton)出版其专著《遗传的天才》(Hereditary Genius)。该书的问世不仅堪称心理学的经典,也被视为历史测量学研究史上第一本颇具影响力的著作(Simonton, 1983b)。此后,许多研究者沿着高尔顿所做出的先驱性的工作继续推进。如英国的心理学家哈弗洛克·埃利斯(Havelock Ellis)发表了《英国天才的研究》(A study of British genius),考察了社会文化因素对创造性活动的影响(Sternberg, 1999,2005)。

之后,历史测量学传播到美国,心理学家詹姆斯·卡特尔(James Cattell)成为历史测量学在美国的主要传播者。他主编的《科学》(Science)杂志也成为推广历史测量学研究的一个主要传播媒介(Cattell, 1903)。弗里德里克·伍兹(Frederick Woods)在《科学》杂志上对这一方法进行持续关注,他于1909 年发表的论文《一种新科学的新名字》(A new name for a new science)中,"新名字"便是历史测量法(Woods, 1909),并在之后的《作为一门精确科学的历史测量学》(Historiometry as an exact science)一文中继续推广该方法,并认为历史测量法非常适合"天才心理学"的研究(Woods, 1911)。但 Woods 只是用历史测量法研究了人类历史上伟大的领袖人物,却忽视了天才中著名的创造者们。

真正将历史测量法用于分析历史上那些著名创造者的是美国心理学家推孟(Terman)的学生科克斯(Cox)(Cox, 1926)。在 Cox 之后,越来越多的心理学家运用历史测量学在创造性研究领域进行探索,其中影响力最大的当属美国心理学家西蒙顿。他的著作《天才、创造性与领导力:历史测量学的探寻》(Genius, creativity, and leadership:Historiometric inquiries)奠定了当代历史测量学研究的基础。

近年来,国内一些研究者也逐渐开始用历史测量学研究创造力。如谷传华和陈会昌(2006)对孙中山等30位1840年以后去世的杰出的政治家、军事家、社会活动家进行研究,考察了这些杰出人物在不同时期社会创造性的发展规律;谷传华、陈会昌和许晶晶(2003)以家庭环境量表和父母养育方式评价量表为基础,运用历史测量学对30位中国近现代社会创造性人物的早期家庭环境与父母教养方式的特点进行研究。郑剑虹和潘枫(2014)以35位中国近现代杰出自然科学家为研究对象,运用历史测量学系统分析了影响中国杰出自然科学家创造力发展的主要因素。以中国创造性人物为研究对象的历史测量学研究丰富了该领域的研究内容。

4 历史测量学研究特征

西蒙顿对历史测量学做出如下定义"历史测量学是对历史人物的资料进行定量分析,以检验人类行为普遍规律的科学方法(Simonton,1990b)"。从定义出发,可以从以下三个方面分析历史测量学研究。

4.1 研究对象

历史测量学所选取的被试是历史上的创造性人物。因为历史测量学选取的样本一定是在某个领域取得重要成就的个体,所以样本的创造性可得到保证。历史测量研究需要大量的样本,有些研究甚至需要数以千计具有杰出创造力的人物样本库(Simonton,1976d,1988b,1992c)。这是因为,只有足够大的样本量,才能保证经验性的结果具有普遍性的规律。除了关注普遍性规律,历史测量学也会关注单个创造者(Damian & Simonton,2011;Derks,1994;Ohlsson,1992;Simonton,1986b,1987,1990a,2012,2015a,2015b)。但即便是单个创造者,纳入研究的成果样本或行为样本也必须足够大,这时分析的单元也相应转变为创造性产品或行为。

4.2 研究目的

历史测量学的研究目的是探求普遍性的规律。普遍性的规律是指人类行为的共同内在特征,即便不考虑特定的人物、地点和时间因素,这种内在特征同样存在。与之相对的个别化研究方法强调的是特定的事件和行为,不关注能否可以推广至更广泛的人群。

历史测量学探求的是人类行为的普遍规律,是为了发现超出历史记录的一般性规律。因此,当历史测量学应用于创造力时,其探索的是哪些发展经验、个体特质或者环境因素有助于创造力成就。就这一点而言,虽然同样运用历史资料,但历史测量学与其他同样运用历史资料对心理学进行研究的方法有着显著的差异。历史编纂学选择历史事实,分析评价历史人物,组织和处理各种档案资料(叶浩生,2006);历史计量学更加关注的是特殊问题的研究而非普遍规律的探索;心理传记学的目标是对人的理解以及对人的生命史的解释(Schultz,2005/2011)。和这些方法相比,只有历史测量学探索的是超越时空、超越特定人物的一般规律。不过这种对普遍规律的探求也可以对特定的历史现象进行解释或者对杰出的历史人物的创造性成果进行分析,如西蒙顿对毕加索、伽利略以及爱迪生创造性作品的研究(Damian & Simonton,2011;Simonton,2012;Simonton,2015a,2015b)。

4.3 研究方法

历史测量学的精髓是量化分析。量化分析的核心是对分析单元下定义。心理学研究的分析单元通常都是个体,一般不需要分析单元。但历史测量学需要对分析单元进行界定。在时间维度上,研究者主要采用两种分析单元:横断分析单元(如个体的创造性产品、历史事件)和时间序列分析单元(数年为一个分析单元);在研究对象数量的维度上,可以大致分为个体单元和集合单元(齐建芳,2007)。个体单元是指由单一实体构成的单元,如创造性产品或创造性个体,而集合单元是信息或者数字的量表,是一种更大的分析单元(齐建芳,2007)。绝大部分历史测量学研究中都会包含横断单元、时间序列单元、个体单元和集合单元。如在研究 2000 名著名哲学家时,西蒙顿将思想者个体的哲学信仰作为横断单元,将时代的主流精神作为时间序列单元,将两者对比从而确定一个思想者的杰出程度是否有赖于他与时代精神的接近程度(Simonton,1976d)。

在对分析单元下定义后,便可对关键变量进行操作化。将传记资料和历史资料进行量化的关键是要将丰富、模糊和定性的文本式数据转化成确切而清晰的数字式数据(Sternberg,2005)。研究者通常按照四个精度水平来获得测量数据:称名量表、顺序量表、等距量表和等比量表。选取某一种量表后,通过某些维度给每一个分析单元赋值便得到变量。因此,变量便是分析单元波动的某一种属性。变量变化的越多,这种特质越有可能成为有效指标,越具有分析价值。在对变量进行操作化后,按照心理学研究的方法,运用一些统计技术对变量间关系进行计算并梳理因果关系,便完成一项历史测量学研究。

5 历史测量学在杰出创造力研究中的应用

创造力是一种极其复杂的现象,杰出创造力则更是如此(Eysenck,1995)。人们对于杰出创造力始终有着各种各样的认识,因此研究内容也是各式各样。由于历史测量学研究的被试是历史上杰出创造力人物的代表,所以和其他方法相比而言,历史测量学在研究杰出创造力时有着得天独厚的优势。在研究杰出创造力时,有三种取向主导着历史测量学研究,即个体发展研究、个体差异研究和环境影响。

5.1 杰出创造者个体发展的研究

创造力历史测量学研究的一大特征是研究范围包括了创造者们毕生活动的范围(Simonton,1988a)。因此研究者可以使用搜集来的资料对研究对象进行追踪式的研究。在研究中可以探索杰出人才从出生到死亡期间其创造力发展各个方面的影响因素。若以创造性行为的发生为标志,可以把这些研究划分为两个阶段:个体发展创造力潜能的早期准备阶段和个体实现其所积累潜能的成熟阶段(Simonton,1984a)。

5.1.1 创造力的准备阶段

在高尔顿对许多著名杰出人物的家谱进行历史测量分析后,有一些研究者延续了高尔顿的研究方法,通过详细调查家谱来找出创造力可能的遗传基础(Simonton,1983b)。大部分的研究者把重点放在了以下六个发展变量上。

第一,出生顺序。高尔顿最先提出出生顺序可能会影响创造性成就(Schachter,

1963)。许多研究者用历史测量学沿着这个方向进行假设和验证后得出一些结论（Albert, 1980）。如出生顺序和创造力之间的关系依赖于创造性成就的领域：在科学和作曲领域中，有着保守思想的人更有可能是长子，有着创新思想的人更有可能是较晚顺序出生的（Bliss, 1970；Clark & Rice, 1982；Schubert, Wagner, & Schubert, 1977；Sulloway, 1996；Terry, 1989）。

第二，智力早慧。这里的早慧指的是与专业领域相关的认知技能的早慧。如西蒙顿曾经探究了智力早慧与成年期创造性成就之间的关系（Simonton, 1991d）。

第三，童年时期的精神创伤。曾有研究发现，童年时期丧父丧母之类的创伤与杰出人才创造性潜能的发展存在较高相关（Albert, 1971）。这种相关性在不同领域内表现出差异，有研究者发现艺术领域的创造者往往比科学领域的创造者更多地来自不幸的家庭环境（Berry, 1981）。

第四，家庭背景。在家庭背景中，社会经济阶层、宗教信仰、移民状况和家庭关系等因素都会影响创造力的发展（Berry, 1981；Simonton, 1976a, 1986a）。

第五，教育和特殊训练。研究者也对正式教育对创造性成就的影响进行研究，如受教育水平或者学业优秀的重要性（Simonton, 1983a, 1986a）。西蒙顿还发现，一些特殊的专业训练有助于创造力的发展（Simonton, 1984d, 1986a, 1991b, 1991c）。

第六，角色榜样和导师。角色榜样和导师对于创造力天才出现一定的影响。研究表明，一定程度的模仿能够激发创造力的发展，但对他人工作的过度模仿则会阻碍创造力的发展（Simonton, 1976d, 1976e, 1977b, 1977c）。

5.1.2　创造力的表现阶段

在这个阶段，历史测量学家主要研究的是创造性成就是如何随着年龄的变化而变化的。这里面的年龄是以活跃于创造性领域的时间或职业年龄来界定的，而并非实际年龄（Lehman, 1966a, 1966b）。一些研究者在进行深入研究后得出这样的结论：创造性作品的产生是年龄的函数，表现为倒 U 形曲线（Simonton, 1977a, 1984b, 1989）。此外，一些研究者在探索创造者职业生涯中创造性作品质和量之间的关系得出这样的结论：作品的质量与作品的数量紧密相关，故最具代表性的创造性作品往往出现在创造者职业生涯最好的阶段（Han, 1989；Simonton, 1977a, 1984b, 1989；Zhao & Jiang, 1985, 1986）。

还有一些研究关注杰出人物创造出其代表性作品时的年龄（Abt, 1983；Hermann, 1988；Simonton, 2007b；Zhao, 1984；Zhao & Jiang, 1986）；如西蒙顿认为诗人相比小说家，更容易在其职业生涯前期写出其最具创造力的巅峰之作（Simonton, 2007b）。一些历史测量学研究还为"普朗克假设"（Planck hypothesis）提供支持，即老一辈的科学家和年轻一辈的科学家相比，更难以接受科学的革新（Diamond, 1980；Whaples, 1991）。

5.2　杰出创造者个体差异的研究

很多著名的历史测量学家如 Quetelet, Galton, Cattell, Thorndike 和 Cox 都对杰出创造者个体差异的研究有着较大的兴趣。他们把智力、人格特质作为创造性成就的预测变量来研究相关性（Simonton, 1976a, 1991d, 2006, 2009c；Walberg, 1980）。在这些方法中，最别具一格的是使用已有的心理测量工具来分析历史数据的研究。如一些研究者为了评价文学和艺术创造中的动机,使用了"主题统觉测验"(thematic apperception)(McClelland, 1961, 1975;Winter, 1973)。在这些研究中,研究者发现:从历史测量研究中得到的创造力天才的心理"肖像"与通过心理测量对健在的创造者进行研究得到的结果非常类似(Simonton,1994)。

近些年,这方面的研究倾向于把精神疾病作为人格特质的一个维度来预测创造性成就(Damian Simonton, 2014;Simonton, 2014)。研究发现,精神疾病倾向与创造力之间存在某种函数关系。这种函数关系还表现出领域的差异性:对于艺术家和文学家,精神疾病是创造性成就的单调递增函数;而对于科学家,精神疾病是创造力成就的非单调单峰函数(Damian & Simonton, 2014)。

5.3 环境对杰出创造者的影响研究

创造力并不只是一种个人的活动,即使是最杰出的创造者也需要在社会环境中成长和发展。创造者必须有效地将他们的想法或产品与其他人分享、交流(如同事、学生、读者和观众等),才能证明他们独创性的想法或产品是有社会价值的。基于这样的原因,有不少研究者考察了个体的创造性是如何被社会环境所促进或阻碍的(Jackson Padgett, 1982;Simonton, 1984a, 1992b, 1992c;Simonton & Ting, 2010)。这种研究取向主要从四个角度关注杰出人物的创造性与所在环境的关系:

第一,文化角度。大量研究表明,文化背景对杰出的创造性成就有着显著的影响(Hasenfus, Martindale, & Birnhaum, 1984;Simonton, 1975a, 1975b, 1976b, 1976d, 1992a, 1992b, 1996;Simonton & Ting, 2010;Simonton, Graham, & Kaufman, 2012)。

第二,社会角度。研究者分别探讨包括人口增长、社会结构以及对少数民族的立场等社会变量(Kuo,1988;Simonton, 1997)对不同时代的创造精神的影响。如有研究揭示,视觉艺术的风格可能会反映出当时社会的等级划分程度(Dressler & Robbins, 1975)。

第三,经济角度。经济的繁荣或萧条以及大量投资均会对时代的创造精神产生影响(Inharber, 1977;Kuo, 1988;Simon & Sullivan, 1989)。一些研究发现,经济的增长可以刺激创造性活动的复兴,但若只有物质的财富,这种复兴后的创造力便很难被保持下来。(Kavolis,1964)。

第四,政治角度。大量的研究表明,政治因素和时代的创造精神密切相关(Kuo, 1988;Simonton, 1976f, 1976c, 1976g, 1980, 1986b, 1987)。在这些政治因素中,研究者对战争给时代的创造精神所带来的影响投入较多的关注(Cerulo, 1984;Simonton, 1976f, 1976c, 1976g, 1980, 1986b, 1987)。战争的爆发不仅仅对当时的创造性作品的质量和数量有很大的影响,而且还会波及数十年后的所在地的创造(Simonton, 1976f)。

6 历史测量学研究评论

在对杰出创造力的研究上,历史测量学有着广阔的发挥空间。第一,历史测量学能够验证创造力研究中其他方法所获得发现的普适性。如历史测量学与心理测量学针对精神病理学和创造力天才的研究取得高度的一致(Damian & Simonton, 2014;Simonton,

2014)。第二,由于许多历史测量学文献中的经验性结果还不能被其他方法所证实,所以历史测量学的文献在这方面发挥着它独一无二的作用。第三,由于历史测量学的被试是创造性天才的代表,因此历史测量学有可能对最杰出的创造力表现进行科学的研究。

随着时代的发展,目前的历史测量学研究呈现出如下趋势:第一,越来越多的研究试图探究某个杰出的创造性人物,而不是把数以百计甚至以千计的杰出创造者们作为研究对象(Damian & Simonton, 2011; Simonton, 2012; Simonton, 2015a, 2015b)。第二,越来越多的研究倾向于通过量化创造性作品以及创造性作品取得的成就来探究影响创造性成就的因素(Cerridwen & Simonton, 2009; Damain & Simonton, 2011; Simonton, 2007a, 2007b, 2007c, 2009a, 2009b, 2009c, 2012; Simonton, Graham, & Kaufman, 2012)。原因可能有如下两点:其一,统计技术随着科技的发展,变得日益强大起来,这就为更精细化的研究提供了外在条件。其二,相比量化杰出创造性人物的传记而言,对其创造性作品进行量化分析研究,更能体现其杰出的创造力。因为传记是他人对其杰出创造过程的主观描述,经过传记作者的加工,会有一定的偏差。而本人的创造性作品则能更直接地体现出其自身杰出的创造力。

但是历史测量学也不可避免地存在着自身方法论上的局限。纵观已有的历史测量学文献,历史测量学还有待从以下几个方面做进一步的研究和完善。

第一,创造力成就指数的评估方法仍需完善。大部分的历史测量学研究在评估创造力成就指数时,所采用的是 Murray (2003)对杰出人物创造力成就指数进行评估的方法。Murray 根据杰出创造性人物在合格参考书中所占的比重的大小,来衡量他们所取得成就的高低。Murray 在所选定的参考书中,杰出人物所占的页数与总页数的比值即为该人物的原始分数。把不同人物的原始分数进行线性变换,即得到该人物的创造性成就指数。尽管这种方法已经被沿用近一个多世纪,但它仍有一些不接避免的缺陷。最突出的一个问题是使用这种方法评估出来的指数更像是一种成就指数而非创造性成就指数。如何说明在参考书中占有较大比例的杰出人物有较高的创造力是一个无法回避的问题。若不能证明这点,研究得出的结论便只能说明杰出人物的成就的相关因素而并非杰出人物创造性成就的相关因素。

第二,创造性过程的研究有待加强。在杰出创造者个体发展的研究、杰出创造者个体差异的研究和社会环境对杰出创造力的影响研究上,历史测量学取得了很丰富的研究成果。但历史测量学却很少涉及对创造性过程的研究。很少有历史测量学研究文献研究的是创造力表现的直接决定因素。因此,历史测量学对创造性过程的研究目前有待加强。可以从以下两个方面来看:首先,历史测量学作为一种科学方法,自身还需要不断地完善和发展。若想对创造性过程进行系统地考察,还需要方法论上的改进和突破;其次,历史测量学需要与其他方法进行互补。如吴继霞等人关于唐文治的心理传记学研究(吴继霞,曹丽萍,朱浚溢,2013)可以给历史测量学者很好的启示。

第三,研究对象需拓展至东方人群。历史测量学的功能之一是探求超越时间、空间限制的普遍规律。但是就目前的研究来看,历史测量学所选取的对象主要是西方历史上的杰出创造者。那么是否仅用西方杰出创造者作为样本所得出的结论就适用于整个人类社会？这是有待进一步考察研究的。正如西蒙顿所指出的，现在大量的历史测量学研究是以西方杰出的创造者为研究对象，而很多已有的研究结果需要以东方杰出创造者为对象，在东方文化中得到进一步检验（Simonton & Ting，2010）。

7   唐宋杰出文学家的历史测量学研究缘起

唐宋时期文学巨匠众多，唐诗宋词是中国传统文化宝库中璀璨夺目的明珠。可以说唐宋是中国杰出文学家集中涌现的历史时期。从历史上看，唐宋是中国封建社会发展中一个经济鼎盛、文化繁荣与科技进步的时期，也是一个充满多元文化交汇、碰撞，甚至摩擦的时期。其间发生的很多历史事件对当时及后世的政治经济、文化交流以及人们的生产生活均产生显著的影响。这些事件包括唐朝的贞观之治、武周之治、开元盛世、安史之乱、藩镇割据、黄巢起义，宋朝的政治统治危机（阶级矛盾尖锐化、"三冗"等）、王安石变法、都城南迁和十年抗金等。这两个朝代的历史变迁均不可避免地对当时人们的日常生活与人生际遇造成影响，而剧烈的历史变迁很可能使文学家群体经历不同程度的成长逆境。这也为创造力研究者提供了丰富的资料来拷问前面涉及的理论问题：社会变迁所引起的成长逆境究竟对文学家的创作会产生什么样的影响？这种影响作用是促进还是阻碍？

由此，我们尝试以唐宋杰出文学家为研究对象，探讨智力早慧、宗教信仰、移民迁徙、成长逆境和精神疾病等发展指标对其创造力成就的影响模型。其中涉及发展变量都运用历史测量学的方法予以量化，并推演它们之间可能存在的函数关系。通过这样的研究，希望能为精神疾病与创造力之间关系的论争提供新的研究证据，并检验以欧美杰出人物为研究对象所得出的、用于解释杰出人物精神疾病与成长逆境之间关系的"均衡"理论是否适用于理解中国古代杰出人物的发展特征。

8   唐宋杰出文学家的历史测量学研究方法

8.1   唐宋杰出文学家样本选取

遵从历史测量学的研究方法，选取唐宋（公元 630—1248 年）共 92 名杰出文学家为研究对象，其中唐朝文学家 48 名，宋朝文学家 44 名。Murray（2003）曾对公元前 800 年到 1950 年间杰出创造性人物在艺术与科学领域所取得的成就进行测量。本研究采用 Murray 对历史人物进行筛选的标准和方法，程序如下：首先，选取 6 部与中国文学相关的参考书，分别是：（1）《中国文学史》（袁行霈，2014）；（2）《中国文学史》（钱基博，2008）；（3）《中国文学史》（郑振铎，2012）；（4）《中国文学史新著》（章培恒，骆玉明，2007）；（5）《剑桥中国文学史》（孙康宜，宇文所安，2013）；（6）《中国大百科全书：中国文学卷》。其次，将被至少一半参考书提及的人物确定为重大人物，而把被至少 90% 的参考书提及的人物确定为杰出人物，他们是一小批对于了解某一领域不可或缺的人物（Murray，2003），最终筛选出 92 名唐宋杰出文学家（至少被 5 本参考书提及）作为研究对象。

8.2   核心变量编码标准及程序

按照历史测量学的研究程序，本研究分别对杰出文学家的成长逆境、精神疾病、创造力成就指数以及智力早慧、宗教信仰、移民迁徙等变量予以编码量化。

（1）成长逆境

由 2 名经过培训的心理学专业研究生分别阅读 92 名杰出文学家的人物传记,并对发生在他们身上的事件进行编码和记录。研究所使用的人物传记为《中国历代著名文学家评传》(吕慧娟,刘波,卢达,1986)。评分者使用二分变量(0 或 1)进行编码,以文学家的一生作为分析单元,其中,1 表示该事件在某人物的传记中至少出现过一次,0 表示该事件在某人物的传记中从未出现过。成长逆境包含以下 5 个维度:(1)童年丧父或丧母;(2)丧偶;(3)贬谪;(4)贫穷;(5)疾病。最后,将 5 个维度的分数相加来表示成长逆境的得分。研究中的成长逆境分数的评分者一致性系数为 0.92。

（2）精神疾病

使用远距离人格测量(At – a – distance personality assessments, APA),方法对研究对象的精神疾病进行编码评分(Damian Simonton, 2014)。具体程序是:首先,由研究团队编制出 92 位杰出文学家的传记梗概;其次由 2 名评分者分别阅读所有人物的传记材料,以文学家的一生作为分析单元,对精神疾病的症状进行编码。精神疾病包括以下 4 个维度:(1)心境障碍(如抑郁、躁狂、焦虑等);(2)认知神经障碍(如精神分裂、精神错乱、精神衰弱等);(3)成瘾(药物或酒精);(4)自杀。每个维度均用二分变量(0 或 1)进行编码。最后,将 4 个维度的分数相加来表示精神疾病的得分。研究中的精神疾病分数的评分者一致性系数为 0.92。

（3）创造力成就指数

使用 Murray(2003)的杰出人物创造力成就评估标准对 92 名唐宋文学家的成就指数予以评分。Murray 根据杰出创造性人物在合格参考书中所占的比重大小,衡量他们在所处领域中取得成就的高低。该方法已沿用一个多世纪,具有很高的一致性(Simonton,1991a)。此外,Murray 提供了一种加权的衡量手段,即使用指数分数来测量成就。具体方法为在每本参考书中,分别计算出杰出人物所占的页数,其所占页数与该参考书总页数的比值即为该人物的原始分数。之后将不同人物所得的原始分数进行线性变换获得创造力成就指数,指数的最低分和最高分为 1 和 100,原始分数和转换后的分数分布相同。Murray 对创造力成就的评估方法以及所得的创造力成就分数已被许多研究所使用(Ko & Kim, 2008; Simonton, 2014)。

（4）智力早慧

根据传记记载,人物表现出智力早慧的不同程度,用 1 ~ 3 进行编码。1 表示该人物在童年期的智力表现一般,无早慧的相关描述;2 表示该人物童年期的智力表现较好,有"博闻强记""善属文"等描述;3 表示该人物在童年期的智力表现突出,有"自幼聪敏""天才(或神童)"等描述。

（5）宗教信仰

根据传记记载,人物的宗教信仰情况,用二分变量进行编码。其中,1 表示有宗教信仰(道教或佛教);0 表示无宗教信仰。

（6）移民迁徙

根据传记记载,人物在一生中的迁徙情况,用二分变量进行编码。其中,1 表示该人物在一生(童年期、青年期、成年期、中年期和晚年期)中有一次或多次家族或个人的迁徙记录;0 表示该人物在一生中没有家族或个人的迁徙记录。

(7)出生年份

本研究中,人物的出生年份从公元 630 年(唐朝卢照邻)一直到 1248 年(宋朝张炎),之间相隔 618 年。因此,在后续数据分析中,应把出生年份作为一个控制变量来处理,以矫正世代效应所带来的影响(Simonton,2014;Simonton Song,2009)。本研究中 92 位研究对象的平均出生年份为 901.37 (SD = 186.45)。

9 唐宋杰出文学家的历史测量学研究结果

9.1 关于唐宋杰出文学家创造力成就重要影响因素的初步分析

唐宋杰出文学家创造力成就影响因素在创造力成就上的均值、标准差及差异检验结果如表 1 所示。这些影响因素包括文学家所生活的朝代、性别、出生年份、智力早慧、宗教信仰、移民迁徙、成长逆境和精神疾病共 8 个方面。

表 1　各自变量在创造力成就指数上的平均数和标准差(M/SD)及差异检验

自变量及类别		人数	创造力成就	差异检验
朝代	唐朝	48	1.35(1.65)	0.01
	宋朝	44	1.39(1.49)	
性别	男	91	1.37(1.57)	0.13
	女	1	1.94	
出生年份	630—829 年	40	1.51(1.77)	
	830—1029 年	24	1.00(1.02)	0.91
	1030—1248 年	28	1.50(1.64)	
智力早慧	一般	58	1.07(1.22)	
	较好	20	1.75(1.99)	3.25*
	突出	14	2.08(1.94)	
移民迁徙	无	55	1.00(0.97)	8.51**
	有	37	1.93(2.07)	
宗教信仰	无	68	1.13(1.33)	6.57*
	有	24	2.06(1.98)	
精神疾病	无	68	1.40(1.66)	
	1 种精神疾病	22	1.30(1.36)	0.04
	2 种精神疾病	2	1.29(0.81)	
成长逆境	无	15	0.57(0.25)	
	1 种成长逆境	26	1.13(0.94)	
	2 种成长逆境	29	1.01(0.92)	7.12**
	3 种成长逆境	17	2.53(2.31)	
	4 种成长逆境	5	3.23(3.00)	

注:差异检验表中是 F 值,*表示 $p < 0.05$;**表示 $p < 0.01$。

由表 1 可以发现,智力早慧、移民迁徙经历的有无、宗教信仰的有无和成长逆境的情况会造成唐宋杰出文学家创造力成就的差别。这些变量联合分析时对创造力成就会产生哪些影响? 我们将在下文探讨。

9.2 各变量之间的相关分析

智力早慧、宗教信仰、移民迁徙、成长逆境、精神疾病与创造力成就指数之间的相关见表 2。从表 2 可以看出,智力早慧与年份呈负相关,而与成长逆境和成就指数呈现正相关;宗教信仰与成长逆境、成就指数呈正相关,而与出生年份呈负相关;移民迁徙与成长逆境、成就指数均呈正相关,但与出生年份呈负相关;成长逆境与成就指数呈现显著正相关。

表 2 研究中各变量之间的相关分析

变量	1	2	3	4	5	6	7
1. 智力早慧	1						
2. 宗教信仰	0.18	1					
3. 移民迁徙	0.20	0.12	1				
4. 成长逆境	0.24*	0.28**	0.27**	1			
5. 精神疾病	0.13	0.22*	0.10	0.07	1		
6. 出生年份	-0.25*	-0.22*	-0.38*	-0.14	-0.17	1	
7. 创造力成就指数	0.26*	0.26*	0.29**	0.43**	0.20	0.003	1

注:* 表示 $p < 0.05$,** 表示 $p < 0.01$。

9.3 对创造力成就预测作用的线性回归分析

基于以上相关分析的结果,为了进一步探讨朝代、性别、出生年份、智力早慧、移民迁徙、宗教信仰、成长逆境和精神疾病 8 个变量对这些杰出人物创造力成就的预测作用,特别是在控制前 6 个变量以后,成长逆境和精神疾病与杰出人才的创造力成就关系究竟如何,我们采用多元线性回归分析中的逐步回归法。回归分析结果如表 3 所示。

表 3 总体样本中创造力成就的逐步回归分析模型

自变量	模型 1		模型 2		模型 3		模型 4	
	β	t	β	t	β	t	β	t
朝代	-0.207	-1.933	-0.164	-0.712	-0.179	-0.772	-0.158	-0.72
性别	0.006	0.065	-0.019	-0.195	-0.011	-0.111	-0.029	-0.31
出生年份	0.117	0.502	0.084	0.361	0.063	0.266	0.087	0.396
智力早慧	0.183	1.831°	0.181	1.729°	0.162	1.508	0.13	1.295
移民迁徙	0.298	2.815**	0.307	2.879**	0.3	2.789**	0.239	2.306*
宗教信仰	0.249	2.457*	0.220	2.147*	0.201	1.896°	0.145	1.444
精神疾病			0.152	1.489	-0.04	-0.140	0.161	1.662
精神疾病^2					0.212	0.726		

自变量	模型 1		模型 2		模型 3		模型 4	
	β	t	β	t	β	t	β	t
成长逆境							0.320	3.221**
调整后的 R^2	0.148		0.160		0.156		0.245	
$\triangle R^2$			0.020		0.025		0.086	
F change	3.644**		2.217		1.366		10.375**	

注:朝代设定为虚拟变量,唐朝 =1,宋朝 =0。° 表示 $p < 0.1$, * 表示 $p < 0.05$, ** 表示 $p < 0.01$,同下。

由表 3 可知,以模型 4 为基础的回归方程的拟合程度最好,这个方程使用了所有的 8 个自变量来预测因变量,结果发现。唐宋杰出文学家的成长逆境和移民迁徙两个变量能够独立而显著地预测他们的创造力成就;以模型 2 至模型 4 为基础的回归分析表明,在控制朝代、性别、出生年份、智力早慧、移民迁徙、宗教信仰 6 个变量后,精神疾病的一次项和二次项都不能显著预测创造力成就;另外,由于而成长逆境的二次项也不能预测创造力成就,所以未纳入模型 4 的分析;对照模型 4 与前 3 个模型可以发现,当把成长逆境纳入回归方程以后,宗教信仰对创造力成就的预测作用变得不再显著。

表4 分朝代样本中创造力成就的逐步回归分析模型

自变量	唐朝				宋朝			
	模型 2a		模型 4a		模型 2b		模型 4b	
	β	t	β	t	β	t	β	t
性别	/	/	/	/	−0.041	−0.271	−0.022	−0.151
出生年份	0.095	0.652	0.055	0.392	0.088	0.571	0.123	0.832
智力早慧	0.309	2.169*	0.210	1.454	0.064	0.421	0.053	0.370
移民迁徙	0.317	2.341*	0.266	2.007°	0.214	1.444	0.138	0.954
宗教信仰	0.063	0.436	−0.013	−0.088	0.474	3.225**	0.397	2.752**
精神疾病	0.149	1.050	0.220	1.565	0.237	1.585	0.150	1.016
成长逆境			0.302	2.110*			0.325	2.200*
adjust R^2	0.192		0.253		0.181		0.258	
$\triangle R^2$			0.071				0.078	
F change	3.234*		4.451*		2.586*		4.842*	

注:由于唐朝没有女性符合本研究杰出文学家的标准,所以性别变量没有被纳入回归方程。

为了进一步检验上述表 3 中的总体结果在唐朝和宋朝样本中的情况,同样采用逐步回归法分朝代做了多元线性回归分析。在分析中出生年份、移民迁徙和成长逆境等 7 个变量为自变量,创造力成就为因变量。结果如表 4 所示。在唐朝样本中,当回归方程中只包含出生年份、智力早慧、移民迁徙、宗教信仰和精神疾病 5 个变量时(模型 2a),显著预测创造力成就的变量分别为智力早慧($\beta = 0.309$, $p < 0.05$)和移民迁移($\beta = 0.317$, $p < 0.05$);在加入成长逆境后(模型 4a),智力早慧将不能预测杰出文学家的创造力成就(β

$=0.210,p>0.1$),而成长逆境是预测其创造力成就的主要变量($\beta=0.302,p<0.05$),移民迁徙的预测降低为边缘显著($\beta=0.266,p<0.1$)。而在宋朝样本中,当回归方程中只包含性别、出生年份、智力早慧、移民迁徙、宗教信仰和精神疾病6个变量时(模型2b),宗教信仰显著预测创造力成就的变量($\beta=0.474,p<0.01$);当增加成长逆境进入回归方程以后(模型4b),成长逆境($\beta=0.325,p<0.05$)和宗教信仰($\beta=0.397,p<0.01$)共同预测杰出文学家的创造力成就。

10　针对唐宋杰出文学家的历史测量学研究结果的综合讨论

采用历史测量法,对唐宋(公元630—1248年)共92名杰出文学家的创造力成就及其成长逆境、移民迁徙等影响因素进行分析。本研究获得3个主要发现:第一,成长逆境是唐宋文学家取得创造力成就的核心影响因素;第二,移民迁徙和宗教信仰对唐宋文学家的创造力成就具有显著影响,但在唐朝和宋朝文学家相关变量上的作用方式不同;第三,在成长逆境与精神疾病两个变量对唐宋杰出文学家的创造力成就影响方面,并不存在西方学者所发现的"均衡"现象。

10.1　成长逆境对唐宋文学家创造力成就有稳定的积极影响

本研究证实了成长逆境对杰出创造力稳定的正向预测作用,即取得高创造力成就的文学家倾向于历经更多的成长逆境,这一发现与前人的研究一致(Damian & Simonton,2014;Niu & Kaufman,2005;郑剑虹,潘枫,2014)。从心智和行为的发展角度而言,成长过程中的负面事件出现时,个体现有的认知和行为结构会面临挑战。同时,在面对这些负面的事件和解决问题的过程中,新的心智和行为结构需要建立起来。这样的成长过程通常是痛苦而困难的。但当当事人经过深入地思考、广泛地探索和艰苦地努力度过难关之后,就有可能建构起新的、有意义的人生境界,并通过接纳新的观念和构建新的生活模式而建立起新的认知结构和行为系统(Helson & Roberts,1994),实现了有助于创新的心智成长。由此可见,成长逆境促使人们有可能通过接纳新的信息或观念来更新现有的认知及行为结构,并在一定程度上促进认知灵活性和行为新颖性的发展,从而有助于唐宋杰出文学家的文学创作心智发展。

俗语常说"国家不幸诗家幸""英才多磨难"和"悲愤出诗人"等,唐宋的杰出文学家同样会经历埃里克森发展阶段论中的发展危机(developmental crisis)。这些危机有些是来自于国家和社会的层面,有些是来自家庭变故和个人的遭遇,经常会成为个人的成长逆境。文学家多数都具有敏感的心灵,常常能捕捉到这些变化带给个人的影响。能够良好地应对和解决发展危机的人会将"危机"中的"危险"变为个体成长和表达创新的"机会"。不少唐宋杰出文学家都能够把坎坷的命运和多舛的成长经历变成其创作的背景材料和灵感来源,并进一步激发出高超的文学创作。例如,苏轼和李白等很多文学家均在其人生处于低谷期(被贬谪、排挤或攻击)时迎来文学创造的高峰期。此外,唐宋的杰出文学家也会在种种的逆境、不如意,甚至是绝境中磨炼心性和锤炼品格,形成刚毅坚韧和旷达高远这样的积极心理品质,进一步提升其逆流而上、越挫越勇的性格优势,从而创作出更好的文学作品。也正是因为这样的原因,我们可以肯定地说,在唐宋两朝代,那些成长逆境较多的杰出文学家其创造力成就要高于那些成长逆境较少的文学家。

10.2 移民迁徙和宗教信仰对唐宋文学家的创造力成就的不同影响

在合并唐朝和宋朝文学家相关变量做统计分析时,研究发现了移民迁徙对其杰出创造力稳定而显著的预测作用,说明如果把唐宋杰出文学家作为一个整体,他们的移民迁徙经历是其创造力成就的重要基础,且独立地与成长逆境因素共同发挥影响作用的。但把唐宋两朝杰出文学家分开来看时,除了成长逆境的稳健预测性,预测唐朝杰出文学家创造力成就的另一个重要变量是移民迁徙,而宗教信仰对于宋朝杰出文学家的文学创作更具有独特意义。

在移民迁徙过程中个体可以经历和感受不同地域的多元文化,多元文化经历进而会刺激文学家的创作并促进其创造力的表现。移民迁徙对于唐朝杰出文学家的相对重要性,与创造力研究发现是一致的(Leung et al.,2008;Simonton,2000)。Simonton(1984c)曾经指出,杰出人物相比于一般人群具有更高的天赋智商和成就动机,这使他们拥有更多可利用的资源,并对多元文化经验保持更为开放的态度(Damian & Simonton,2014)。因此,杰出的文学家能够吸收不同文化经验中有利于创造力表现的成分,转化为促进其创造力成就的重要条件(Maddux et al.,2009;Simonton,1997)。Ritter 等(2012)的实验研究发现,多元经验可以提高被试的认知灵活性。

在宋朝的杰出文学家中,有宗教信仰者相比没有宗教信仰者要倾向于取得更高的创造力成就。前人的研究也认为宗教信仰或者宗教体验对创造力的发展与表达具有一定的促进作用。在衣新发(2009)提出的创造力的文化金字塔模型(cultural pyramid model of creativity,CPMC)中概括了创造力金字塔和文化球层两个部分。前者包括创造力、身体、心理和精神等 4 个方面。其中精神因素涵盖了宗教或类宗教的体验,是哲学、科学和艺术创造力的灵感来源,并为创意的表达提供新颖的方法。此外,创造力的精神因素也可能是深度创新的必要条件,对于想象、直觉和灵感等有促进和激发作用。本研究从历史测量学研究的视角为创造力的文化金字塔模型提供支持性的证据。

在移民迁徙和宗教信仰对杰出文学家创造力成就影响方面所出现的朝代差异,可能是由于两个朝代的"时代精神"(zeitgeist)、政治格局、文化生态和社会稳定状况有着显著的区别。宏观的外在环境制约个体成长的微观环境中某些因素在多大程度上发挥其培养创造心智的作用。葛兆光(2000)曾经指出,由于唐代的统治者对于政权合法性和合理性的深度忧虑,所以颁布五经定本和新的五礼来垄断经典话语的解释权,排定三教次序来提升政治权威。此外,唐朝的整个知识、思想与信仰的世界被"考试"这种所谓的智力较量所控制,所以杰出的文学家可能很难从宗教信仰中获得创新灵感,而从移民迁徙这种对真实世界的体验中获得的可能性更大。反观宋朝,地理上异族始终强大,国家只能在缩小的空间中存在,外来文明的冲击之下,出现普遍的价值混乱,宋朝的士人开拓了新的学术风气与思想趋向,包括重新诠释与讨论儒家一贯薄弱的"性与天道"问题,还引入许多佛教与道教的思想资源,逐渐重建了道德与秩序的基础,从而在中国思想界开拓出前所未有的"政统"与"道统""师"与"吏",以及政治重心与文化重心的分离(葛兆光,2000),在这样的背景下,宋朝杰出文学家更有可能从宗教信仰中获得文学创作的激发来源,移民迁徙则显得没那么重要。

10.3 在"均衡"现象方面存在东西方文化的差异

首先,本研究发现精神疾病对唐宋杰出文学家的创造力成就未产生任何影响作用;而 Simonton(2014)以西方杰出人物为研究对象的研究发现,精神疾病对杰出人物的创造力成就有稳定的积极影响。其次,本研究的结果未发现成长逆境与精神疾病在预测西方杰出人物创造力成就时所存在的"均衡"现象(Damian & Simonton, 2014),无论在唐宋合并的总体样本,还是在分朝代分析的样本中,都未出现成长逆境与精神疾病之间此消彼长的关系。这两个有关精神疾病、成长逆境与杰出创造力成就关系的发现体现出中西历史测量学研究领域的跨文化差异,这个差异的背后可能折射出精神疾病作为一种心理特质在东西方可能具有不同的社会意义和个人意义,也可能是中西方文化心理结构的差异所导致的,值得进一步研究和关注。

参考文献

葛兆光. (2000). 中国思想史(第 2 卷):七世纪至十九世纪中国的知识、思想与信仰. 上海:复旦大学出版社.

谷传华,陈会昌. (2006). 社会创造性人格发展的历史测量学研究. 湛江师范学院学报, 27(4):91 –95.

谷传华,陈会昌,许晶晶. (2003). 中国近现代社会创造性人物早期的家庭环境与父母教养方式. 心理发展与教育, 19(4):17 –22.

胡乔木. (1993). 中国大百科全书:中国文学卷. 北京:中国大百科全书出版社.

吕慧娟,刘波,卢达. (1997). 中国历代著名文学家评传. 济南:山东教育出版社.

齐建芳. (2007). 创造力研究的历史测量法述评. 北京教育学院学报(自然科学版), 2(6):17 –22.

钱基博. (2008). 中国文学史. 北京:东方出版社.

舒尔茨,W. T. (2011). 心理传记学手册,郑剑虹,谷传华等,译. 广州:暨南大学出版社.

斯滕伯格,R. J.(2005). 创造力手册. 施剑农等,译.北京:北京理工大学出版社.

孙康宜,宇文所安. (2013). 剑桥中国文学史. 北京:三联书店.

吴继霞,曹莉萍,朱浚溢. (2013). 大学名校长之唐文治:一种心理传记学的探索. 生命叙事与心理传记学,1(1):121 –158.

叶浩生. (2006). 关于心理学历史编纂学的方法与原则. 心理学探新, 26(3):3 –6.

衣新发. (2009). 创造力理论述评及 CPMC 的提出和初步验证. 心理研究, 2(6):7 –13.

衣新发,谌鹏飞,赵为栋. (2017). 中国唐宋杰出文学家的创造力成就及其影响因素:一项历史测量学研究,北京师范大学学报(社会科学版), 4:33 –40.

衣新发,赵为栋,谌鹏飞. (2017). 探索杰出人才的发展特点——西蒙顿及其创造力历史测量学研究,贵州民族大学学报(哲学社会科学版), 6:116 –128.

袁行霈. (2014). 中国文学史. 北京: 高等教育出版社.

章培恒, 骆玉明. (2007). 中国文学史新著. 上海: 复旦大学出版社.

郑剑虹, 潘枫. (2014). 中国杰出自然科学家(院士)的创造性、影响因素及教育启示. 中国特殊教育, (9): 37 - 42.

郑振铎. (2012). 中国文学史. 长春: 吉林人民出版社.

Abt, H. A. (1983). At what ages did outstanding American astronomers publish their most cited papers. Publications of the Astronomical Society of the Pacific, 95:113 - 116.

Albert, R. S. (1971). Cognitive development and parental loss among the gifted, the exceptionally gifted and the creative. Psychological Reports, 29(1):19 - 26.

Albert, R. S. (1980). Family positions and the attainment of eminence: a study of special family positions and special family experiences. Gifted Child Quarterly, 24(2):87 - 95.

Berry, C. (1981). The Nobel scientists and the origins of scientific achievement. British Journal of Sociology, 32(3):381 - 391.

Bliss, W. D. (1970). Birth order of creative writers. Journal of Individual Psychology, 26: 200 - 202.

Cattell, J. M. (1903). A statistical study of eminent men. Popular Science Monthly, 32:359 - 377.

Cerridwen, A., Simonton, D. K. (2009). Sex doesn't sell—nor impress! Content, box office, critics, and awards in mainstream cinema. Psychology of Aesthetics Creativity the Arts, 3(4):200 - 210.

Cerulo, K. A. (1984). Social disruption and its effects on music: An empirical analysis. Social Forces, 62(4):885 - 904.

Clark, R. D., Rice, G. A. (1982). Family constellations and eminence: The birth orders of Nobel Prize winners. Journal of Psychology, 110(2):281 - 287.

Cox, C. M. (1926). The early mental traits of three hundred geniuses. Stanford, CA: Stanford University Press.

Damian, R. I., Simonton, D. K. (2011). From past to future art: the creative impact of Picasso's 1935 minotauromachy on his 1937 guernica. Psychology of Aesthetics Creativity and the Arts, 5(4):360 - 369.

Damian, R. I., Simonton, D. K. (2014). Psychopathology, adversity, and creativity: Diversifing experiences in the development of eminent African Americans. Journal of Personality and Social Psychology, 108(4):623 - 636.

Derks, P. L. (1994). Clockwork Shakespeare: The Bard meets the Regressive Imagery Dictionary. Empirical Studies of the Arts, 12(2):131 - 139.

Diamond, A. M. (1980). Age and the acceptance of cliometrics. Journal of Economic History, 40(4):838 - 841.

Dressler, W. W., Robbins, M. C. (1975). Art styles, social stratification, and cognition:

An analysis of Greek vase painting. American Ethnologist, 2(2):427 – 434.

Eysenck, H. J. (1995). Genius : The natural history of creativity. Cambridge University Press.

Han, H. (1989). Linear increase law of optimum age of scientific creativity. Scientometrics, 15(3):309 – 312.

Helson, R., Roberts, B. W. (1994). Ego development and personality change in adulthood. Journal of Personality and Social Psychology, 66:911 – 920.

Guilford, J. P. (1950). Creativity. American Psychologist, 5(9):444 – 454.

Hasenfus, N., Martindale, C., Birnbaum, D. (1984). Psychological reality of cross – media artistic styles. Journal of Experimental Psychology Human Perception and Performance, 9 (6):841 – 863.

Hermann, D. B. (1988). How old were the authors of significant research in twentieth century astronomy at the time of their greatest achievements? Scientometrics, 13(3):135 – 137.

Inhaber, H. (1977). Scientists and economic growth. Social Studies Ofence, 7(4):517 – 524.

Jackson, J. M., Padgett, V. R. (1982). With a little help from my friend: Social loafing and the LennonMeCartney songs. Personality Social Psychology Bulletin, 8(4):672 – 677.

Kavolis, V. (1964). Economic correlates of artistic creativity. American Journal of Sociology, 70(3):332 – 341.

Ko, Y., Kim, J. (2008). Scientific geniuses' psychopathology as a moderator in the relation between creative contribution types and eminence. Creativity Research Journal, 20:251 – 261.

Kuo, Y. (1988). The social psychology of Chinese philosophical creativity: A critical synthesis. Social Epistemology, 2(4):283 – 295.

Lehman, H. C. (1966a). The most creative years of engineers and other technologists. Journal of Genetic Psychology, 108:263 – 270.

Lehman, H. C. (1966b). The psychologist's most creative years. American Psychologist, 21 (4):363 – 369.

Leung, A. K., Maddux, W. W., Galinsky, A. D., et al. (2008). Multicultural experience enhances creativity:The when and how. American Psychologist, 63:169 – 181.

Maddux, W. W., Leung, A. K – y., Chiu, C – y., et al. (2009). Toward a more complete understanding of the link between multicultural experience and creativity. American Psychologist, 64(2):156 – 158.

McClelland, D. C. (1961). The achieving society. New York:Van Nostrand.

McClelland, D. C. (1975). Power: The inner experience. New York: Irvington.

Murray, C. (2003). Human accomplishment: The pursuit of excellence in the arts and sciences,800B. C. to 1950A. D. New York, NY: HarperCollins.

Niu, W. , Kaufman, J. C. (2005). Creativity in troubled times: Factors associated with recognitions of Chinese literary creativity in the 20th century. Journal of Creative Behavior, 39(1):57 –67.

Ohlsson, S. (1992). The learning curve for writing books: Evidence from Professor Asimov. Psychological Science, 3(6):380 – 382.

Quetelet, A. (1969). A treatise on man and the development of his faculties. New York: Franklin.

Ritter, S. M. , Damian, R. I. , Simonton, D. K. , et al. (2012). Diversifying experiences enhance cognitive flexibility. Journal of Experimental Social Psychology, 48:961 – 964.

Schachter, S. (1963). Birth order, eminence and higher education. American Sociological Review, 28(5):757 – 768.

Schubert, D. S. , Wagner, M. E. , Schubert, H. J. (1977). Family constellation and creativity: Firstborn predominance among classical music composers. Journal of Psychology, 95:147 – 149.

Simon, J. L. , Sullivan, R. J. (1989). Population size, knowledge stock, and other determinants of agricultural publication and patenting: England, 1541 – 1850. Explorations in Economic History, 26(1):21 – 44.

Simonton, D. K. (1975a). Interdisciplinary creativity over historical time: A correlational analysis of generational fluctuations. Social Behavior and Personality An International Journal, 3(3):181 – 188.

Simonton, D. K. (1975b). Invention and discovery among the sciences: A p – technique factor analysis. Journal of Vocational Behavior, 7(3):275 – 281.

Simonton, D. K. (1976a). Biographical determinants of achieved eminence: A multivariate approach to the Cox data. Journal of Personality Social Psychology, 33(2):218 – 226.

Simonton, D. K. (1976b). Ideological diversity and creativity: A re – evaluation of a hypothesis. Social Behavior and Personality An International Journal, 4(2):203 – 207.

Simonton, D. K. (1976c). Interdisciplinary and military determinants of scientific productivity: A cross – lagged correlation analysis. Journal of Vocational Behavior, 9(1):53 – 62.

Simonton, D. K. (1976d). Philosophical eminence, beliefs, and zeitgeist: An individual – generational analysis. Journal of Personality Social Psychology, 34(4):630 – 640.

Simonton, D. K. (1976e). Sociocultural context of individual creativity: A transhistorical time – series analysis. Journal of Personality and Social Psychology, 32(6):1119 – 1133.

Simonton, D. K. (1976f). The causal relation between war and scientific discovery: An exploratory cross – national analysis. Journal of Cross – Cultural Psychology, 7(2):133 – 144.

Simonton, D. K. (1976g). The sociopolitical context of philosophical beliefs: A transhistorical causal analysis. Social Forces, 54(3):513 – 523.

Simonton, D. K. (1977a). Creative productivity, age, and stress: A biological time – series analysis of 10 classic composers. Journal of Personality and Social Psychology, 35(11): 791 – 804.

Simonton, D. K. (1977b). Eminence, creativity, and geographic marginality: A recursive structural equation model. Journal of Personality and Social Psychology, 35(11):805 – 816.

Simonton, D. K. (1977c). Intergenerational stimulation, reaction, and polarization: A causal analysis of intellectual history. Social Behavior and Personality An International Journal, 6(2):247 – 251.

Simonton, D. K. (1980). Techno – scientific activity and war: A yearly time – series analysis, 1500 – 1903 A. D. Scientometrics, 2(4):251 – 255.

Simonton, D. K. (1983a). Dramatic greatness and content: a quantitative study of eighty – one athenian and shakespearean plays. Empirical Studies of the Arts, 1(2):109 – 123.

Simonton, D. K. (1983b). Intergenerational transfer of individual differences in hereditary monarchs: Genes, role – modeling, cohort, or sociocultural effects? Journal of Personality and Social Psychology, 44(2):354 – 364.

Simonton, D. K (1984a). Artistic creativity and interpersonal relationships across and within generations. Journal of Personality and Social Psychology,46:1273 – 1286.

Simonton, D. K. (1984b). Creative productivity and age: A mathematical model based on a two – step cognitive process. Developmental Review, 4(1):77 – 111.

Simonton, D. K. (1984c). Genius, creativity, and leadership: Historiometric inquiries. Cambridge, MA: Harvard University Press.

Simonton, D. K. (1984d). Is the marginality effect all that marginal? Social Studies Ofence, 14(4):621 – 622.

Simonton, D. K. (1986a). Biographical typicality, eminence and achievement styles. Journal of Creative Behavior, 20(1):14 – 22.

Simonton, D. K. (1986b). Popularity, content, and context in 37 shakespeare plays . Poetics, 15(15):493 – 510.

Simonton, D. K. (1987). Musical aesthetics and creativity in beethoven: A computer analysis of 105 compositions. Empirical Studies of the Arts, 5:87 – 104.

Simonton, D. K. (1988a). Age and outstanding achievement: What do we know after a century of research? Psychological Bulletin, 104(2):251 – 267.

Simonton, D. K. (1988b). Galtonian genius, kroeberian configurations, and emulation: A generational time – series analysis of Chinese civilization. Journal of Personality Social Psychology, 55(55):230 – 238.

Simonton, D. K. (1989). Age and creative productivity: Nonlinear estimation of an information processing model. International Journal of Aging and Human Development, 29(1): 23 – 37.

Simonton, D. K. (1990a). Lexical choices and aesthetic success: A computer content analysis of 154 shakespeare sonnets. Computers and the Humanities, 24(4):251 – 264.

Simonton, D. K. (1990b). Psychology, science, and history: An introduction to historiometry. New Haven, CT: Yale University Press.

Simonton, D. K. (1991a). Career landmarks in science: individual differences and interdisciplinary contrasts. Developmental Psychology, 27(27):119 – 130.

Simonton, D. K. (1991b). Emergence and realization of genius: The lives and works of 120 classical composers. Journal of Personality Social Psychology, 61(5):829 – 840.

Simonton, D. K. (1991c). Leaders of American psychology, 1879 – 1967: Career development, creative output, and professional achievement. Journal of Personality and Social Psychology, 62(1):5 – 17.

Simonton, D. K. (1991d). Personality correlates of exceptional personal influence: A note on Thorndike's (1950) creators and leaders. Creativity Research Journal, 4(1):67 – 78.

Simonton, D. K. (1992a). Gender and genius in Japan: Feminine eminence in masculine culture. Sex Roles, 27(3):101 – 119.

Simonton, D. K. (1992b). Leaders of American psychology, 1879 – 1967: Career development, creative output, and professional achievement. Journal of Personality and Social Psychology, 62(1):5 – 17.

Simonton, D. K. (1992c). The social context of career success and course for 2,026 scientists and inventors. Personality and Social Psychology Bulletin, 18(4):452 – 463.

Simonton, D. K. (1994). Greatness: Who makes history and why. New York, NY: Guilford Press.

Simonton, D. K. (1996). Individual genius within cultural configurations: The case of Japanese civilization. Journal of Cross – Cultural Psychology, 27(3):354 – 375.

Simonton, D. K. (1997). Foreign influence and national achievement: The impact of open milieus on japanese civilization. Journal of Personality and Social Psychology, 72(1):86 – 94.

Simonton, D. K. (2000). Creativity: Cognitive, personal, developmental, and social aspects. American Psychologist, 55(1):151 – 158.

Simonton, D. K. (2006). Presidential IQ, openness, intellectual brilliance, and leadership: Estimates and correlations for 42 U. S. chief executives. Political Psychology, 27(4):511 – 526.

Simonton, D. K. (2007a). Cinema composers: Career trajectories for creative productivity in film music. Psychology of Aesthetics Creativity and the Arts, (1):160 – 169.

Simonton, D. K. (2007b). Creative life cycles in literature: Poets versus novelists or conceptualists versus experimentalists? Psychology of Aesthetics Creativity and the Arts, 1(3): 133 – 139.

Simonton, D. K. (2007c). Film music: Are award – winning scores and songs heard in successful motion pictures? Psychology of Aesthetics Creativity and the Arts, 1(2):53 – 60.

Simonton, D. K. (2009a). Cinematic success criteria and their predictors: The art and business of the film industry. Psychology and Marketing, 26(26):400 – 420.

Simonton, D. K. (2009b). Cinematic success, aesthetics, and economics: An exploratory recursive model. Psychology of Aesthetics Creativity and the Arts, 3(3):128 – 138.

Simonton, D. K. (2009c). The "other IQ": Historiometric assessments of intelligence and related constructs. Review of General Psychology, 13(4):315 – 326.

Simonton, D. K., Song, A. V. (2009). Eminence, IQ, physical and mental health, and achievement domain: Cox's 282 geniuses revisited. Psychological Science, 20:429 – 434.

Simonton, D. K., Ting, S. – S. (2010). Creativity in eastern and western civilizations: The lessons of historiometry. Management and organization review, 6(3):329 – 350.

Simonton, D. K. (2012). Foresight, insight, oversight, and hindsight in scientific discovery: How sighted were galileo's telescopic sightings. Psychology of Aesthetics Creativity and the Arts, 6(3):243 – 254.

Simonton, D. K. (2014). More method in the mad – genius controversy: A historiometric study of 204 historic creators. Psychology of Aesthetics Creativity the Arts, 8(1):53 – 61.

Simonton, D. K. (2015a). Thomas Edison's creative career: The multilayered trajectory of trials, errors, failures, and triumphs. Psychology of Aesthetics Creativity the Arts, 9(1):2 – 14.

Simonton, D. K. (2015b). "So we meet again!" – replies to Gabora and Weisberg. Psychology of Aesthetics Creativity and the Arts, 9(1):25 – 34.

Simonton, D. K., Graham, J. J., Kaufman, J. (2012). Consensus and contrasts in consumers' cinematic assessments: gender, age, and nationality in rating the top – 250 films. Psychology of Popular Media Culture,1(2):1 – 10.

Sternberg, R. J., Lubart, T. I. (1991). An investment theory of creativity and its development. Human Development, 34(1):1 – 31.

Sternberg, R. J., Lubart, T. I. (1996). Investing in creativity. Psychological Inquiry, 51(3):677 – 688.

Sulloway, F. J. (1996). Born to rebel : birth order, family dynamics and creative lives. New York: Pantheon.

Terry, W. S. (1989). Birth – order and prominence in the history of psychology. Psychological Record, 39(3):333 – 337.

University of California, Davis(2016). Retrieved from http://simonton. faculty. ucdavis. edu.

Walberg, H. J. , Rasher, S. P. , Parkerson, J. (1980). Childhood and eminence. Journal of Creative Behavior, 13(13):225 – 231.

Whaples, R. (1991). A quantitative history of the journal of economc history and the cliometric revolution. Journal of Economic History, 51(02):289 – 301.

Winter, D. G. (1973). The power motive. New York: Free Press.

Woods, F. A. (1909). A new name for a new science. Science, 30:703 – 704.

Woods, F. A. (1911). Historiometry as an exact science. Science, 33:568 – 574.

Winter, D. G. (1973). The power motive. NY: Free Press.

Zhao, H. Z. (1984). An intelligence constant of scientific work. Scientometrics, 6(1):9 – 17.

Zhao, H. , Jiang, G. (1985). Shifting of world's scientific center and scientists' social ages. Scientometrics, 8(1 – 2):59 – 80.

Zhao, H. , Jiang, G. (1986). Life – span and precocity of scientists. Scientometrics, 9(1): 27 – 36.

Historiometric and Its application to Analyzing Creative Achievements and Affecters of Eminent Writers in Tang and Song Dynasties

Xinfa Yi[1]   Pengfei Chen[2]   Weidong Zhao[1]

(1. *Key Laboratory of Modern Teaching Technology, Ministry of Education of China, and Center for Teacher Professional Ability Development of Shaanxi Normal University, Shaanxi Normal University Branch of Collaborative Innovation Center of Assessment toward Basic Education Quality at Beijing Normal University, Xi'an, 710062, China; 2. School of Humanities and Education, Xi'an EURASIA University, Xi'an, 710065, China*)

Abstract: In the field of creativity psychology, generally the developmental features of distinguished talents are analyzed by Historiometric methods, in which Dean Keith Simonton, an American psychologist, has done much pioneering research. Starting from Simonton's life experience, this chapter introduce the development and features of Historiometric methods as well as their application in the research on the creativity of distinguished talents, and makes a brief comment on the said approach. It is found that in recent years the study has changed from groups to individuals and that despite the achievement already made there is still much room for improvement in terms of the evaluation of creative progress, the analysis of creative process and the subjects of research. This is the first part of the chapter. The application of Historiometric methods to analyzing creative achievements and affecters of eminent writers in Tang and Song Dynasties is the second part of the chapter.

By taking as the objects 92 eminent writers in Tang and Song Dynasties, this research aims to account for the following issues in terms of the historiometric approach: (1) Is there any relation between mental diseases and adversary growing environments on the one hand and their creative achievements on the other? (2) Can the "trade – off theory" that accounts for the relation between mental diseases and adversity growing environments of eminent scholars in the West be applied to the cases of Tang and Song outstanding writers? (3) Are there any other significant variables that have influenced the development of excellent Tang and Song writers? Our research suggests the following conclusions. (1) Adversity environments are the kernel factors that influenced their creative achievements. (2) Migration and religious beliefs play a significant role, but the modes of influence differ in Tang and Song. (3) No "trade – off" phenomenon has been found here. The attempt may function to reveal the development law of creative talents and provide historical reference for fostering individual creative capacity today.

Keywords: Simonton; historiometric methodology; developmental characteristics; eminent creativity; eminent writers in Tang and Song Dynasties

中国背景下创意识别研究的新进展[①]

齐舒婷[1,2]　白新文[1]

（1.中国科学院心理研究所行为科学重点实验室,北京,100101；2.中国科学院大学心理学系,北京,100049）

摘　要　创造力的双阶段理论将其划分为产生与选择两个部分,以往研究多关注创意的产生阶段,而忽视创意识别。对创意的评价与筛选应该考虑文化与环境因素。由此,本文立足于中国背景,在介绍文化与创造力研究的基础上,指出中国文化下创意识别的特异性,即相对于新颖性而言,对创造力实用性的更多关注。此外,文章列举了国内创意识别研究的最新进展,在三项研究的基础上,探讨了评价者的亲社会动机、换位思考程度、调节定向特质与组织环境因素对它的作用。最终提出中国背景下创意评估与筛选的未来有意义的研究问题与方向。

关键词　创造力；中国文化；创意识别；创意评估；创意选择

随着我国经济与综合实力的发展,创造力与创新变得越来越重要,成为国家与企业发展的不竭动力之源。然而,即使最有能力的组织也不能为他们产生的全部创意进行投资,新颖的想法作为创造力的原料,需要得到他人的认可才能充分发展,为组织增添价值（West, 2002；Zhou Woodman, 2003）,否则再多的好的创意都可能被忽视与浪费。管理者必须厘清思路,通过评估与预测,筛选出其中更易成功的创意,同时拒绝掉一些想法。本文介绍了创意评估与选择的重要性,在国内关注这个问题的意义,阐述了中国文化对创意产出与评估的影响,并通过对已有研究内容的梳理,总结与归纳出当前中国背景下的创意识别研究的现状与最新进展,提出未来研究的问题。

1　研究背景与意义

创造力对人类的发展进步具有重大意义,学者们对它的关注也与日俱增。作为普通能力,它的产出存在一般认知过程的支持,创造力活动的认知过程具有普遍性与规律性（周丹,施建农,2005）。

创造力过程的理论模型最早可以追溯到19世纪末20世纪初的创造力认知过程的阶段论上（Wallas, 1926）。该理论认为,创造力由准备、酝酿、启发或灵感、确认或详细阐明四个阶段构成。随着过程的演变,创造性的解决方法逐渐出现,并最终产生出新的观点

---

① 本文得到国家自然科学基金面上项目（编号:71871214）的资助。

或看法。在前人研究的基础上,Finke 和 Slayton (1988)提出创造力的生成模型(geneplore model),对创造性活动中的认知过程进行进一步的阐述与解释。根据模型,创造性活动的实质是生成、提炼、重建的心理表征过程。模型认为,创造性活动中包含两个主要的认知过程,即产生过程与探索过程(Finke, Ward, & Smith, 1992)。在创造力生成模型的启示作用下,Runco 和 Chand (1995)提出二层等级模型(two - tier hierarchical model)。该模型将创造力的过程分为了初级过程和次级过程两个方面,它们共同作用最终促进新想法的产生。其中,初级过程包括想法、评估等,而次级过程包括动机、知识等。

基于此,Bink 和 Marsh (2000)构建了创造力双阶段理论的框架,即创造力的产出过程包含产生和选择过程的观点。该观点的核心思想是,创造力的认知是产生合成和选择两个综合过程相互作用的结果。创造力的产生来源于对记忆进行的广泛搜索,并从中提取相关的信息,将其进行整合和加工。产生阶段包括产生与合成两个部分。在产生的过程中,个体首先对相关的记忆进行提取,而后进行合成,即将原本无联系的信息片段合并为一定的信息,随之根据上面的合成信息进一步提取检索,寻找更深层次的相关信息与片段。合成过程与产生过程紧密相连,通过反复的交替过程,最终形成一些新的概念或问题解决的方法,表现为一定的创造性的产出。然而,这一阶段的结果仅为一些可能会被采纳的备用信息,最终的创造性产出依赖于第二个阶段的评估与选择过程。选择过程决定了信息的组合与选用、片段的保留或遗忘。而后,对这些结果进行检查,以确定其是否符合创造力任务的要求,最终将成果产出。

创新的过程不仅包含了想法或创意的产生与合成,而且包含了评估与选择。举例来说,当一个小说家想要创造一个新故事的时候,他脑海里可能先会出现成百上千个情节,并随之形成一些片段。然而,最终只有一部分会被选择,并进一步加工,发展成为最终的故事内容。前人多是从创造力产生的角度来探讨创造力的问题,少有关注选择阶段的创造力水平的提升。但创新过程中,创意的成功与否往往不在于创意产生的多少,而取决于所筛选出最好的创意的质量,组织对于诸多提案中优秀创意的识别逐渐成了其创新的一大挑战。创造性问题的解决不能简单等同于发散性思维,创意的精细化、评估与选择作为聚合性思维过程,同样是创造力生成重要组成部分(Girotra, Terwiesch, & Ulrich, 2010; Mumford, Medeiros, & Partlow, 2012; Runco & Smith, 1992)。前人对创造力评估与选择过程的忽视,后续研究有待进一步对其进行充分的论证。

结合当今中国的时代背景,在"大众创业、万众创新"的现实情境下,在建设创新型国家、追求民族复兴的过程中,创意的评估与筛选至关重要。从创造力的发展与教育领域来看,自小培养儿童对自身及他人创造性想法的敏感性,对个体毕生发展中优质创意的产生与识别具有重要意义;另一方面,评估与筛选出儿童的创造性想法,有针对性的鼓励与发展,对于未来中国创造性人才的培养与素质教育中创造力的激发与实施非常必要。从社会层面来看,面对互联网经济的飞速发展与日新月异的科技变化,无论对于国家、企业还是普通投资人而言,于当前的组织环境中,能否从无数的想法与提案中选出最有可能成功的创意来投入资源,对其目标的实现影响巨大,管理者对创意新颖性与实用性的错误判断最终可能导致组织投入的整体失败。

2 中国文化因素对创意识别的影响

2.1 文化与创造力研究

人类探索环境,通过模仿与整合机制形成共同的行为与文化,基于先前的积累,复杂的文化知识与风俗习惯随着时间的推移而得以发展(Tomasello, 2001)。创造力的实现作为一个知识创造与积累的过程,促进了复杂的人类文化的形成与完善,同时又被文化本身所影响。现有文化领域的知识为确定新思想的原创性或新颖性提供参考点与重要的灵感来源,能够通过影响特定的思想、世界观来塑造个体的创造性行为。跨文化研究表明,不同文化下个体所在的环境线索给予不同的文化期望与暗示,而这种文化氛围能够影响其创造力的产出与方向(Morris & Leung, 2010)。从组织来看,领导者、主管、同事与社交网络因素对个体、团队与组织创造力的影响,均会受到文化的多样性与一致性的调节作用(Zhou & Su, 2010)。在文化中立的工作环境下,如独自工作和私下工作,创意表现受文化影响更小(Erez & Nouri, 2010)。

西方的个人主义文化关注个人价值的实现,而东方的集体主义文化关注内群体的文化认同。个人主义文化强调独特性、自主性、独立性和主动性,这些与新颖性直接相关(Jones & Davis, 2000);而集体主义文化强调团队一致、共识、相互依赖(Brewer & Chen, 2007),更多地受到周围环境与社会主导价值观的影响而重视他人的看法与同伴的观念(Zou et al., 2009),一定程度上限制了创意的独特性与自我的展现,体现为对实用性与可行性的关注。

东西方的社会背景对创造力的影响不同。例如,在西方背景下,政治分裂和内部动荡与创造力之间有一个非常直接的正相关,而这些变量与东方环境的创造力,尤其是在文学与哲学领域的创造力,常常呈负相关(Simonton & Ting, 2010)。通常在西方环境下与创造力降低相关的变量如指导型领导,能够促进东方语境中的创造性表现(Zhou & Su, 2010)。在双文化认同者中,激发一种文化而非另一种文化可能会促进或抑制创造力绩效(Mok & Morris, 2010)。研究者们对这类效应提出了可能的解释,如 Morris 和 Leung (2010)所说,西方文化将创意的原创性与新颖性放在优先地位上,而东方文化则更加重视实用性与可行性。西方文化下的个体经验开放性更高,乐于公开的表达自己的观点与想法,有更高的多样化与独特性需要(Allik & Mccrae, 2004),而东方文化下的高认知闭合需要使其产生的新颖探索更少,实用性更高(IP, Chen, & Chiu, 2006)。

2.2 文化与创意识别

创意的实现不仅包含了产生的过程,也包含了社会评价、选择、传播与被接纳的过程(Chiu & Kwan, 2010)。文化环境对创意评估与筛选的影响,值得我们关注。在创意的评估中,新颖性是指创意相对于文化下的已知而言是新颖的,而实用性指创意是被潜在用户所需要与期待的。在筛选阶段,创造者根据市场上的潜在成功的可能性来选择创意,同时对选定的创意进行修改与编辑,以提高其市场价值,并增强对目标受众的宣传,需要不断考虑评价者与最终用户的态度、价值观与信念,这也决定了最终市场对创意的接纳程度(Chiu & Kwan, 2010)。

文化的适宜性对创意的实现至关重要,相同的创意在不同的文化背景下被评估、认可与接纳的程度不同,不应该将其一概而论(Morris & Leung,2010),跨文化的创造力差异不应该被认定为普遍的、简单的与非自主的(Zhou & Su,2010)。创造力当前被广泛接受的定义为"创造力是指个体产生出新颖且实用的想法、产品或服务等"(Amabile,1996)。新颖性和实用性作为它的两个核心特征,也成了创造力测量的主要指标(Amabile,1983;Sternberg & Lubart,1999),不同文化对两类主要评价标准的关注点不同,主要体现在以下几点(De Dreu,2010)。

首先,领域的文化会影响新颖性与实用性评估的标准,东方文化更倾向于实用性标准,而西方文化则更倾向于新颖性标准,且这种标准受到环境的实时影响。外籍人士随着在中国生活时间的增长,中国人对其创意的实用性评价越来越高,新颖性越来越低;而西方人对其创意的评判则是实用性降低而新颖性升高;从双方的视角来看,在华生活的外籍人士的创造力呈倒 U 形曲线,中间的创造力整体水平最高。其中的双文化的认同者,在两类评估者的评估中,随着在华时间的增长,其新颖性、实用性与创造力整体指标都呈上升趋势(Hempel & Sue – Chan,2010)。美国文化线索能够增加双文化认同的亚裔美国人发散思维中的新颖性,而会降低低双重文化认同的亚裔美国人任务中的新颖性表现(Mok & Morris,2010)。单一的文化可能产生思维盲点,阻碍新思想的产生。而超越个人层面,不断融合来自不同文化传统观念的社会过程有助于打破思维束缚,扩大文化中现有知识的概念界限,促进认知技能的发展(Leung et al.,2008)。多元文化的融合有益于新产品的创造,多元文化的团队有益于团队创造力的共同提升,例如,结合中西文化元素的哈根达斯冰激凌月饼(Chiu,2007)。

其次,文化差异能够影响新颖性与实用性评估的相对重要性。如同 Morris 和 Leung(2010)指出,根据诸多证据表明,中国文化重视实用性而非新颖性,而西方文化更加重视新颖性而非实用性。某种程度来看,不同的文化社会规范是突出的,具有东方文化背景的人更可能通过自身隐性或显性的标准来评判创意(Zou et al.,2009)。例如,东方情境下的团队成员可能会更关心实用的而非新颖的创意的产出,期望别人相对于新颖性更加重视实用性,通过反馈为团队加入实用性价值观;而西方文化下的结果恰好相反。文化可以诱导规范压力,从而在东西方体现出不同的新颖性和实用性的权重(Erez & Nouri,2010)。

再次,相关的评估者常常使用不同的标准来评估产生出的新创意,具有东方背景的专家更加重视产品的实用性,而西方背景的专家则更重视新颖性。这可能是那些实用性高的创意,在东方相对于西方更易生存的主要原因。其中,文化对创造力在新颖性与实用性上的影响,可以从过程阶段的角度来解释(Nijstad et al.,2010)。创造力的双路径模型将外部因素对新颖性与实用性的影响路径,分别归结于灵活性和坚持性。个体既可以通过激活认知的灵活性来提升创意的新颖性,也可以通过坚持提升认知的努力程度来提升创意的实用性。双路径模型为文化对创造力的影响提供了一些见解(De Dreu,2010),强调了两类文化对创造力影响的可能途径,揭示了任务与时间的重要性,以及东方与西方背景下均能产出高水平创造力的原因。

最后,在创意的评估中,我们应该正视中国文化下创意产出的特异性。与西方人不同,中国人将集体利益视为超越个人利益的存在,更加倾向于从社会的角度去看待创造力(Chan, Chan, 1999)。对创造力的跨文化评估面临的挑战,即不同文化下对创造力的评估的测试方式也不同,要求我们对创造力的评估应该在具体文化下具体分析。

3 中国背景下创意识别研究的实证研究进展

3.1 亲社会动机对创意筛选的研究

前人的研究表明,亲社会动机对创造力的提升具有一定的影响,相对于低亲社会动机组而言,高亲社会组的个体创造力水平更高。然而,这些研究大多集中在创意的产生阶段,而忽视了创意的选择。本研究为个体层面的实验研究,基于动机性加工理论(motivated information processing model, MIP),假设个体的亲社会动机会影响创意的选择。继而得出推论,亲社会动机下的个体会出现更多的换位思考,而更能考虑受益对象所处的情境,从而在创意选择中表现出优势。

以往的大多数研究将创造力看作是创造者的个人兴趣、努力的结果,而较少的考虑到受益对象。动机性信息加工理论为解决以上问题提供了新的视角(De Dreu, Nijstad, & van Knippenberg, 2008),该理论将动机分为认知动机与社会动机两类,其共同影响个体或团队的信息加工过程,进而影响创造力的表现(De Dreu et al., 2011)。其中,社会动机包含亲社会动机与利己动机两类。具体而言,当个体或团队的认知动机高,且持有亲社会动机时,其创造力水平最高(Bechtoldt et al., 2010)。

亲社会动机是指帮助他人并考虑他人想法的意愿(De Dreu, Weingart, & Kwon, 2000),是个体完成超出自身职责范围,坚持执行富有成效工作的重要原因。在实际的工作情境中,创造力离不开对服务对象实际情况的考虑,亲社会动机的提升可以有效地提高创造产出的实用性和可行性。前人的研究表明,当个体将其注意力集中于他人时,最终更可能提出对他人有用的想法(Grant & Wrzesniewski, 2010);亲社会动机高的个体,换位思考的能力就更强(Hoever et al., 2012),会有更多慷慨付出的行为,提出的想法更有实用价值,从而有更好的创造力表现。

由此我们假设:高亲社会动机唤起下的个体在创意选择中具有更好的表现,体现在新颖性和实用性上。

共有 88 名北京在读大学生或研究生参与本研究,参与者通过手机兼职软件招募,其中男生 43 人,女生 45 人,平均年龄 22.19(SD = 2.50)岁。实验采用单因素设计,将被试随机分为高亲社会组或低亲社会组唤起,随后要求他们完成实验室头脑风暴任务,即为一名正在从事校园创业的大三学生想一些创意,从而使这名大三同学的店铺获得更多的盈利。创意完成后,要求被试从中挑选出"最能帮助到这名同学的创意"并进行标记。最终利用问卷对控制变量和操纵的有效性进行测量。两组各 44 名被试参与。

对于亲社会动机的操纵,本研究通过不同的唤起以引发高或低亲社会动机。具体操纵为:高亲社会激活组告知被试,这名创业的同学是主动向我们求助、比较着急、近期销售情况不太乐观,同时展示该同学发送的邮件与电话录音。而对于低亲社会组的参与者而言,在实验开始后告知被试,在我们进行调查的过程中收集了一些大学生创业的典型案例,我们会随机抽取一份,请你帮这名同学想一些方法,从而使得他的创业项目获得更多的盈利。

创造力的测量采用了专家评价法,请具有丰富校园销售经验的同学担任评分者,组成 2 个 2 人小组,分别评价每条创意的新颖性和实用性。采用 5 点评分,其中,1 表示"完全没有新颖性/实用性",3 表示"有一些新颖性/实用性",5 表示"非常具有新颖性/实用性"。计算组内相关系数(intraclass correlation)来衡量两者评分的一致性(Shrout & Fleiss,1979),发现新颖性的 ICC(3,2)为 0.93,实用性的 ICC(3,2)为 0.85,均达到良好的一致性水平。因此,计算两者的评分均值作为每条创意的新颖性/实用性得分。之后,参照 Zhou 和 Oldham (2001)的方法,将每条创意的新颖性和实用性得分的乘积作为其创意的创造力得分。

由于性别、年级、年龄、是否有创业相关经验或经历、创造性人格、内部动机水平、亲社会价值观与亲社会行为等变量与创造力得分的相关均不显著,因而在后续分析中不再考虑这些变量的影响。下面通过实验结果对之前的假设进行解释。

为检验亲社会动机对创造力选择阶段的影响,对高、低亲社会组选择创意的创造力分数进行独立样本 t 检验,探索亲社会动机对选择创意创造力的影响。

表 1 创意选择阶段高低亲社会动机组的创造力表现($M \pm SD$)

类别	高亲社会组 ($n=44$)	低亲社会组 ($n=44$)	t	d
选择创意的新颖性	2.77 ± 1.30	2.41 ± 1.32	1.30	0.28
选择创意的实用性	3.86 ± 0.82	2.92 ± 0.94	5.03[**]	1.07
选择点子的创造力均分	3.32 ± 0.71	2.65 ± 0.70	4.43[**]	0.94

注:[*] $p < 0.05$;[**] $p < 0.01$。

通过表 1 可以发现,个体在创意选择阶段,选择创意的新颖性在两组间不存在显著差异,而在实用性与创造力均分上均存在显著差异。在这里,相对于低亲社会组,高亲社会组的个体会选择更加实用的创意。实验结果验证了假设,即在创意选择的过程中,亲社会动机能够提高创造力选择阶段的有效性,这种作用主要体现在实用性指标上,高亲社会动机组在实用性与创造力均分上体现出显著的高于低亲社会组的表现。

创意选择阶段亲社会动机对个体创造力的实用性水平的激发,体现了亲社会动机对选择创意的实用性与有效性的唤起作用,帮助他人的意愿可以提升选择创意的实用性,而在新颖性上没有体现显著的水平。究其原因,可以从以下几个方面来看。

其一,任务要求导向在这里可能产生作用。在不同的任务与目标要求下,创造力选择方面的主要考察方面是不同的。相比于新颖性,实用性更多地考虑产品、服务、过程或流程等对象,创造性的选择受到任务目标要求的引导。在选择过程之前,我们要求被试选出"最能帮助到这位同学的创意",从这里看,实验指导语的要求是选择更有用、有效、可行的创意,没有强调新颖性相关的含义。在这样的情况下,个体在选择阶段对实用性的考量增加。由此,亲社会动机没有对选择创意的新颖性指标产生相应的显著影响,而主要体现在实用性上。

其二,创造力被定义为个体产生出的新颖且实用的想法、产品或服务等(Amabile,1996)。很多研究表明,新颖性与实用性是相互独立的创造力的不同维度(Ford & Gioia,2000),他们的目标存在不同,是两个无关的维度(Robert,2008)。动机性信息加工理论认为,当个体获得亲社会动机(渴望让他人收益)而更多的可能从他人的角度上去考虑问题时,则会趋向于实用性(De Dreu et al.,2000)。换位思考可以为个体提供新的角度(Adam D Galinsky,et al.,2008),这有利于他们从实用性的角度上进行更多地深入决策(Grant & Berry,2011),更可能想出对他人实用的创意(Mohrman,Gibson,& Mohrman,2001),而与新颖性无关。

其三,集体主义文化下对创造力的影响主要表现在适宜性和实用性,而个人主义文化下则是更多地表现在新颖性(De Dreu et al.,2011)。在本研究的文化背景下,个体所表现的适宜性倾向更强,而新颖性倾向则更低。文化差异的倾向性可能对创意选择产生影响,由此个体在选择创意上有更多的实用性倾向。

其四,对于上述结果的另一种解释是,相对新颖性,个体对实用性的选择具有偏好。Rietzschel 等 (2010)研究结果指出,对于头脑风暴的话题,尤其是要求实效性的任务而言,参与者更容易将标准放在可行性之上,而将新颖性的方面作为不相关的条件,个体对于新颖性的忽略来自于对可行性选择的强烈倾向。此外,Mueller 等(2012)的研究为创造力的内隐偏好提供证据,在不确定的条件下个体的创造力选择更倾向于实用性(Blair & Mumford,2007);个体并不擅长识别自己最有创造力和最受欢迎的创意(Runco & Smith,1992)。在对新颖性指令不明确的情况下,个体对新颖性创意的选择有效性很低(Rietzschel,Nijstad,& Stroebe,2014)。

综上所述,在中国国内的背景下,为创意选择水平的提升提供了一个有效的途径,即通过提升亲社会动机可以增强选择创意的实用性与创造性。

3.2 换位思考对创意评估的作用

换位思考(perspective taking)作为一种认知过程,指的是个体能够站在他人的立场上,试着去理解对方的想法、偏好、价值观和需求(Epley,Caruso,& Bazerman,2006;Parker,Atkins,& Axtell,2008),对于创意产生具有促进作用。它一方面能够增强个体的开放性程度以促进发散性思维;另一方面能够使个体更好地分辨出适用于该受助对象所处情境的想法,进而产生出实用性更高的创造性方法(Mohrman et al.,2001)。

同时,换位思考也是道德推理、归因思考、评价他人的重要机制,能够有效地减少刻板印象,改善社会关系,实现移情与沟通(Todd & Burgmer,2013)。评估中对他人想法的积极思考,有益于与其形成重叠或共同的视角,从而采用更加积极的态度来面对目标(Adam D. Galinsky,& Moskowitz,2000)。

然而,对于创意的评估与选择,具有怎样的影响呢? 面对这一问题,Han 等 (2017)在中国背景下,完成了换位思考对创意评估的个体层面的实验研究,研究假设评价者对于创造者的换位思考水平,能够影响其创意评估分数的高低。

该研究利用两个实验室实验进行探索。实验一共有 81 名华东师范大学心理学专业的本科生参与研究,实验二以 98 名华东师范大学辅修心理学的大学生为被试,两个实验的任务相同,相对于实验一,实验二增强了操纵唤起。研究将参与者随机分到 3 种实验情境下,要求他们对所呈现的 6 年级小学生的"多用途测验"与"写外星人故事任务"的创意的创造性程度分别进行 6 点评分与 10 点评分评估。

第一种情况下,评估者评估时没有得到任何创作者的信息;第二种情况下,评估者仅被提供了创作者的年龄信息,即这些创意均为小学 6 年级学生完成的;第三种情况下,评估者除了知道创作者的年龄信息,还被要求想象 6 分钟这些学生的特点,包含他们的知识水平、生活经验、思维方式,以及设想一些典型的 6 年级学生会出现的反应。

研究发现,两个实验中,三种条件下对创意评估的主效应检验达到显著水平,即换位思考对创意评估的作用,实验二结果见图 1。

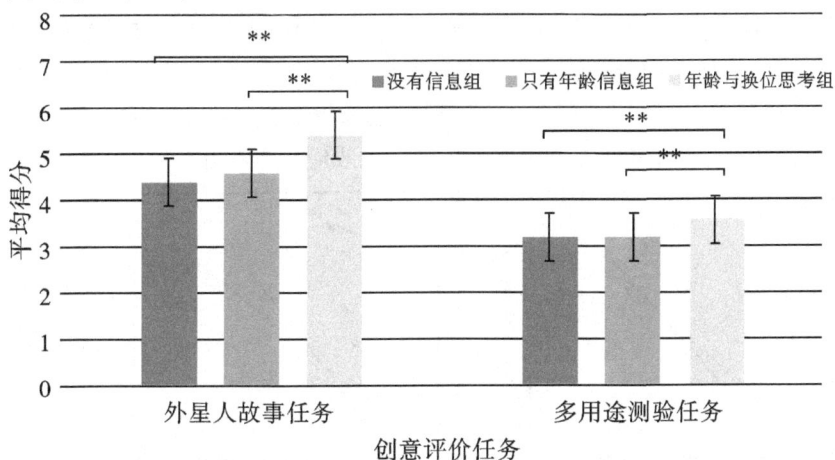

图 1　实验二两类创造性任务中创意评估的均分

相对于年龄因素对创造力评估的影响而言,换位思考产生的作用更强。研究进一步证明了评估者的换位思考能够减少其评价偏见,从而提升对创意的评价水平。这一方面体现了创作者的背景对创意评价的作用,另一方面也体现了创意评估者的观点对于最终评价结果的影响,完善了创意评估的理论。未来对于评估中情境因素的考虑及其以及应用(如创造性教学领域)值得进一步讨论。

3.3　个人特质与组织环境对创意识别的影响

新颖性识别是个体从产生的创意中提取价值的关键步骤。Zhou 和 Woodman(2003)认为,个体所感知到的创意的新颖性与创造性程度,具有超越目标与规范标准的主观性。这种主观成分根植于联想评估之中,联想评估是指知觉者在受到相应的刺激时,对于目标(如创意)的印象与评价性反应的自动激活。当外部刺激与存储在感知者记忆中的相关信息存在时间上的紧密性或特征上的相似性时,这种情况会发生。

然而,感知者与环境因素的对创意评估的作用是如何发生的呢?这一部分介绍 Zhou等(2016)以中国被试为样本的 4 个实验室与现场研究的结果,对这个问题进行回答。

调节定向(regulatory focus)作为个体的人格特质因素,影响新颖性感知。其中,预防定向强调了行为结果带来的消极影响,体现个体在解决问题过程中倾向于坏结果的避免;而促进定向强调行为结果的积极影响,个体在解决问题时更倾向于努力获得好的结果（Bittner & Heidemeier，2013）。实验一与实验二分别以 92 名北京某大学本科生与 63 名北京某电气与自动化公司生产部门员工为样本进行实验室与现场研究，在两种情境下分别唤起或测量了个体的调节定向水平与创意评估的新颖性和创造性之间的关系。研究表明：知觉者在促进定向的状态下相对在预防定向的状态下，其评价的新颖性与创造性水平，与专家评价的新颖性与创造性规范，正相关更强。

对于组织环境中的创新文化氛围，实验三是由中国上海的 44 名人力资源经理完成的，其现场研究结果表明，在创新的组织文化中，知觉者对于创意的新颖性与创造性评价，与专家评价的新颖性与创造性规范，正相关更强。

实验四对上述因素的交互作用进行讨论，利用 120 名北京某大学本科生进行实验室研究以拓展之前的结果。研究发现，新颖性/创造性规范、调节定向与目标框架之间存在三阶交互作用。具体来说，预防定向下的知觉者，在损失框架下相对于获得框架下，其新颖性/创造性评价与专家与专家评价的新颖性/创造性规范，正相关更弱。实验四 7 点评分结果详见图 3。而对于创意的实用性来说，上述效应均不存在。

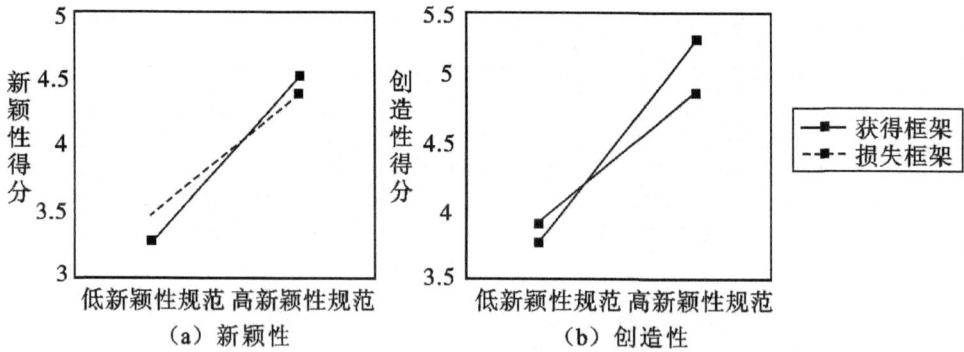

图 3　实验四的新颖性三阶交互作用图

该研究的结果强调了在创意评价中，对新颖性与创造性的认识，需要更多地考虑个人与情境变量的结构性质。另一方面，结果也表明，个人与情境因素对实用性的认知不存在显著影响，新颖性与实用性两者彼此正交（Ford Gioia，2000；Robert，2008），所受影响因素不同。

上述三篇国内背景下的创意评估与选择的最新进展，证明了亲社会动机、换位思考、个人的调节定向特质与组织环境因素对创造力的新颖性与实用性判断的影响，且不同的影响因素对于创造力两个方面的影响不同。高亲社会动机水平、良好的换位思考、促进定向的个人特质与创新的组织文化均有利于提升创意评估与选择的水平，值得后续研究进一步的借鉴与探讨。

4　总结与未来展望

通过对创意评估与选择的总结与概述，先后说明研究的背景与意义，梳理了当前的研究现状，介绍了几项研究内容。在我国面临的锐意求新的历史阶段中，如何发挥出创造力最大的作用，不仅是个人的问题，更是国家与社会的问题。面对日新月异的社会变化与飞速发展的经济环境，未来基于本土化背景而对国内创意评估与选择的探讨，值得更多研究的关注。下面,将结合当前的研究不足与未来的研究趋势进行展望。

首先,当今中国背景下的创意评估与筛选,是否仍然符合创造力的实用性偏好的预期? Zhou 等 (2016)的研究没有证明调节定向与组织环境对中国被试实用性评价的影响,而证明了对新颖性与创造性的影响。在我国目前高度现实的商业竞争环境中,在如此之大的创业压力下,相对于实用性而言,评估者是否转向对创意新颖性的更多关注?他们对于新颖性与实用性权衡是怎样的? 以及未来应该如何看待这种权衡的结果? 都是今后探讨的问题。

其次,在中国相同的文化背景下,不一样的主体角色是否会影响其创意的评估与选择,普通用户与风险投资者的想法是否一致? Li 等 (2017)在美国背景下的研究表明,相对于专业的风投人员,普通大众所受创业者激情的影响更大,对拥有激情的创业者的项目的评价与投入更高。在国内风险投资与"大众创业、万众创新"高速发展的今天,探讨主体间角色差异对我国创业创新孵化领域的现实影响,具有一定意义。

第三,在改革开放即将迎来 40 周年之际,在"引进来与走出去"的影响下,文化在输入与输出之间融合。那么在当前的时代背景下,默认的文化差异是否仍然存在? 对创意的评估与筛选所带来的影响是否与之前相同? 全球化背景下成长起来的年轻人,是否与前人研究中的结果存在代际差异,而在对创意的评价中更多的关注新颖性而非实用性?这些都需要未来在动态的环境下进行追踪。

最后,基于前人的研究与现实状况,在中国特色的创新创业人才培养中,应该建立怎样的适应机制,来提升创意评估与选择的能力? 同样有待探讨。一方面,在国家大力推进创新创业教育改革的背景下,高校与社会如何从中筛选出具有前景的创造者和项目,为其建立起完善的评估体系、孵化环境与实践通道以提升产学研之间的成果转化,是未来需要深入探索的方向。另一方面,如何塑造学生的创造力,提升其对自己与他人创意的判断能力,加强其批判性思维、创造性问题解决与实践操作的能力来应对未来的挑战与变化,同样值得关注。

综上,中国作为集体主义文化下创意评价研究的优质土壤,国内背景下的探讨具有丰富的理论意义和实践价值。同时,面对理论与实践中诸多亟待解决的问题,未来研究具有很大的空间与潜力。

参考文献

周丹, 施建农. (2005). 从信息加工的角度看创造力过程. 心理科学进展, 13(6):721 –727.

Allik, J. r., Mccrae, R. R. (2004). Toward a geography of personality traits: Patterns of profiles across 36 cultures. Journal of Cross Cultural Psychology, 35(1):13 –28.

Amabile, T. M. (1983). The social psychology of creativity. New York: Springer – Verlag.

Amabile, T. M. (1996). Creativity in context. Boulder, CO: Westview press.

Bechtoldt, M. N., De Dreu, C. K. W., Nijstad, B. A., et al. (2010). Motivated information processing, social tuning, and group creativity. Journal of Personality and Social Psychology, 99(4):622 –637.

Bink, M. L. , Marsh, R. L. (2000). Cognitive regularities in creative activity. Review of General Psychology, 4(1):59 – 78.

Bittner, J. V. , Heidemeier, H. (2013). Competitive mindsets, creativity, and the role of regulatory focus. Thinking Skills and Creativity, 9:59 – 68.

Blair, C. S. , Mumford, M. D. (2007). Errors in idea evaluation: Preference for the unoriginal. Journal of Creative Behavior, 41:197 – 222.

Brewer, M. B. , Chen, Y. R. (2007). Where (Who) are collectives in collectivism? Toward conceptual clarification of individualism and collectivism. psychological Review, 114(1): 133 – 151.

Chan, D. W. , Chan, L. K. (1999). Implicit theories of creativity: Teachers' perception of student characteristics in Hong Kong. Creativity Research Journal, 12(3):185 – 195.

Chiu, C. Y. (2007). Managing cultures in a multicultural world: A social cognitive perspective. Journal of Psychology in Chinese Societies, 8(2):101 – 120.

Chiu, C. y. , Kwan, L. Y. Y. (2010). Culture and creativity: A process model. Management and Organization Review, 6(3):477 – 461.

De Dreu, C. K. W. (2010). Human creativity: Reflections on the role of culture. Management and Organization Review, 6(3):437 – 446.

De Dreu, C. K. W. , Nijstad, B. A. , Bechtoldt, M. N. , et al. (2011). Group creativity and innovation: A motivated information processing perspective. Psychology of Aesthetics Creativity and the Arts, 5(1):81 – 89.

De Dreu, C. K. W. , Nijstad, B. A. , van Knippenberg, D. (2008). Motivated information processing in group judgment and decision making. Personality and Social Psychology Review, 12(1):22 – 49.

De Dreu, C. K. W. , Weingart, L. R. , Kwon, S. (2000). Influence of social motives on integrative negotiation: A meta – analytic review and test of two theories. Journal of Personality and Social Psychology, 78(5):889 – 905.

Epley, N. , Caruso, E. M. , Bazerman, M. H. (2006). When perspective taking increases taking: Reactive egoism in social interaction. Journal of Personality and Social Psychology, 91(5):872 – 889.

Erez, M. , Nouri, R. (2010). Creativity: The influence of cultural, social, and work contexts. Management and Organization Review, 6(3):351 – 370.

Finke, R. A. , Slayton, K. (1988). Explorations of creative visual synthesis in mental imagery. Memory Cognition, 16(3):252 – 257.

Finke, R. A. , Ward, T. B. , Smith, S. M. (1992). Creative cognition: Theory, research, and applications. Cambridge, MA: MIT Press.

Ford, C. M. , Gioia, D. A. (2000). Factors influencing creativity in the domain of managerial decision makin. Journal of Management, 26(4):705 – 732.

Galinsky, A. D. , Maddux, W. W. , Gilin, D. , et al. (2008). Why it pays to get inside the head of your opponent: The differential effects of perspective taking and empathy in negotiations. Psychological Science, 19:378 –384.

Galinsky, A. D. , Moskowitz, G. B. (2000). Perspective – taking: Decreasing stereotype expression, stereotype accessibility, and in – group favoritism. Journal of Personality and Social Psychology, 78:708 –724.

Girotra, K. , Terwiesch, C. , Ulrich, K. T. (2010). Idea generation and the quality of the best idea. Management Science, 56(4):591 –605.

Grant, A. M. , Berry, J. W. (2011). The necessity of others is the mother of invention: Intrinsic and prosocial motivations, perspective taking, and creativity. . Academy of Management Journal, 54(1):73 –96.

Grant, A. M. , Wrzesniewski, A. (2010). I won't let you down… or will I? Core self – evaluations, other – orientation, anticipated guilt and gratitude, and job performance. Journal of Applied Psychology, 95(1):108 –121.

Han, J. , Long, H. , Pang, W. (2017). Putting raters in ratees' shoes: Perspective taking and assessment of creative products. Creativity Research Journal, 29(3):270 –281.

Hempel, P. S. , Sue – Chan, C. (2010). Culture and the assessment of creativity. Management and Organization Review, 6(3):415 –435.

Hoever, I. J. , van Knippenberg, D. , van Ginkel, W. P. , et al. (2012). Fostering team creativity: Perspective taking as key to unlocking diversity's potential. Journal of Applied Psychology, 97(5):982 –996.

IP, G. W. M. , Chen, J. , Chiu, C. Y. (2006). The relationship of promotion focus, need for cognitive closure, and categorical accessibility in American and Hong Kong Chinese university students. Journal of Creative Behavior, 40:201 –205.

Jones, G. K. , Davis, H. J. (2000). National culture and innovation: Implications for locating global R&D operations. . Management International Review, 40:1 –39.

Leung, A. K. y. , Maddux, W. W. , Galinsky, A. D. , et al. (2008). Multicultural experience enhances creativity: The when and how? American Psychologist, 63(3):169 –181.

Li, J. J. , Chen, X. P. , Kotha, S. , et al. (2017). Catching fire and spreading it: A glimpse Into displayed entrepreneurial passion in crowdfunding campaigns. Journal of Applied Psychology, 102(7):1075 –1090.

Mohrman, S. A. , Gibson, C. B. , Mohrman, A. M. (2001). Doing research that is useful to practice: A model and empirical exploration. Academy of Management Journal, 44:357 –375.

Mok, A. , Morris, M. W. (2010). Asian – Americans' creative styles in Asian and American situations: Assimilative and contrastive responses as a function of bicultural identity integration. Management and Organization Review, 6(3):371 –390.

Morris, M. W. , Leung, K. (2010). Creativity east and west: Perspectives and parallels. Management and Organization Review, 6(3):313 – 327.

Mueller, J. , Melwani, S. , Goncalo, J. A. (2012). The bias against creativity: Why people desire but reject creative ideas. Psychological Science, 23:13 – 17.

Mumford, M. D. , Medeiros, K. E. , Partlow, P. J. (2012). Creative thinking: Processes, strategies, and knowledge. Journal of Creative Behavior, 46(1):30 – 47.

Nijstad, B. A. , De Dreu, C. K. W. , Rietzschel, E. F. , et al. (2010). The dual pathway to creativity model: Creative ideation as a function of flexibility and persistence. European Review of Social Psychology, 21(1):34 – 77.

Parker, S. K. , Atkins, P. W. B. , Axtell, C. (2008). Building better work places through individual perspective taking: A fresh look at a fundunmental human process. . International Review of Industrial and Organizational Psychology, 23:149 – 196.

Rietzschel, E. F. , Nijstad, B. A. , Stroebe, W. (2010). The selection of creative ideas after individual idea generation: Choosing between creativity and impact. British Journal of Psychology, 101:47 – 68.

Rietzschel, E. F. , Nijstad, B. A. , Stroebe, W. (2014). Effects of problem scope and creativity instructions on idea generation and selection. Creativity Research Journal, 26(2): 185 – 191.

Robert, C. L. (2008). Brainstorming reconsidered: A goal – based view. Academy of Management Review, 33:649 – 668.

Runco, M. A. , Chand, I. (1995). Cognition and creativity. Educational Psychology Review, 7:243 – 267.

Runco, M. A. , Smith, W. R. (1992). Interpersonal and intrapersonal evaluations of creative ideas. Personality and Individual Differences, 13(3):295 – 302.

Shrout, P. E. , Fleiss, J. L. (1979). Intraclass correlations: Uses in assessing rater reliability. Psychological Bulletin, 86:420 – 428.

Simonton, D. K. , Ting, S. – S. (2010). Creativity in eastern and western civilizations: The lessons of historiometry. Management and Organization Review, 6(3):329 – 350.

Sternberg, R. , Lubart, T. (1999). The concept of creativity: Prospects and paradigms Handbook of creativity. New York: Cambridge University Press: R. J. Sternberg J. Robert.

Todd, A. R. , Burgmer, P. (2013). Perspective taking and automatic intergroup evaluation change: Testing an associative self – anchoring account. Journal of Personality and Social Psychology, 104:786 – 802.

Tomasello, M. (2001). Cultural transmission: A view from chimpanzees and human infants. Journal of Cross – Cultural Psychology, 32(2):135 – 146.

Wallas, G. (1926). The art of thought. New York: Harcourt Brace.

West, M. A. (2002). Ideas are ten a penny: It's team implementation not idea generation that counts. Applied Psychology: An International Review, 51(3):411 –424.

Zhou, J., Oldham, G. R. (2001). Enhancing creative performance: Effects of expected developmental assessment strategies and creative personality. Journal of Creative Behavior, 35(3):151 –167.

Zhou, J., Su, Y. (2010). A missing piece of the puzzle: The organizational context in cultural patterns of creativity. Management and Organization Review, 6(3):391 –413.

Zhou, J., Wang, X. M., Song, L. J., Wu, J. (2016). Is it new? Personal and contextual influences on perceptions of novelty and creativity. Journal of Applied Psychology, 102 (1):1 –24.

Zhou, J., Woodman, R. W. (2003). Managers' recognition of employees' creative ideas. In L. V. Shavinin (Ed.), International handbook on innovation. Hillsdale, NJ: Erlbaum.

Zou, X., Tam, K. P., Morris, M. W., et al. (2009). Culture as common sense: Perceived consensus versus personal beliefs as mechanisms of cultural influence. Journal of Personality and Social Psychology, 97(4):579 –597.

Advances of Creativity Recognition Research in Chinese Context

Shuting Qi[1,2]   Xinwen Bai[1]

(1. *CAS Key Laboratory of Behavioral Science, Institute of Psychology, Chinese Academy of Sciences, Beijing, 100101; 2. Department of Psychology, University of Chinese Academy of Sciences, Beijing, 100049*)

Abstract: The cognitive process of creativity is divided into two – stage including idea generation and idea selection. Previous studies in the field always paid more attention to the generation stage of the process while neglecting the evaluation and selection of ideas. The culture and context factors of idea evaluation and selection should also be considered. Therefore, based on the overview of culture and creativity researches, this article points out the specificity of ideas evaluation and selection under Chinese culture, that is to say, more attention has been paid to the usefulness of creativity relative to novelty. In addition, we list the latest developments in Chinese context which described the influence of prosocial motivation, perspective taking, regulatory focus and organizational environment on ideas evaluation and selection. At last, we put forward a series of meaningful questions for the future research on idea evaluation and selection under the background of China.

Keywords: creativity; chinese culture; creativity recognition; idea evaluation; idea selection